はじめに

　我が国においては、科学技術創造立国の理念の下、産業競争力の強化を図るべく「知的創造サイクル」の活性化を基本としたプロパテント政策が推進されております。

　「知的創造サイクル」を活性化させるためには、技術開発や技術移転において特許情報を有効に活用することが必要であることから、平成９年度より特許庁の特許流通促進事業において「技術分野別特許マップ」が作成されてまいりました。

　平成１３年度からは、独立行政法人工業所有権総合情報館が特許流通促進事業を実施することとなり、特許情報をより一層戦略的かつ効果的にご活用いただくという観点から、「企業が新規事業創出時の技術導入・技術移転を図る上で指標となりえる国内特許の動向を分析」した「特許流通支援チャート」を作成することとなりました。

　具体的には、技術テーマ毎に、特許公報やインターネット等による公開情報をもとに以下のような分析を加えたものとなっております。
　　・体系化された技術説明
　　・主要出願人の出願動向
　　・出願人数と出願件数の関係からみた出願活動状況
　　・関連製品情報
　　・課題と解決手段の対応関係
　　・発明者情報に基づく研究開発拠点や研究者数情報　など

　この「特許流通支援チャート」は、特に、異業種分野へ進出・事業展開を考えておられる中小・ベンチャー企業の皆様にとって、当該分野の技術シーズやその保有企業を探す際の有効な指標となるだけでなく、その後の研究開発の方向性を決めたり特許化を図る上でも参考となるものと考えております。

　最後に、「特許流通支援チャート」の作成にあたり、たくさんの企業をはじめ大学や公的研究機関の方々にご協力をいただき大変有り難うございました。

　今後とも、内容のより一層の充実に努めてまいりたいと考えておりますので、何とぞご指導、ご鞭撻のほど、宜しくお願いいたします。

独立行政法人工業所有権総合情報館

理事長　藤原　讓

半導体洗浄と環境適応技術

エグゼクティブサマリー

高度化と環境適応が進む半導体洗浄技術

■ 洗浄・除去の高度化が進む洗浄技術

　半導体デバイスは、回路パターンの微細化や高密度化・高集積化が年々進み、最小加工寸法は180nmから100nmへと向かっている。これに伴い、ウェーハ表面上のパーティクル、金属・金属イオン、有機物など汚染物サイズは微小化し、かつ清浄度レベルは厳しくなってきている。洗浄方式は、ウェット洗浄とドライ洗浄に大別できる。現時点では、ドライ洗浄単独で満足すべきウェーハの清浄度レベルを維持することは難しくウェット洗浄などの技術と併用される場合が多く、ウェット洗浄が主流である。洗浄媒体には、ウェット洗浄では有機系、水系、活性剤添加、超臨界流体洗浄など、ドライ洗浄では、不活性ガス、蒸気、プラズマ、紫外線などがある。ウェット洗浄技術では、従来の「RCA洗浄」を改良した洗浄方法や、オゾン水、電解水やキレート剤、界面活性剤添加など新技術が開発されている。ドライ洗浄技術は、パーティクルや有機物の洗浄に適している。

■ 循環型社会へ対応する洗浄技術

　半導体洗浄は、硫酸、アンモニアや過酸化物などの有害物質およびハイドロクロロフルオロカーボン(HCFC)や6フッ化イオウ等のPFC（パーフルオロ化合物）などオゾン層破壊物質や地球温暖化物質を大量に使用しており、地域および地球環境問題と大きな係わりを持っている。環境対応については、使用段階では、旧来の出口処理（end-of-pipe型）でない環境対策として環境負荷の少ない洗浄媒体の使用・代替や薬剤・薬液を工程外に排出しないクローズド技術が開発されている。一方、排出されたものについては、低・無害化対策としては、沈殿、酸化・還元、吸着、燃焼、活性汚泥処理などの従来技術の改良・組合わせ技術が多いが、膜技術を利用した新技術も開発されている。さらに、循環型社会に対応して、洗浄工程へのリサイクル、他産業への資源再利用を志向した技術開発が多くなってきている。

■ 大手は4分野全域で、専業企業は分野限定で技術保有傾向

　総合電機企業や半導体装置製造企業はウェット・ドライ洗浄および環境対応の4分野で、一部の半導体装置製造企業はドライ洗浄分野で、水処理企業はウェット洗浄・廃水処理分野で、工業ガス製造企業は排ガス処理分野で特許を保有している。

半導体洗浄と環境適応技術　　　エグゼクティブサマリー

高度化と環境適応が進む半導体洗浄技術

■ 技術や条件の組合わせが重要

　半導体基板の汚染物は種々様々であり単一の技術・洗浄媒体のみによる洗浄では不完全である。種々の汚染物の除去や付着を防止するために、パーティクルはアルカリや不活性ガス、金属は酸、有機物はアルカリやプラズマ、紫外線などとそれぞれに適した洗浄媒体による洗浄が工程の中で種々組合わせて繰返し実施される。また、各媒体による洗浄もそれぞれの状態・状況に適した洗浄組成物、洗浄条件、洗浄方法および洗浄装置が開発されている。また、洗浄排出物についても、種々雑多で、状態・状況も異なるのでそれぞれに適した技術・条件が開発されている。このように、半導体洗浄と環境適応技術は技術の組合わせや細かい条件の組合わせをベースにしている。多くの洗浄技術を保有し利用している電機企業など半導体デバイス製造企業では、これらの技術は企業グループの会社を通して商品化されているケースが多い。

■ 技術開発の拠点は関東に集中

　出願上位21社の技術開発拠点を発明者の住所・居所でみると、ウェット、ドライ洗浄および廃水、排ガス処理それぞれ78、107、36、35カ所にのぼる。その中の過半数は東京都、神奈川県を中心とする関東地域が占め地域集中化傾向がみられる。

■ 技術開発の課題

　1999年版の半導体の国際技術ロードマップのウェーハ表面の要求値（清浄度）は年ごとに厳しくなっており、価格競争も年々激化している。また、現在の地球問題として環境問題が世界的に大きくクローズアップされている。これに伴い、半導体洗浄にも緊急の大きな課題が山積している。その中でも特に、洗浄の高度化、コスト低減および環境対応が3大課題といえる。洗浄の高度化は対象によりパーティクル、有機物、金属、ハロゲン、その他に分類できる。コスト低減ではランニングコストと設備コストが技術課題である。洗浄段階の環境対応はウェット洗浄ではオゾン層破壊防止と安全性向上、ドライ洗浄はウェット洗浄に比し環境対応は少ないが無害化と処理容易化に分類できる。廃水や排ガスなど排出物の環境対応に関しては、低・無害化と回収再利用が技術開発課題である。

半導体洗浄と環境適応技術　　　主要構成技術

半導体洗浄と環境適応技術に関する特許

半導体洗浄と環境適応技術はウェット洗浄（洗浄液に特徴のあるもの）、ドライ洗浄（気相での洗浄）、廃水、排ガスなどの排出物処理からなる。これらの技術に関連して1990年から2001年8月までに公開された出願はウェット洗浄のものが1,106件、ドライ洗浄が1,176件、排出物処理が665件である。このうちウェット洗浄には半導体基板の洗浄以外に周辺技術他に関するもの、排出物処理には廃水処理、排ガス処理、および固形廃棄物処理が含まれている。

洗浄

ウェット洗浄	1,106件
半導体基板洗浄	836件
有機系	148件
水系	498件
活性剤添加	162件
その他	29件
周辺技術他	270件

ドライ洗浄	1,176件
不活性ガス	169件
蒸気	141件
プラズマ	327件
紫外線	295件
その他	266件

ウェーハ

排出物処理

廃水処理	360件
排ガス処理	293件
固形廃棄物処理	12件

（件数は重複を含む）

半導体洗浄と環境適応技術

技術の動向

環境適応技術の特許出願が増加

半導体の洗浄と環境適応技術（ウェット、ドライ洗浄および廃水、排ガス処理）に係わる出願人数と出願件数は、ともに1993年以降大きな変動がみられず停滞気味である。

出願件数の推移を技術要素別にみると、1995、6年を境にウェット、ドライ洗浄は減少傾向にあるのに対し、廃水と排ガス処理は増加基調にある。半導体の高密度化や価格競争も激化している中でも環境適応技術が重要な技術であることを示している。

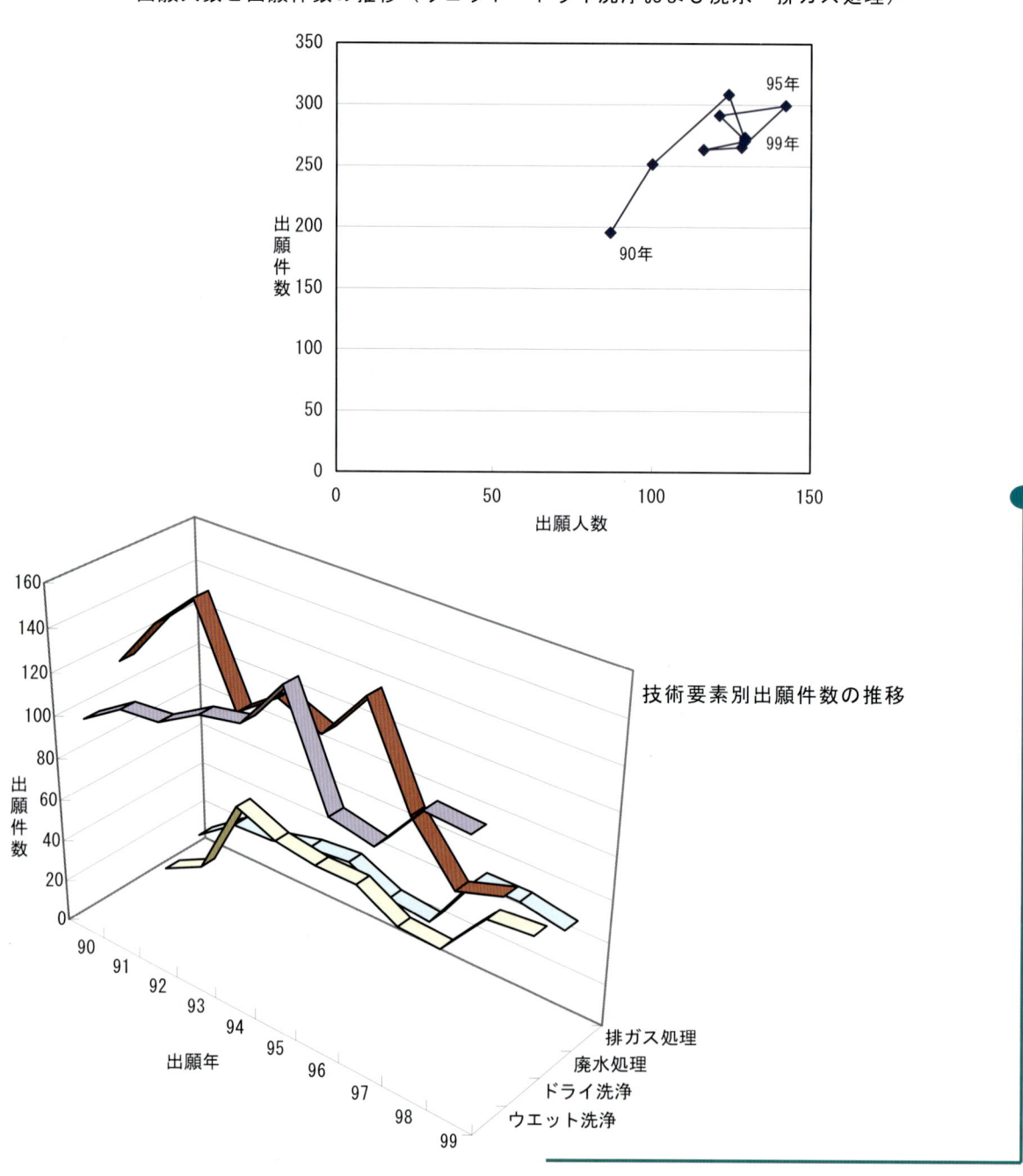

出願人数と出願件数の推移（ウェット・ドライ洗浄および廃水・排ガス処理）

技術要素別出願件数の推移

半導体洗浄と環境適応技術

課題・解決手段対応の出願人

洗浄高度化、環境対応とコスト低減が課題

半導体洗浄技術の技術開発課題は洗浄の高度化、環境対応とコスト低減に関するものが、排出物処理では低・無害化と回収・再利用に関するものが多い。前者の特許は電機企業、後者は水処理、工業ガス企業が保有するものが多い。

ウェット洗浄：水系

ドライ洗浄：不活性ガス

廃水処理

排ガス処理

半導体洗浄と環境適応技術 — 技術開発の拠点の分布

技術開発の拠点は関東に集中

主要企業21社のウェット洗浄、ドライ洗浄、廃水処理および排ガス処理に係わる開発拠点を発明者の住所・居所でみると、それぞれ78、107、36および35拠点ある。そのうち過半数が東京都、神奈川県を中心とする関東地域にあり、地域集中化傾向がみられる。

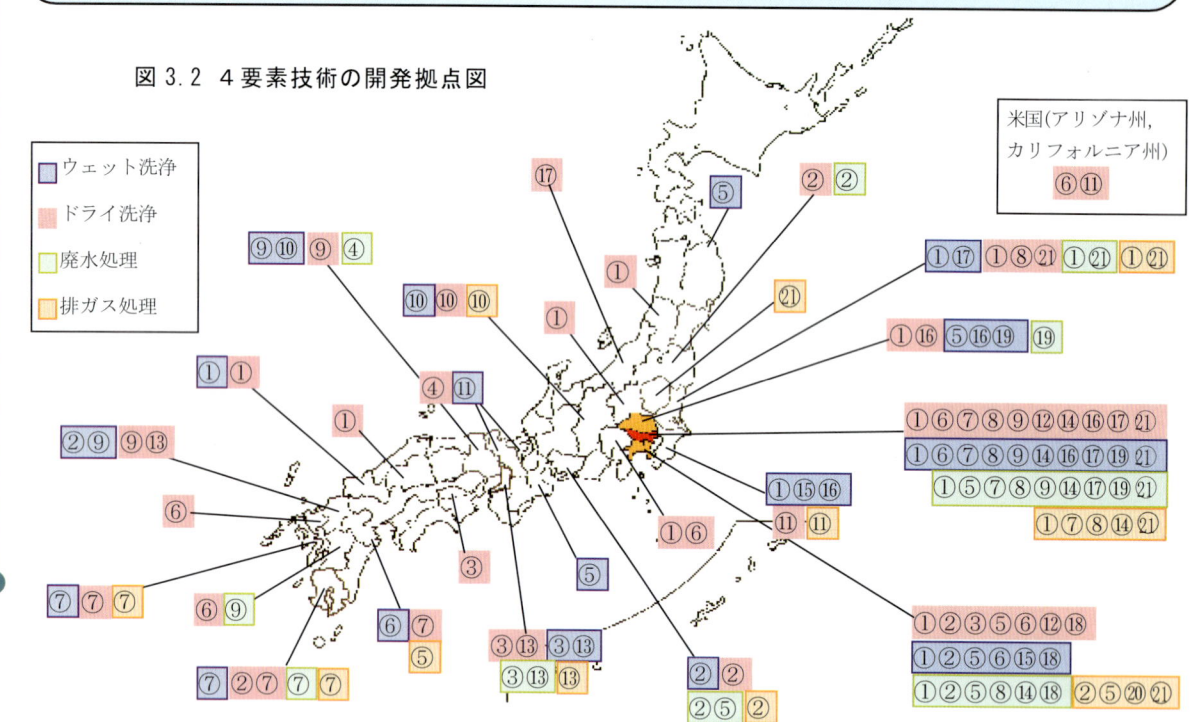

図3.2 4要素技術の開発拠点図

（対象特許は1991年1月1日から2001年8月31日までに公開の出願）

表3.1 技術開発拠点一覧表

No.	企業名	事業所等名
1	日立製作所	中央研究所、生産技術研究所、半導体事業部、笠戸工場、機械研究所、デバイス開発センター他39拠点
2	富士通	本社、富士通ヴィエルエスアイ、九州富士通エレクトロニクス、富士通東北エレクトロニクス
3	松下電器産業	本社、松下電子工業、松下技研、松下寿電子工業
4	大日本スクリーン製造	彦根事業所、洛西事業所、野洲事業所、本社
5	東芝	総合研究所、研究開発センター、多摩川工場、横浜事業所、生産技術研究所、川崎事業所他17拠点
6	東京エレクトロン	本社、総合研究所、東京エレクトロン東北相模事業所、東京エレクトロン九州、東京エレクトロン アリゾナ他8拠点
7	ソニー	本社、ソニー長崎、ソニー国分、ソニー大分
8	日本電気	本社、茨城日本電気、日本電気ファクトエンジニアリング
9	三菱電機	ユー・エル・エス・アイ開発研究所（エル・エス・アイ研究所）、北伊丹製作所、生産技術研究所、本社他7拠点
10	セイコーエプソン	本社
11	アプライドマテリアルズ（米国）	本社、アプライドマテリアルズジャパン
12	住友重機械工業	田無製造所、本社、平塚事業所、平塚研究所
13	シャープ	本社、シャープマニファクチャリングシステム、シャープテクノシステム
14	栗田工業	本社
15	旭硝子	中央研究所、千葉工場、エイ・ジー・テクノロジー
16	三菱マテリアルシリコン	本社、三菱マテリアル中央研究所、三菱マテリアルシリコン研究センター他4拠点
17	三菱瓦斯化学	東京研究所、新潟研究所、本社、総合研究所
18	野村マイクロサイエンス	本社
19	オルガノ	総合研究所、本社
20	日本パイオニクス	平塚研究所、平塚工場
21	日本酸素	本社、山梨事業所、つくば研究所、川崎事業所、小山事業所

半導体洗浄と環境適応技術

主要企業の状況

主要企業21社で5割の出願件数

出願件数の多い主要企業21社の出願は、全体出願の47%を占めている。個別企業では日立製作所、富士通、栗田工業、日本電気、東芝の出願が多い。栗田工業を除いては、上位は電機企業が占めている。

主要出願人の出願状況（全技術要素）

出願人	業種	1989	1990	1991	1992	1993	1994	1995	1996	1997	1998	1999	2000	計
日立製作所	電機	9	24	16	30	22	21	18	21	16	9	3		189
富士通	電機	12	25	39	17	17	23	11	6	6	2	2		160
栗田工業	水処理			1	16	11	13	8	8	19	22	38	7	143
日本電気	電機	7	15	8	11	13	13	13	18	12	14	14	3	141
東芝	電機	2	11	10	9	17	12	16	14	9	11	11	2	124
ソニー	電機	1	5	5	11	9	14	10	11	14	8	4	2	94
大日本スクリーン製造	半導体装置製造	2	10	1	7	11	8	15	11	5	8	6		84
松下電器産業	電機	3	5	2	8	8	8	8	12	15	4	6	5	84
三菱電機	電機	5	12	12	7	2	9	4	2	5	5	3	1	67
オルガノ	水処理	1			2	5	6	5	9	11	11	8	1	59
東京エレクトロン	半導体装置製造	1	5	9	5	5	6	7	5	4	3	5	4	59
セイコーエプソン	半導体デバイス	3	8	4	3			2	6	5	9	10	1	51
シャープ	電機		1	9	7	4	5	8	4	1	2	3	1	45
三菱マテリアルシリコン	非鉄金属	2	2	5	4	5	3	3		3	6	10		43
三菱瓦斯化学	化学		2	3	4		11	5	5	5	2	3		40
旭硝子	窯業	22		6		4	2	1						35
日本酸素	工業ガス				2	4	6	6	1	2	6	5	1	33
日本パイオニクス	工業ガス			1	5	3	6	3	4	2	3	3	1	31
アプライドマテリアルズ（米国）	半導体装置製造		3				2	4	7	3		3	8	30
住友重機械工業	機械					5	1	5	1	2	1	8		23
野村マイクロサイエンス	水処理			1		3		3	2		3	6		18

出願件数の割合（全技術要素）

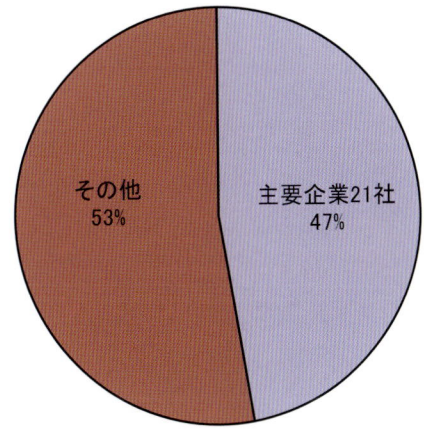

その他 53%
主要企業21社 47%

（対象特許は1991年1月1日から2001年8月31日までに公開の出願）

半導体洗浄と環境適応技術

主要企業

株式会社　日立製作所

出願状況

　（株）日立製作所の保有する出願のうち登録になった特許が22件、係属中の特許が69件ある。

　保有特許の中に20件の海外出願特許がある。

　ドライ洗浄に関する特許を多く保有している。

出願特許の技術要素別件数

- 排ガス 8件
- 廃水 5件
- ウェット 43件
- ドライ 127件

（対象特許は1991年1月1日から2001年8月31日までに公開の全件）
（重複あり）

保有特許リスト例

技術要素	課題	解決手段	特許番号	発明の名称、概要
ウェット洗浄‥水系	洗浄高度化‥パーティクル除去	装置・プロセスとの組合せ：方法・プロセス	特許2577798	液中微粒子付着制御方法：液中微粒子間のファンデルワールス力および電気二重層力を制御することにより、基板に付着する異物量を制御する。
ドライ洗浄‥不活性ガス	コスト低減‥ランニングコスト	洗浄装置	特許2702697	処理装置および処理方法：台上の被処理物を回転させ、台の回転中心に対して偏心した位置で処理ガスを供給することにより除去処理を迅速に行う。

半導体洗浄と環境適応技術　　主要企業

富士通 株式会社

出願状況	出願特許の技術要素別件数
富士通（株）の保有する出願のうち登録になった特許が22件、係属中の特許が51件ある。 保有特許の中に9件の海外出願特許がある。 ドライ洗浄に関する特許を多く保有している。	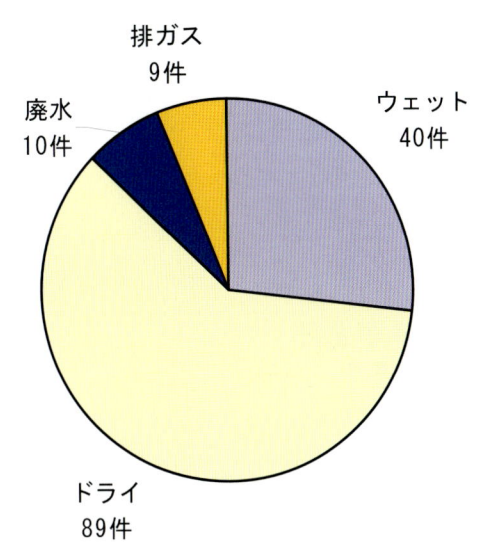 排ガス 9件 廃水 10件 ウェット 40件 ドライ 89件 （対象特許は1991年1月1日から2001年8月31日までに公開の全件数） （重複あり）

保有特許リスト例

技術要素	課題	解決手段	特許番号	発明の名称、概要
ドライ洗浄‥紫外線等	洗浄高度化‥ハロゲン除去	洗浄媒体	特許2853211	半導体装置の製造方法：フッ素系ガスで基板表面の酸化膜を除去後にアンモニアを含むガス中にさらして残留フッ素原子を除去する。紫外線照射で反応を促進する。
ドライ洗浄‥その他	洗浄高度化‥その他	洗浄媒体	特許2874262	半導体装置の製造方法：GeH_4とアンモニアガスを含む雰囲気中またはNF_3と水素ガスを含む雰囲気中で400℃程度でアニールして自然酸化膜を除去する。

半導体洗浄と環境適応技術

主要企業

栗田工業 株式会社

出願状況	出願特許の技術要素別件数
栗田工業（株）の保有する出願のうち登録になった特許が5件あり、係属中の特許が123件ある。 　保有特許の中に8件の海外出願特許がある。 　廃水処理に関する特許を多く保有している。	排ガス 2件 ウェット 28件 ドライ 3件 廃水 105件 （対象特許は1991年1月1日から2001年8月31日までに公開の全件数） （重複あり）

保有特許リスト例

技術要素	課題	解決手段	特許番号	発明の名称、概要
廃水処理	低・無害化‥フッ素化合物	物理的処理：吸着、装置・システム	特許2565110	フッ素含有水の処理方法及び装置：炭酸カルシウム処理する際フッ素と酸濃度を測定し、酸、アルカリ濃度を調整する。
廃水処理	回収・再利用‥純水	物理的処理：膜分離	特公平7-87914	膜分離方法：塩素を添加する事により生物処理水を膜で濾過する効率を改善する。

x

半導体洗浄と環境適応技術　　主要企業

日本電気 株式会社

出願状況	出願特許の技術要素別件数
日本電気（株）の保有する出願のうち登録になった特許が 79 件、係属中の特許が 19 件あ　。 保有特許の中に 39 件の海外出願特許がある。 ウェットとドライ洗浄に関する特許を多く保有している。	排ガス 5件 廃水 16件 ウェット 66件 ドライ 45件 （対象特許は1991年1月1日から2001年8月31日までに公開の全件数） （重複あり）

保有特許リスト例

技術要素	課題	解決手段	特許番号	発明の名称、概要
ウェット洗浄：水系	環境対応：安全性向上	洗浄媒体：電解水	特許2581403	ウェット処理方法及び処理装置：電解水にX線、長波長光、電磁波等照射下でウェット洗浄処理。ハロゲンやフロン、その他の難処理産業廃棄物による環境汚染を引き起こすことなく処理可能にする。
ドライ洗浄：不活性ガス	パーティクル除去　洗浄高度化	洗浄装置	特許2814757	半導体装置の異物除去装置：半導体を反転させるマニュプレータと振動を与える加振機と吹き付け・排気のバキュウムノズルを備え大きい異物から微細な異物まで除去する。

半導体洗浄と環境適応技術　　主要企業

株式会社　東芝

出願状況	出願特許の技術要素別件数
（株）東芝の保有する出願のうち登録になった特許が 20 件、係属中の特許が 63 件ある。 　保有特許の中に 15 件の海外出願特許がある。 　ドライ及びウェット洗浄に関する特許を多く保有している。	排ガス　5件 廃水　7件 ウェット　45件 ドライ　54件 （対象特許は 1991 年 1 月 1 日から 2001 年 8 月 31 日までに公開の全件数） （重複あり）

保有特許リスト例

技術要素	課題	解決手段	特許番号	発明の名称、概要
ウェット洗浄：水系	洗浄高度化：金属除去	洗浄媒体：オゾン水	特許2839615	半導体基板の洗浄液及び半導体装置の製造方法：シリコン酸化膜のエッチング液（HF）と該液のシリコン酸化膜に対するエッチング速度よりも早い酸化剤（オゾン）と金属をイオン化する強酸（HCl，硫酸）を有する洗浄液。常に酸化膜を存在させて金属の吸着を防止している。
ドライ洗浄：その他	洗浄高度化：有機物および金属除去	洗浄方法	特許3210510	半導体装置の製造方法：処理室内で連続して第1の工程で有機物・金属をドライ洗浄により除去し、第2の工程で自然酸化膜をドライ洗浄により除去し、第3の工程で絶縁膜を形成する。

目次

半導体洗浄と環境適応技術

1. 技術の概要
- 1.1 半導体洗浄と環境適応技術 3
  - 1.1.1 ウェット洗浄（洗浄液） 8
    - (1) 有機系 8
    - (2) 水系 8
    - (3) 活性剤添加 8
    - (4) その他 8
  - 1.1.2 ドライ（気相）洗浄 10
    - (1) 不活性ガス 10
    - (2) 蒸気 10
    - (3) プラズマ 10
    - (4) 紫外線等 10
    - (5) その他 11
  - 1.1.3 環境適応技術 11
    - (1) 廃水 11
    - (2) 排ガス 13
    - (3) 固形廃棄物 15
- 1.2 半導体洗浄と環境適応技術の特許情報へのアクセス 16
  - 1.2.1 ウェット洗浄 16
  - 1.2.2 ドライ洗浄 17
  - 1.2.3 環境適応技術 17
    - (1) 廃水処理 17
    - (2) 排ガス処理 18
- 1.3 半導体洗浄と環境適応技術の技術開発活動の状況 20
  - 1.3.1 ウェット洗浄 21
    - (1) 有機系 21
    - (2) 水系 22
    - (3) 活性剤添加 24
    - (4) その他 25
  - 1.3.2 ドライ洗浄 26
    - (1) 不活性ガス 26
    - (2) 蒸気 27

目次

  （3）プラズマ 28
  （4）紫外線等 29
  （5）その他 30
 1.3.3 環境適応技術 31
  （1）廃水処理 31
  （2）排ガス処理 32

1.4 半導体洗浄と環境適応技術の技術開発の課題と
 解決手段 34
 1.4.1 ウェット洗浄 34
  （1）有機系 35
  （2）水系 38
  （3）活性剤添加 40
  （4）その他 41
 1.4.2 ドライ洗浄 43
  （1）不活性ガス 44
  （2）蒸気 45
  （3）プラズマ 47
  （4）紫外線等 49
  （5）その他 51
 1.4.3 環境適応技術 53
  （1）廃水処理 53
  （2）排ガス処理 56

2．主要企業等の特許活動

2.1 日立製作所 62
 2.1.1 企業の概要 62
 2.1.2 製品・技術例 63
 2.1.3 技術開発課題対応保有特許 63
 2.1.4 技術開発拠点と研究者 69
2.2 富士通 72
 2.2.1 企業の概要 72
 2.2.2 製品・技術例 73
 2.2.3 技術開発課題対応保有特許 73
 2.2.4 技術開発拠点と研究者 79
2.3 栗田工業 80
 2.3.1 企業の概要 80

目次

- 2.3.2 製品・技術例 ... 80
- 2.3.3 技術開発課題対応保有特許 ... 81
- 2.3.4 技術開発拠点と研究者 ... 90
- 2.4 日本電気 ... 92
  - 2.4.1 企業の概要 ... 92
  - 2.4.2 製品・技術例 ... 93
  - 2.4.3 技術開発課題対応保有特許 ... 93
  - 2.4.4 技術開発拠点と研究者 ... 103
- 2.5 東芝 ... 104
  - 2.5.1 企業の概要 ... 104
  - 2.5.2 製品・技術例 ... 104
  - 2.5.3 技術開発課題対応保有特許 ... 105
  - 2.5.4 技術開発拠点と研究者 ... 111
- 2.6 ソニー ... 113
  - 2.6.1 企業の概要 ... 113
  - 2.6.2 製品・技術例 ... 114
  - 2.6.3 技術開発課題対応保有特許 ... 114
  - 2.6.4 技術開発拠点と研究者 ... 118
- 2.7 松下電器産業 ... 120
  - 2.7.1 企業の概要 ... 120
  - 2.7.2 製品・技術例 ... 120
  - 2.7.3 技術開発課題対応保有特許 ... 121
  - 2.7.4 技術開発拠点と研究者 ... 124
- 2.8 大日本スクリーン ... 126
  - 2.8.1 企業の概要 ... 126
  - 2.8.2 製品・技術例 ... 127
  - 2.8.3 技術開発課題対応保有特許 ... 128
  - 2.8.4 技術開発拠点と研究者 ... 134
- 2.9 三菱電機 ... 135
  - 2.9.1 企業の概要 ... 135
  - 2.9.2 製品・技術例 ... 136
  - 2.9.3 技術開発課題対応保有特許 ... 136
  - 2.9.4 技術開発拠点と研究者 ... 140
- 2.10 オルガノ ... 141
  - 2.10.1 企業の概要 ... 141
  - 2.10.2 製品・技術例 ... 142

目次

- 2.10.3 技術開発課題対応保有特許 ... 142
- 2.10.4 技術開発拠点と研究者 ... 148
- 2.11 三菱マテリアルシリコン ... 149
  - 2.11.1 企業の概要 ... 149
  - 2.11.2 製品・技術例 ... 150
  - 2.11.3 技術開発課題対応保有特許 ... 150
  - 2.11.4 技術開発拠点と研究者 ... 153
- 2.12 三菱瓦斯化学 ... 154
  - 2.12.1 企業の概要 ... 154
  - 2.12.2 製品・技術例 ... 155
  - 2.12.3 技術開発課題対応保有特許 ... 155
  - 2.12.4 技術開発拠点と研究者 ... 158
- 2.13 旭硝子 ... 159
  - 2.13.1 企業の概要 ... 159
  - 2.13.2 製品・技術例 ... 160
  - 2.13.3 技術開発課題対応保有特許 ... 160
  - 2.13.4 技術開発拠点と研究者 ... 162
- 2.14 東京エレクトロン ... 163
  - 2.14.1 企業の概要 ... 163
  - 2.14.2 製品・技術例 ... 164
  - 2.14.3 技術開発課題対応保有特許 ... 164
  - 2.14.4 技術開発拠点と研究者 ... 168
- 2.15 セイコーエプソン ... 170
  - 2.15.1 企業の概要 ... 170
  - 2.15.2 製品・技術例 ... 171
  - 2.15.3 技術開発課題対応保有特許 ... 171
  - 2.15.4 技術開発拠点と研究者 ... 174
- 2.16 アプライドマテリアルズ ... 175
  - 2.16.1 企業の概要 ... 175
  - 2.16.2 製品・技術例 ... 176
  - 2.16.3 技術開発課題対応保有特許 ... 176
  - 2.16.4 技術開発拠点と研究者 ... 179
- 2.17 住友重機械工業 ... 180
  - 2.17.1 企業の概要 ... 180
  - 2.17.2 製品・技術例 ... 180
  - 2.17.3 技術開発課題対応保有特許 ... 181

目次

- 2.17.4 技術開発拠点と研究者 184
- 2.18 シャープ 185
  - 2.18.1 企業の概要 185
  - 2.18.2 製品・技術例 186
  - 2.18.3 技術開発課題対応保有特許 186
  - 2.18.4 技術開発拠点と研究者 190
- 2.19 野村マイクロサイエンス 191
  - 2.19.1 企業の概要 191
  - 2.19.2 製品・技術例 192
  - 2.19.3 技術開発課題対応保有特許 192
  - 2.19.4 技術開発拠点と研究者 195
- 2.20 日本パイオニクス 196
  - 2.20.1 企業の概要 196
  - 2.20.2 製品・技術例 197
  - 2.20.3 技術開発課題対応保有特許 198
  - 2.20.4 技術開発拠点と研究者 199
- 2.21 日本酸素 201
  - 2.21.1 企業の概要 201
  - 2.21.2 製品・技術例 202
  - 2.21.3 技術開発課題対応保有特許 203
  - 2.21.4 技術開発拠点と研究者 206

3. 主要企業の技術開発拠点
- 3.1 ウェット洗浄 209
- 3.2 ドライ洗浄 212
- 3.3 廃水処理 215
- 3.4 排ガス処理点 217

資料
1. 工業所有権総合情報館と特許流通促進事業 221
2. 特許流通アドバイザー一覧 224
3. 特許電子図書館情報検索指導アドバイザー一覧 227
4. 知的所有権センター一覧 229
5. 平成13年度25テーマの特許流通の概要 231
6. 特許番号一覧 247

1. 技術の概要

1.1 半導体洗浄と環境適応技術
1.2 半導体洗浄と環境適応技術の特許情報へのアクセス
1.3 半導体洗浄と環境適応技術の技術開発活動の状況
1.4 半導体洗浄と環境適応技術の技術開発の課題と解決手段

> 特許流通
> 支援チャート

1. 技術の概要

半導体デバイスは最小加工寸法の微細化や高密度化・高集積化に伴い、除去すべき汚染物サイズは微小化し清浄度レベルは厳密化している。さらに、環境対策が重要な社会問題である中で、両者を満足させる技術が実用化されつつある。

1.1 半導体洗浄と環境適応技術

　半導体製造の概略を図1.1-1に示す。半導体の製造工程は、回路設計工程、マスク製作工程、ウェーハ製造工程、ウェーハ処理工程、組立工程、検査工程および排出物処理工程などから成り立ち、洗浄が重要な技術であるウェーハ処理工程は、基板工程(Front End Of the Line)と配線工程(Back End Of the Line)に大別できる。本書で取扱う半導体洗浄の範囲は、ウェーハ製造の研磨工程、ウェーハ処理の基板工程および配線工程の平坦化における洗浄とエッチング、レジスト除去とする。

　半導体デバイスは、回路パターンの微細化や高密度化・高集積化が年々進み、製造プロセスは複雑・多岐化している。表1.1-1に半導体洗浄に係わる技術ロードマップを示す。最小加工寸法は180nmから100nmへと向かっている。これに伴い、ウェーハ表面上のパーティクル、金属や有機物などの除去すべき汚染物サイズは微小化し、かつ清浄度レベルは厳しくなってきている。

　半導体洗浄の全体的な技術体系を表1.1.-2に示す。洗浄方式は、ウェット洗浄とドライ洗浄に、洗浄媒体は、液体、固体および気体に大別できる。前述のように洗浄対象物には、パーティクル、金属・金属イオン、フォトレジストなど有機物、結晶ダメージ・変質物などがあるが、半導体工程すべてが、汚染の発生源となるので、洗浄は、各工程毎に繰返し実施される。さらに、ウェーハ裏面は、製造装置自体や運搬・搬送系との直接接触によりウェーハ表面よりはるかに汚染されている。それゆえ、全工程にわたりウェーハの表裏両面の清浄度レベル維持が重要なポイントである。現時点では、ドライ洗浄のみ単独で満足すべきウェーハの表裏両面の清浄度レベルを維持することは難しくウェット洗浄と併用される場合が多く、ウェット洗浄が主流である。洗浄媒体には、ウェット洗浄では有機洗浄液、水系洗浄液、活性剤添加洗浄液、超臨界洗浄などが、ドライ洗浄では、アルゴンなど不活性ガス、蒸気、プラズマ、紫外線などがある。

　ウェット洗浄は、1960年代に米国のRCA社のKernらによって開発された「RCA洗浄法」をベースにした表1.1-3に示す洗浄液が使用されきた。最近、超精密洗浄の必要性などに

よりオゾン水の代替やキレート剤、界面活性剤の添加およびメガソニック利用などが提案されている。洗浄手段には、浸漬、スプレイ・ノズル、スクラブ、噴射、照射が、洗浄方法には、被洗浄体を回転、移動・運動・揺動、静置させるやり方がある。また、洗浄の作用機構は、溶解、分解および剥離に分類できる。このように、洗浄工程は、大量の洗浄媒体を使用し半導体製造設備の3分の1強ものスペースを占めかつ半導体の品質を左右する半導体製造の非常に重要な技術である。

洗浄の技術課題には、ウェーハの大型化対応、洗浄の高度化、プロセスの小型化、コスト低減、節水、省エネルギー、環境対応などが挙げられる。

本書では、ウェット洗浄とドライ洗浄の洗浄媒体に焦点を当て最重要課題として、洗浄の高度化、コスト低減および環境対応を取上げる。さらに、環境対応については、洗浄工程排出物の処理技術についても探る。

図1.1-1 半導体製造の概略

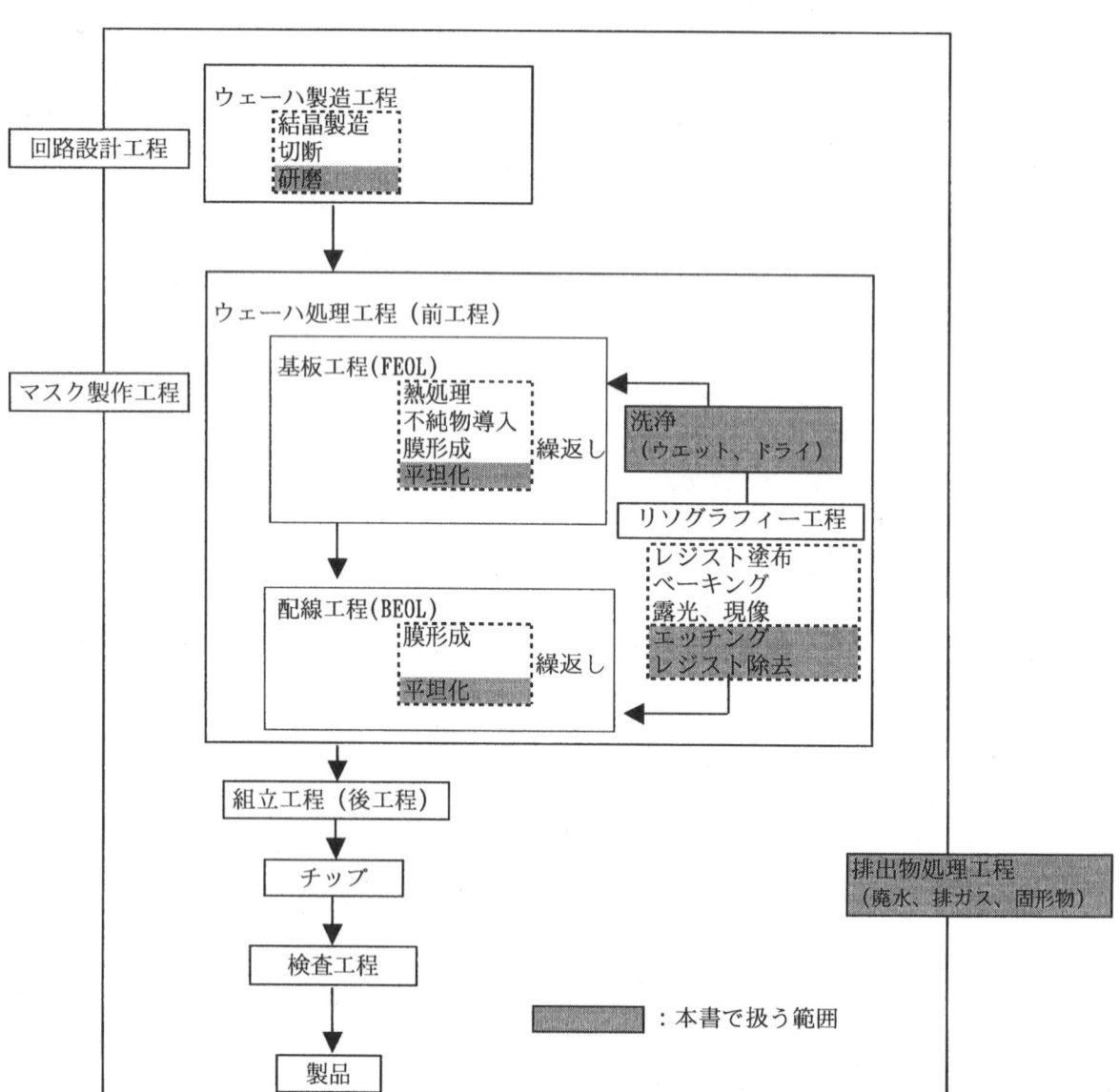

表1.1-1 半導体ウェーハ表面上の要求値

時期	99	00	01	02	03	04	05	08	11	14
DRAM ピッチ溝幅(nm)	180	150	130	130	120	110	100	70	50	35
ウェーハ直径(mm)	200	300	300	300	300	300	300	300	300	450
パーティクル径(nm)	90	82.5	75	65	60	55	50	35	25	17.5
パーティクル密度(個/cm²)	0.064	0.06	0.058	0.068	0.064	0.06	0.051	0.052	0.052	0.052
重金属（原子/cm²）	$\leq 9\times 10^9$	$\leq 7\times 10^9$	$\leq 6\times 10^9$	4.4×10^9	$\leq 3.4\times 10^9$	$\leq 2.9\times 10^9$	2.5×10^9	2.1×10^9	1.8×10^9	1.7×10^9
有機物・ポリマ（炭素原子/cm²）	7.3×10^{13}	6.6×10^{13}	6.0×10^{13}	5.3×10^{13}	4.9×10^{13}	4.5×10^{13}	4.1×10^{13}	2.8×10^{13}	2.0×10^{13}	1.4×10^{13}

（出典：International Technology Roadmap for Semiconductors 1999 Edition）

表1.1-2 半導体洗浄技術の体系

洗浄方式		洗浄媒体	洗浄手段	被洗浄体／洗浄装置	作用機構	洗浄対象物	適用工程	課題
ウェット洗浄	バッチ式	有機液体 無機 添加物	浸漬 スプレイ・ノズル スクラブ	被洗浄体の状態 回転 移動・振動・揺動 静置	溶解	パーティクル	初期洗浄 酸化前処理 エピタキ成長前処理 CVD前処理 スパッタ前処理 ドライエッチング後処理 アッシング後処理 CMP後処理	洗浄・除去高度化 ウェーハ大型化対応 （300mm） 省スペース （小型化） 節水 省エネルギー コスト削減 環境対応
	枚葉式				分解	金属・金属イオン		
		固体粒子		被洗浄体の洗浄部位 片面（表面） 両面（表・裏面） 洗浄装置・構造・細部		有機物		
ドライ洗浄		不活性気体 蒸気 紫外線・光 静電気 プラズマ	噴射 照射		剥離	酸化膜 結晶 ダメージ・変質物		

表1.1-3 RCA洗浄法

除去対象物	洗浄液略称	組成	通称
パーティクル	APM	$NH_4OH/H_2O_2/H_2O$	SC-1
金属イオン	HPM	$HCL/H_2O_2/H_2O$	SC-2
	SPM	H_2SO_4/H_2O_2	ピラニア
	DHF	HF/H_2O	
有機物	SPM	H_2SO_4/H_2O_2	ピラニア
	APM	$NH_4OH/H_2O_2/H_2O$	SC-1
自然酸化膜	DHF	HF/H_2O	
	BHF	$NH_4F/HF/H_2O$	

- APM： Anmonium Hydroxide/Hydrogen Peroxide/Water Mixture の頭文字
- HPM： Hydrochloric Acid/Hydrogen Peroxide/Water Mixture の頭文字
- SPM： Sulfuric Acid/Hydrogen Peroxide/Water Mixture の頭文字
- DHF： Diluted Hydrofluoric Acid の頭文字
- BHF： Buffered Hydrofluoric Acid の頭文字
- SC-1： RCA Standard Clean 1 の頭文字
- SC-2： RCA Standard Clean 2 の頭文字

（出典：服部 毅「シリコンウェーハ洗浄の枚葉化」クリーンテクノロジー 2001年8月号）

洗浄の高度化、コスト低減策としてウェット洗浄では、オゾンや界面活性剤やキレート剤の添加および機能水利用技術が開発されている。ドライ洗浄では、媒体の組合わせや装置の開発が実施されている。また、現在、半導体基板の低コスト化を図るためにウェーハサイズは200mmから300mmへの大型化が進みつつあるが、それに伴い複数枚のウェーハを浸漬洗浄する従来型のバッチ式からウェーハ1枚を回転しながら洗浄液を吹きつけ洗浄する枚葉スピン式洗浄への動きが見られる。

　一方、今日の社会では環境問題が世界的な関心事であり、表1.1-4に半導体洗浄に係わる規制などの環境関連のトピックスを示す。オゾン層破壊の深刻化により1987年には、モントリオールにてフロンの規制案が採択された。1992年には地球温暖化問題が大きくクローズアップされ、1997年の京都会議では温暖化ガス削減の各国毎の数値が決定された。企業など機関の環境対策については、1996年に環境マネージメントシステム(ISO14001)が国際規格として発効した。国内では、1999年7月には、「特定化学物質の環境への排出量の把握等および管理の改善の促進に関する法律」が公布され、各企業の「環境汚染物質排出－移動登録」(PRTR)が義務付けられた。2000年6月には「循環型社会形成推進基本法」が公布され、わが国は循環型社会へのスタートを切った。半導体洗浄は、硫酸、アンモニアや過酸化物などの有害物質およびハイドロクロロフルオロカーボン(HCFC)や六フッ化イオウ等のPFC(パーフルオロ化合物)などオゾン層破壊物質や地球温暖化物質を大量に使用しており、地域および地球環境問題と大きな係わりを持っている。環境対応については、使用段階では、旧来の出口処理(end-of-pipe型)でない環境対策として環境負荷の少ない洗浄媒体の使用・代替や薬剤・薬液を工程外に排出しないリサイクル技術が開発されている。一方、排出されたものについては、低・無害化対策としては、沈澱、酸化・還元、吸着、燃焼、活性汚泥処理などの従来技術の改良・組合わせ技術が多いが、膜技術を利用した技術が開発されている。さらに、循環型社会に対応して、洗浄工程へのリサイクル、他産業への資源再利用を志向した技術開発が多くなってきている。

表1.1-4 環境に係わる主なトピックス

年	トピックス
87	モントリオール会議にてフロン等に関する規制案を採択
92	地球サミットで「地球温暖化問題」クローズアップ
96	環境マネジメントシステム(ISO14001)9月に国際規格として発効
97	12月の地球温暖化防止国際会議（京都会議）で温暖化ガス削減の各国毎の数値決定
99	7月13日に「特定化学物質の環境への排出量の把握等および管理の改善の促進に関する法律」公布 環境汚染物質排出－移動登録(PRTR)の義務付け
00	6月2日「循環型社会形成推進基本法」公布。循環型社会元年
01	21世紀『環の国』づくり会議3月1日よりスタート

次に表1.1-5に本テーマで取扱う技術範囲を示す。

半導体洗浄技術では、ウェット洗浄として有機系、水系、活性剤添加、その他を、ドライ洗浄として不活性ガス、蒸気、プラズマ、紫外線等、その他を取扱う。また、環境適応技術では、廃水処理、排ガス処理および固形廃棄物処理を扱う。なお、ウェット洗浄として抽出した特許中には半導体周辺技術に係わるものが4分の1近くあり、1.4章以降は技術課題と解決手段の焦点を明確にするために、抽出特許中の4分の3強を占める半導体基板の洗浄に絞っている。

また、固体廃棄物については抽出した特許件数が非常に少ないので技術要素の概要のみにとどめる。

表1.1-5 本テーマで取扱う技術範囲

半導体洗浄技術	ウェット洗浄(1,106)	基板洗浄(836)	有機系(148)
			水系(498)
			活性剤添加(162)
			その他(29)
		周辺技術他(270)	
	ドライ洗浄(1,176)	不活性ガス(169)	
		蒸気(141)	
		プラズマ(327)	
		紫外線等(295)	
		その他(266)	
環境適応技術	廃水処理(360)		
	排ガス処理(293)		
	固形廃棄物処理(12)		

（　）の数字は特許件数（重複を含む）

1.1.1 ウェット洗浄（洗浄液）

洗浄液を使用するウェットの半導体洗浄は、特許出願でみるかぎり過半数が水系の洗浄で占められている。ここでは、ウェット洗浄を有機系、水系、活性剤添加およびその他の4つの技術要素に分類し、表1.1.1-1にウェット洗浄媒体・種類を示す。

(1)有機系

主としてレジスト除去のために有機系溶剤が使用されるが、オゾン層破壊のおそれがあるCFC-113やトリクロロエタンが1996年から使用禁止となって、従来の特定フロン（CFC；塩素・フッ素・炭素）に代わる代替フロンの開発がみられた。

一つは水素が入ったHCFC（水素・塩素・フッ素・炭素）またはHFC（水素・フッ素・炭素）またはHFE（ハイドロフルオロエーテル）からなるもの、またはこれらと低級アルコールとの組成物などが代替フロンとして多く見られた。

フッ素系のHCFCなどの代替フロンも2020年には廃止の方向であることから、フッ素を全く含まない有機化合物を用いるものの開発も別の動きとしてみられる。炭化水素やアルコール、ケトンなどが多いが、これまでみられなかったシリコーンが代替フロンとして登場してきた。

(2)水系

主流である水系洗浄液はRCA洗浄の見直しが近年広く再検討されてきている。

RCAが取扱っていなかった酸化剤としてのオゾン水や電解水（イオン水）が登場し、また水素ガスや酸素ガスを溶存した機能水も登場してきた。水酸化アンモニウムに代わってマイルドな（配線金属を腐食しない）有機アンモニウム塩等も広く検討されている。

オゾン水や電解水は洗浄効率の高さと、廃水処理の観点からも有利であることを強調したものが多くみられている。

また、水系といっても有機低級アルコールを水に混合して使用するもの、多価アルコールや糖アルコールなどを配合した洗浄組成物も近年多くみられるようになった。

(3)活性剤添加

活性剤には、より洗浄効率を高めたり、より微量金属を除去する界面活性剤やキレート剤（錯化剤）がある。主として水系に添加されるが、一部有機系でも界面活性剤やキレート剤（錯化剤）を添加したものがみられる。この他に、ゼータ電位（表面電位）制御物質を添加してパーティクルなどの同極静電気帯電による反発作用を利用して再付着防止を行なうもの、腐食防止剤（ベンゾトリアゾールなど）を添加して金属配線の腐食防止を図ったもの、酸化剤、還元剤、増粘剤などもみられる。

(4)その他

その他として超臨界流体による洗浄は主に二酸化炭素を加圧（75.2kg/cm^{2}以上）高温（31.1℃以上）の超臨界条件下で行われる洗浄がある。超臨界の二酸化炭素は液体に近い密度をもち、油など非極性物質の溶解性が大きく、気体のように粘性が低く、拡散性に優れ、半導体微細加工の洗浄に適していることから、近年増加傾向にある。氷粒洗浄の出願

もみられるが、件数は少ない。その他ドライアイススノー（二酸化炭素雪）を利用するものも出願されている。

表1.1.1-1 ウェット洗浄媒体

洗浄媒体の種類		解説
1.有機系	フッ素系	CFC-113等はオゾン層破壊のため使用禁止となり、水素が結合したHCFC等が代替フロンとして登場した。しかし長期的には脱ハロゲンの動きが定着しつつある。
	炭化水素系	洗浄力はフロンよりは低下するが、環境対応から増加傾向にある。
	含酸素系炭化水素	アルコール（IPA等）、グリコール等が増えてきている。
	その他	DMF、有機アミン、ピロリドンなどの含窒素化合物、DMSOなどの含イオウ化合物などの他、環境を汚染しないで、洗浄機能のより優れた洗浄剤が研究開発されている。
2.水系	酸系	HPM,SPM,DHF,BHF等 RCA社の旧来の洗浄法の洗浄液・工程改良がみられる。
	アルカリ	APM等RCA社の旧来の洗浄法の洗浄液・工程改良がみられる。アンモニア系などに代わりよりマイルドな有機アミン系化合物等への代替がみられる。
	オゾン水	RCA洗浄ではみられなかった、オゾンを溶存した水溶液は低濃度で酸化効率がよく、廃水処理も簡便であり、広く使われるようになった。
	電解水	電解水も洗浄効果が高く、顕著な伸びを示している。
	その他	フッ化アンモニウム、二酸化炭素溶解水、酸素溶解水、水素溶解水、次亜塩素酸、高分子電解水、チオ硫酸ナトリウムなどがみられる。
3.活性剤添加	界面活性剤	洗浄効率向上のため、主に非イオン系界面活性剤が多いが、アニオン型、カチオン型も適用される。水系が主体であるが、有機系にも適用される。
	キレート剤	金属イオン等を捕捉する目的でキレート剤（錯体）が添加された洗浄剤が増えてきている。クラウンエーテル、EDTA、EDDHA、スルホン酸型、ホスホン酸型など。
	その他	ゼータ電位（表面電位）制御物質、腐食防止剤（ベンゾトリアゾール等）などがみられる。
4.その他	超臨界流体	CO_2等を超臨界（または亜臨界）状態で使用する洗浄法。最近増加傾向にある。
	氷粒	微細な氷粒を固体状態で吹きつけて洗浄する。
	その他	二酸化炭素雪など。

1.1.2 ドライ（気相）洗浄

ドライ洗浄は液体を使用せずに乾式で表面汚れを除去する技術である。半導体洗浄における従来のウェット洗浄をすべてドライ洗浄に置き換えることは実現していないが、大量の薬液を使用しないため環境面やコスト面で明らかに有利であり、技術のブレークスルーが期待されている。半導体のドライ洗浄は特許のFI分類に沿って、「不活性ガスを用いるもの」「蒸気を用いるもの」「プラズマを用いるもの」「紫外線等を用いるもの」「その他」の5つの技術要素に分類し、表1.1.2-1にそれらの概要を示す。

(1) 不活性ガス

窒素、アルゴン、ヘリウムなどの不活性ガスを用いるもので、ガスの吹きつけにより汚染物を吹き飛ばすのが基本的な方法である。ただし必ずしも不活性ではないガスの場合もある。洗浄力を高めるためにアルゴンなどを超低温で固体の微粒子にして吹きつける方法もある。また、汚染物除去ではなく汚染物付着防止の技術もある。

(2) 蒸気

水蒸気や各種物質の蒸気を用いるもので、フッ化水素のような反応性の高いものを用いる場合も多い。反応性が高い蒸気は表面全体の膜などの除去に用いる場合も多く、微量の汚染物を除去するタイプの洗浄とは様子が異なるが、これも広い意味で洗浄に含める。蒸気による洗浄は、ウェット洗浄に近い場合から、洗浄時には完全にドライであるものまである。

(3) プラズマ

プラズマは電子と陽イオンに電離した気体で、全体としては電気的に中性であるが、性質が固体・液体・気体とは異なり「物質の第4状態」とも呼ばれる。蛍光灯のガラス管内や太陽のような恒星はプラズマである。発生方法は各種あるが、洗浄用では真空に近い希薄な気体中での放電によるものが多く、この場合は真空排気の装置や工程が必要である。プラズマは活性が高く、他の物質と容易に反応し処理対象物にダメージを与えやすい点に注意が必要である。なお、半導体の処理装置内部のクリーニングに使う場合も多い。

(4) 紫外線等

紫外線は電磁波の一種である。電磁波を分類すると波長が短いほうからγ線・X線・紫外線・可視光・赤外線・電波となり、紫外線の波長は10nm程度から約400nmまでである。紫外線は物質の原子間の結合を切り化学変化を起こさせやすい性質がある。波長により作用や透過率・反射率に差があり、短波長ほど作用は強いが透明な物質や反射率の高い物質が少なくなるので装置の作成が困難になる。波長に応じて発生方法も各種あるが、最も一般的であるのは低圧水銀ランプである。(蛍光灯はこの紫外線を蛍光物質で可視光に変えている。)洗浄においては有機物の除去が最も一般的であるが、その際、紫外線が有機物に直接作用する以外に、酸素（O_2）をオゾン（O_3）や励起酸素原子（O^*）に変え、それが有機物に作用して二酸化炭素と水（水蒸気）に変える。

(5) その他

上述の4種類以外で、レーザー照射により表面層を瞬間的に加熱して汚染物を蒸発させる方法などがある。

以上のように、ドライ洗浄は各種洗浄技術の境界を明確にしにくい場合が多い。また、複雑な半導体製造工程の中で通常の洗浄以外の処理（成膜や熱処理など）と関連している場合も多い。洗浄の面だけでみても、半導体に限らず汎用的に適用することを念頭に置いた洗浄技術もある一方で、ある特定の対象物と工程を念頭に置いた限定的な技術も多い。さらに、ウェットも含めて洗浄技術の組合わせが多い。

表 1.1.2-1 ドライ洗浄の概要

洗浄媒体	技術の基本原理	関連技術
(1) 不活性ガス	ガスの吹きつけにより汚染物を吹き飛ばす。	・超低温で固体微粒子にして吹きつけ ・汚染物付着防止 ・他の洗浄技術との組合わせ
(2) 蒸気	液体による洗浄と同様に洗い流す場合や、蒸気を吹きつけて汚染物を吹き飛ばす場合、フッ化水素等で別の物質に変化させる場合などがある。	・超臨界流体 ・表面全体の膜の除去 ・他の洗浄技術との組合わせ
(3) プラズマ	電子と陽イオンに電離した気体であるプラズマを当て、別の物質に変化させて除去する。	・表面全体の膜の除去 ・表面の各種処理 ・他の洗浄技術との組合わせ
(4) 紫外線等	紫外線を当て、酸素から生じたオゾンなどの作用と合わせて別の物質に変化させて除去する。	・表面全体の膜の除去 ・表面の各種処理 ・他の洗浄技術との組合わせ
(5) その他	・レーザーなど各種の照射 ・その他の技術や組合わせなど	

1.1.3 環境適応技術

半導体洗浄によって発生する排出物は、廃水、排ガス、固形物に大別できる。表 1.1.3-1～3 にそれら個別技術を示す。

(1) 廃水

表 1.1.3-1 に半導体洗浄の廃水処理対象別の技術を示す。半導体洗浄の中心的技術であるウェット洗浄によって、非常に多様な混合物からなる廃水が多量に排出される。大きくみるとフッ素化合物、過酸化水素、アンモニア類、硫酸、シリコン屑(研磨材)、有機化合物である。また多量に使われる純水は、再生する事が必須であり、廃水から上記物質を除く事で得られる。処理技術は、1）凝集・沈殿やイオン交換、酸化・還元といった化学的処理と、2）蒸留・固液分離、膜分離、吸着、光照射といった物理的処理、3）酵素や好気・嫌気的生物処理および4）それらの方法を実現し、まとめる装置・システムに分ける事ができる。個々の技術は凝集沈殿化や触媒による酸化還元、種々の膜による分離、活性汚泥に代表される生物処理、過酸化水素を分解する酵素カタラーゼの利用などであるが、多種の混合物である廃水から個々の物質を処理するだけでなく、後の処理工程にどの様に影響するか全体の流れを工夫した技術も重要である。

表1.1.3-1 半導体洗浄廃水の技術要素

	処理対象	解説
廃水処理	フッ素化合物	カルシウム化合物にして、凝集、沈殿化し除去または再資源化されるが、その際フッ素量の測定、添加カルシウムの適正化、アルミニウムイオンの利用、pH調整などにより効率化され、沈殿物の分離、脱水法も工夫されている。また低濃度のフッ素を含む廃水はイオン交換樹脂や膜分離で処理され、高濃度、低濃度の２段階処理される。特に再利用する場合には、樹脂に吸着させたフッ素の溶出法、電気透析などが開発されている。また、廃水にはアンモニアやリン酸等が混在しており、処理の順序や装置の改良がされている。
	過酸化水素	カタラーゼという酵素で分解する方法が多いが、他にも電解的方法、高温処理、イオン交換樹脂、活性炭と二酸化マンガン、触媒と紫外線による分解といった方法がある。カタラーゼを使う方法についても、pH調整、使用後のカタラーゼの除去法、固定化して使う方法など様々な開発がされている。 またフッ素やアンモニア、硫酸の混在廃水処理のための装置、方法の開発もされている。
	アンモニア（イオン・塩）	アンモニア又はアンモニウム化合物は、やはり活性汚泥等生物処理により分解される方法が最も多い。炭素源を加えたり、pH調整、過酸化水素の分解除去などによって効率を向上させている。他に、亜硝酸(塩)で分解したり、触媒と酸化還元剤や光を用いた分解法もある。また、回収する場合には、濃縮、蒸留により行われるほか、多段カラムを用いたり、逆浸透膜で分離する方法が開発されている。
	硫酸	一般的に蒸留、精製によって回収される。廃水中に過酸化物が混合している場合は硝酸等で分解後、硫酸を回収する。また、一定濃度の硫酸を得る為に、濃度を測定する装置も開発されている。
	有機化合物	成分としてはアルコール類、界面活性剤、脂肪酸類、溶媒など多種類で、処理の方法もきわめて多種多様である。酸、アルカリ、オゾン、過酸化水素、紫外線、触媒などで酸化・還元処理をし、または直接イオン交換樹脂や各種膜類や吸着剤で分離する方法、装置が開発されている。また好気的・嫌気的生物処理をする場合は、それ以前の有害物の除去やpH等条件の最適化、処理後の汚泥の分離までを考慮して開発されている。また現像液や界面活性剤などの一部の有機物は回収する場合も多く、イオン交換体や分離膜、電解等の処理が組合わされている。
	純水	半導体の洗浄においては、きわめて多量の純水又は超純水が使われるため再利用する事は必須である。したがって純水回収という目的のために廃水中に含まれるフッ素、アンモニア、有機物、研磨材等の除去処理が行われている。技術的にはフィルタ、浸透膜など膜分離や、活性炭や樹脂に吸着させる方法が多い。また分解、分離などの処理を高効率、低コストで行う装置の開発も行われている。
	*その他、研磨材（主成分はシリコン屑）は廃水中に懸濁された状態になっており、凝集、沈殿や濃縮処理をしてフィルタ等で分離される。その際、目詰まりが問題となり、pHや電荷を工夫したり、膜を逆圧洗浄、超音波処理、水を循環する等、開発が進んでいる。また再資源化という観点から、研磨材は陶器の材料や活性汚泥の沈降促進に用いたりもされている。	

(2) 排ガス

半導体洗浄排ガス処理に関し、処理対象および処理方法・装置別に、最近の技術開発の状況を中心に、表1.1.3-2に示す。

半導体洗浄排ガスで主なものは、薄膜形成のための化学蒸着（CVD）装置等のドライクリーニング排ガスと、ドライエッチング処理排ガスである。

半導体の製造プロセスでは、シリコンウェーハ上に様々な特性を持った薄膜が形成される。その際、高純度の薄膜を形成するため、前工程でチャンバー内に堆積した不純物物質を除去する必要がある。チャンバー内は複雑な形状をしていることから物理的な洗浄は難しく、化学的なドライクリーニングが一般的に用いられてきている。通常は、クリーニングガスを高温プラズマ環境で反応させ、表面に堆積した微量の不純物を取り除いている。

微細加工パターン形成のためのエッチング技術は、ウェットエッチング法からドライエッチング法にほとんど移行している。エッチングガスにキャリヤーガスを加えて、被処理材料（Si、SiO_2など）をエッチングしている。

ドライクリーニングガスやドライエッチングガスとしては、PFC（パーフルオロカーボン）やSF_6（六フッ化イオウ）、NF_3（三フッ化窒素）などがあり、これらは目的に応じて単独または組合わせて使用される。

また、洗浄排ガス処理対象には、VOC（揮発性有機化合物）と一般に呼ばれる有機溶剤ガス、その他がある。

これらの排ガスの処理は、大別して、乾式吸着吸収、湿式吸収、加熱分解、触媒による接触転化（触媒酸化燃焼を含む）、直接燃焼などの方法・装置で行われている。これらの方法を組合わせて、各種排ガスを同時に除去できる処理機や処理システムも開発されてきている。

なお、地球温暖化防止に向け、PFCやSF_6が削減対象となったことから、これらの低・無害化の技術開発が活発に行われてきている。

また、クリーニングガスやエッチングガスは通常高価であり、回収・再利用する技術が望まれている。

表 1.1.3-2 半導体洗浄排ガス処理の技術体系

	処理対象と処理方法		解説
排ガス処理	処理対象	フッ化窒素（NF₃等）	NF₃はPFCに比べてLSI汚染が小さく洗浄効率に優れ、また化審法の数量制限が解除されたことにより、半導体のCVD装置クリーニングやドライエッチングガスとしての有効性が高くなってきている。NF₃は常温では非常に安定であるが、高温ではN₂とFに分解する。
		フッ化イオウ（SF₆等）	SF₆は熱的に安定であること、効率的に洗浄でき且つチャンバーを傷めないこと、毒性が低いこと等から、比較的多く使われてきた。しかし、SF₆は温室効果が大きいことから削減対象の6種類のガスに含まれているため、完全処理化技術の開発が必要なこととともにその代替化が検討されている。
		有機ハロゲン化物（PFC等）	PFCはクリーニング・エッチングガスとして広く用いられている。しかしPFCもCOP3の削減対象ガスの主要な一つであり、完全処理技術の検討や代替化が求められている。なお、PFCはパーフルオロカーボン（perfluorocarbon）の略称であり、CF₄、C₂F₆がその代表的な化合物である。ただし、PFCはパーフルオロ化合物（perfluoro-compound）の略称としても用いられる場合があり、その際はNF₃、SF₆などのフッ素化合物も含まれる。
		有機溶剤（VOC）	アルコール、エーテル、エステル、ケトンなどの含酸素炭化水素やDMSOなどが主に用いられている。VOC排気の処理は、活性炭などの吸着剤で溶剤蒸気を濃縮し、次いで脱着し、濃縮された蒸気を燃焼（触媒燃焼、直接燃焼）により無害化、または冷却液化して回収・再利用するプロセスをとる。
		その他	無機ハロゲン化物、中でも三フッ化塩素（ClF₃）は低濃度・低温でのクリーニングが可能なため、比較的広く用いられている。アルミニウムのドライエッチングにも無機ハロゲン系ガスが用いられる。また排ガスには、残存原料シラン等の無機水素化物や、クリーニングガスと原料ガスとの反応による無機ハロゲン化物も含まれる。GaN形成時に多量に使われるアンモニア（NH₃）も排ガス中に含まれてくる。排ガス処理時には窒素酸化物（NOₓ）が生成する。オゾン（O₃）は酸化膜の形成時や、紫外線との併用によりレジスト膜の除去に用いられている。
	処理方法	乾式吸着吸収	半導体工業の排ガス無害化処理は、従来の湿式法から、近年は乾式法が主流になってきている。活性炭、活性アルミナ、ゼオライト、またそれらに固体状アルカリ金属水酸化物・炭酸塩等を担持させたもので、排ガスを吸着もしくは吸収させる。脱着した後、燃焼もしくは回収・再利用される。
		湿式吸収	有害排ガスを、薬液や水を用いて無害化する。アルカリ水溶液スクラバーや酸水溶液スクラバーによるものが一般的である。設備コストが高くつく欠点がある。乾式や加熱分解と併用されることも多い。
		触媒転化	触媒加熱分解方式が、PFCやSF₆、NF₃の分解に用いられている。アンモニアも触媒分解によりN₂とH₂に分解される。VOCは触媒酸化燃焼により処理されている。また、NOₓを含む排ガスにアンモニアを混合し、触媒層を通過させて、N₂と水に分解している。
		燃焼	原料ガスとクリーニングガス（PFC、NF₃等）の混合ガスを天然ガス等の燃料ガスおよび空気と混合し、直接酸化燃焼している。VOCも直接燃焼される。
		その他	CVD装置のクリーニング時に排気されるNF₃やPFCが、熱酸化分解方式で無害化されている。分解時に生成したHFは湿式スクラバーで除去される。 その他、超臨界水分解法や膜分離法、活性汚泥などによる生物的処理などが行われている。

(3)固形廃棄物

表1.1.3-3に固形廃棄物の処理対象別の技術を示す。

有害重金属を含有する固形物廃棄物は、従来はセメントだけで固め溶出を防ぐ固化技術が一般的であったが、還元性金属、固体酸、非晶質水酸化アルミニウム、多孔質合成ケイ酸などを含有する廃棄物用セメントに代わる新しい安定化剤やセレン含有廃棄物については塩化第二鉄を添加後固化する方法が開発されている。また、洗浄液汚染した土壌中の汚染物を気化させ蒸気を吸着・燃焼する技術や、洗浄廃水中の研磨材を湿式分級し不純物を除去しファインセラミックスなどに利用する技術や、半導体屑を加熱溶融し、シリコンやガリウムとして資源回収する技術が提案されている。

固形廃棄物処理については、件数が非常に限られており次章以下では詳細な説明を省略する。ただし資料編にはその特許番号を記載している。

表1.1.3-3 固形廃棄物処理の技術要素

処理対象		解説
固形廃棄物処理[*1]	重金属	有害金属を含有する廃棄物を還元性金属、固体酸、非晶質水酸化アルミニウムなどを含有する安定化剤で低・無害化処理する技術などが開発されている。
	研磨材	研磨材廃水中の固形分を湿式分級し不純物を除去し、ファインセラミックスなどに再資源化する。
	半導体基板屑	シリコンやリン化ガリウムなどの半導体屑を加熱溶融し、シリコンやガリウムを回収し再資源化する。
	その他	汚染した土壌中の汚染物を気化し吸着・燃焼する。

[*1]処理対象がスラッジや脱水ケーキなど固形物を出発物質とするもの。

1.2 半導体洗浄と環境適応技術の特許情報へのアクセス

半導体洗浄と環境適応技術に関する特許情報へのアクセスは、FIを中心として、必要に応じてFタームなどを組合わせてアクセスすることが必要である。
ただし、絞り込みにあたっては、個々の特許の読み込みが必要である。

1.2.1 ウェット洗浄

表1.2.1-1に半導体のウェット洗浄技術における洗浄媒体毎のFI分類H01L21/304,647(「洗浄液に特徴のあるもの」)を示す。

表1.2.1-1 ウェット洗浄へのアクセスツール

洗浄媒体		検索式	概要
有機系	フッ素系	FI:H01L21/304,647A	HCFC,HFC,PFE等の水素入りのフッ素化化合物
	炭化水素系	FI:H01L21/304,647A	テルペン、ペンタン、ナフテン、イソパラフィンなど
	含酸素炭化水素	FI:H01L21/304,647A	IPAなどのアルコール、エーテル、ケトン、エステル、グリコール、糖アルコールなど
	その他	FI:H01L21/304,647A	DMF、アミン、ピロリドンなどの含窒素化合物、DMSOなどの含硫黄化合物、塩素化エチレンなどの含塩素化合物など
水系	酸	FI:H01L21/304,647および H01L21/304,647Z	HCl,HF,硫酸、硝酸、リン酸、酢酸など
	アルカリ	FI:H01L21/304,647および H01L21/304,647Z	水酸化アンモニウム、テトラメチルアンモニウム、アミンなど
	オゾン水	FI:H01L21/304,647および H01L21/304,647Z	オゾン溶解水
	電解水	FI:H01L21/304,647および H01L21/304,647Z	電気分解水、イオン水
	その他	FI:H01L21/304,647および H01L21/304,647Z	フッ化アンモニウム、二酸化炭素溶解水、酸素溶解水、次亜塩素酸、高分子電解水、チオ硫酸ナトリウムなど
活性剤添加	界面活性剤	FI:H01L21/304,647B	非イオン(主)、アニオン系、カチオン系界面活性剤。フルオロアルキルスルホン酸の4級アンモニウム
	キレート剤	FI:H01L21/304,647B	EDTA,ポリカルボン酸など
	その他	FI:H01L21/304,647B	防食剤など
その他	超臨界流体	FI:H01L21/304,647および H01L21/304,647Z	二酸化炭素の高圧下の超臨界流体状態での洗浄
	氷粒	FI:H01L21/304,647および H01L21/304,647Z	μmオーダーの微細氷粒を半導体に噴射して洗浄
	その他	FI:H01L21/304,647および H01L21/304,647Z	ドライアイススノーなど

また、半導体洗浄の他の関連技術は、表1.2.1-2に示すFIでアクセスすることができる。

表 1.2.1-2 半導体洗浄関連技術のアクセスツール

技術	FI
洗浄	H01L21/304,641
洗浄槽を用いるもの	H01L21/304,642
単槽	H01L21/304,642A
複槽	H01L21/304,642B
洗浄中に基板を動かすもの	H01L21/304,642D
超音波を使用するもの	H01L21/304,642E
ノズルを設けるもの	H01L21/304,642F
ブラシ等を用いるもの	H01L21/304,644
スプレイ・ノズルを用いるもの	H01L21/304,643
基板を回転するもの	H01L21/304,643A
基板を移動するもの	H01L21/304,643B
ノズル自体に特徴のあるもの	H01L21/304,643C
超音波を使用するもの	H01L21/304,643D
その他	H01L21/304,643Z
洗浄の制御・調整・検知	H01L21/304,648G+H01L21/304,648H
洗浄と乾燥の一連処理	H01L21/304,651
回転処理を用いるもの	H01L21/304,651A+H01L21/304,651B+H01L21/304,651C+H01L21/304,651D+H01L21/304,651E+H01L21/304,651F
枚葉式	H01L21/304,651B
バッチ式	H01L21/304,651C+H01L21/304,651D+H01L21/304,651E+H01L21/304,651F

1.2.2 ドライ洗浄

表 1.2.2-1 に半導体のドライ洗浄における洗浄媒体毎の FI 分類 H01L21/304,645A,B,C,D,Z（「気相での洗浄」）を示す。

表 1.2.2-1 ドライ洗浄へのアクセス

洗浄媒体	検索式	概要
不活性ガス	FI：H01L21/304,645A	N_2、Ar、He などにより洗浄する
蒸気	FI：H01L21/304,645B	水蒸気などにより洗浄する
プラズマ	FI：H01L21/304,645C	プラズマにより加熱したり、有機物などを分解する
紫外線等	FI：H01L21/304,645D	紫外線など光により有機物などを分解する
その他	FI：H01L21/304,645Z	上記以外によりドライ洗浄する

1.2.3 環境適応技術

(1) 廃水処理

表 1.2.3-1 に半導体洗浄の廃水処理技術における処理対象に共通する FI 分類 C02F（「水、廃水、下水または汚泥の処理」）、F タームおよびフリーキーワードを示す。

表 1.2.3-1 廃水処理へのアクセス

処理対象		検索式	概要
廃水処理	フッ素化合物	FI：C02F1/00C、C02F1/00M、C02F1/00N、C02F1/00P、C02F1/04C、C02F1/04D、C02F1/24D、C02F1/24E、C02F1/42C、C02F1/42D、C02F1/42E、C02F1/42F、C02F1/42G、C02F1/42H、C02F1/42J、C02F1/42K、C02F1/42L、C02F1/44K、C02F1/44E、C02F1/44F、C02F1/46,101A、C02F1/46,101B、C02F1/52F、C02F1/52J、C02F1/52K、C02F1/52Z、C02F1/54F、C02F1/54J、C02F1/54K、C02F1/54Z、C02F1/66,510K、C02F1/66,521V、C02F1/66,521X、C02F1/66,522C、C02F1/66,522R、C02F1/70A、C02F1/70B、C02F3/00、C02F9/00、C02F11/00 FT：4D064AA31、4D062CA01、4D062CA06、D062CA07、4D062CA17、4D062CA18、4D039AA09、4D038AA08、4D025AA09、4D024AA04、4D015CA01、4D015CA06、4D015CA07、4D015CA17、4D015CA18、4D061AA08、4D050AA13、4D037AA13、4D034AA11、4D076HA06 （フリーキーワード：半導体、ウエハ）	半導体洗浄の廃水中でフッ素などのフッ素化合物を無害化したり、回収する
	過酸化水素		半導体洗浄の廃水中で過酸化水素を無害化などする
	アンモニア（イオン・塩）		半導体洗浄の廃水中でアンモニア化合物を無害化したり、回収する
	硫酸		半導体洗浄の廃水中で硫酸を無害化したり、回収する
	シリコン屑		半導体洗浄の廃水中でシリコン屑などを無害化したり、回収する
	有機化合物		半導体洗浄の廃水中でレジストなどの有機物を無害化したり、回収する
	純水		半導体洗浄の廃水中から純粋を回収する

(2) 排ガス処理

　表 1.2.3-2 に、半導体洗浄の排ガス処理技術の処理対象および処理方法・装置に共通するFI 分類 B01D53/34（「排ガスの化学的浄化」）と F23G7/06（「排ガスまたは有害ガスの燃焼」）、F タームおよびフリーキーワードを示す。

表1.2.3-2 半導体洗浄排ガス処理技術のアクセスツール

技術要素		検索式	概要
処理対象	フッ化窒素（NF₃等）	FI：B01D53/34、F23G7/06 Fターム：4D076HA12 （フリーキーワード：半導体、ウエハ）	窒素とフッ素/臭素/ヨウ素を含有する無機化合物の排ガスの浄化（半導体関連）
	フッ化イオウ（SF₆等）		イオウとフッ素/臭素/ヨウ素を含有する無機化合物の排ガスの浄化（半導体関連）
	有機ハロゲン化物（PFC等）		有機ハロゲン化合物の排ガスの浄化（半導体関連）
	有機溶剤（VOC）		有機溶剤の排ガスの浄化（半導体関連）
	無機ハロゲン化物		ハロゲン・無機ハロゲン化物の排ガスの浄化（半導体関連）
	アンモニア・アミン類（NH₃等）		アンモニア・アミン類の排ガスの浄化（半導体関連）
	窒素酸化物（NOx）		窒素酸化物の排ガスの浄化（半導体関連）
	オゾン（O₃）		オゾンの排ガスの浄化（半導体関連）
処理方法・装置	乾式吸着吸収		吸着または乾式吸収による排ガスの浄化（半導体関連）
	湿式吸収		湿式吸収による排ガスの浄化（半導体関連）
	触媒接触		接触転化による排ガスの浄化（半導体関連）
	燃焼		排ガスの燃焼装置（半導体関連）

また、半導体洗浄の排ガス処理に関連する他の技術は表1.2.3-3に示すFIでアクセスできる。

表1.2.3-3 半導体洗浄排ガス処理の関連技術のアクセスツール

関連分野	FI
有害化学物質の無害化方法・手段	A62D3/00
蒸留に関連する液／ガス接触交換プロセス	B01D3/00:B01D3/42
吸着によるガスまたは蒸気の分離	B01D53/02:B01D53/12
吸収によるガスまたは蒸気の分離	B01D53/14:B01D53/18Z
拡散によるガスまたは蒸気の分離	B01D53/22
化学的、物理的、または物理化学的プロセス一般	B01J19/00:B01J19/32
吸着剤の調製、再生	B01J20/00:B01J20/34Z
触媒	B01J21/00:B01J38/74
水処理	C02F1/00:C02F3/34,101Z
化学蒸着	C23C16/00:C23C16/56
半導体物質の化学的析出	H01L21/205
半導体の表面処理（研磨、エッチング、フォトリソグラフィなど）	H01L21/302:H01L21/32

注）・ 先行技術調査を完全に漏れなく行なうためには、調査目的に応じて上記以外の分類も調査しなければならないことも有り得るので、注意が必要である。
・ 上記半導体に関連するIPC、FI分類は平成10年に改正されたもので、IPCではこれ以前のものは検索できないので、FIでの検索を推奨する。
・ 改正以前の古い公報明細書には改正前の古いIPC、FIしか記載されていない。
・ 半導体洗浄の検索において使用できる有効なFタームがないので、必要に応じてフリーキーワードの使用を推奨する。

1.3 半導体洗浄と環境適応技術の技術開発活動の状況

　図 1.3-1 に半導体のウェット、ドライ洗浄および洗浄による排出物処理に係わる特許出願件数と出願人数の推移を示す。出願件数と出願人数ともに 1990 年以降 92 年までは直線的に増加したが、93 年に減少し 94 年、95 年は再び持ち直した。しかし、96 年以降は減少傾向にある。表 1.3-1 に全技術分野での出願件数上位 10 位と各技術分野での出願件数上位の企業を合わせた主要企業 21 社の出願状況を示す。

　また、図 1.3-2 に電機、半導体装置製造、水処理および工業ガスの 4 業界別の出願件数の推移を示す。大手企業を含む電機業界が 1996 年以降減少傾向にあるのに対し水処理業界は大幅に増加傾向にあり、工業ガス業界も増加基調にある。これは、廃水処理や排ガス処理の出願件数が増えていることによる。

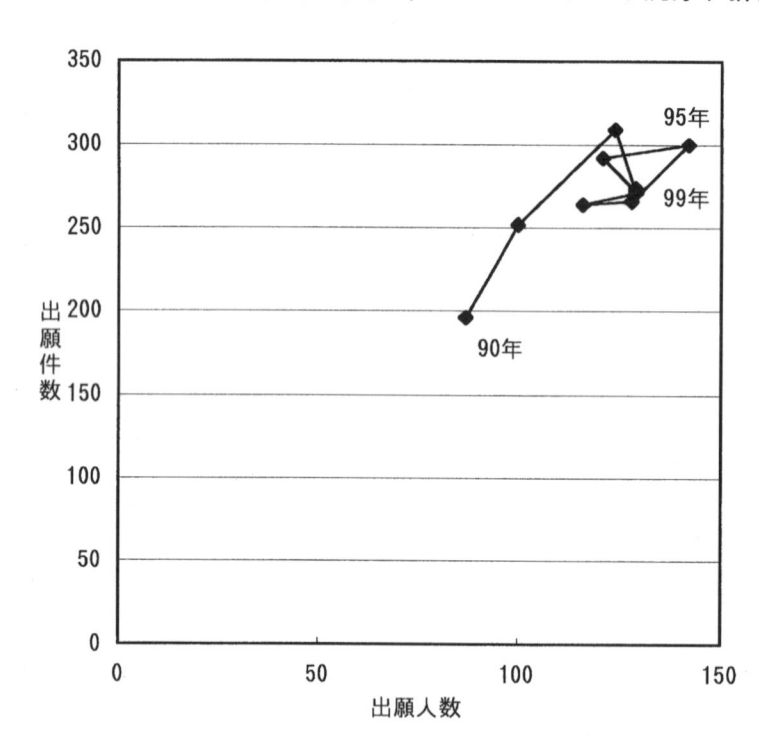

図 1.3-1 出願人数-出願件数の推移（ウェット・ドライ洗浄、排出物処理）

表 1.3-1 主要出願人の出願状況（全分野）

出願人	業種	89	90	91	92	93	94	95	96	97	98	99	00	計
日立製作所	電機	9	24	16	30	22	21	18	21	16	9	3		189
富士通	電機	12	25	39	17	17	23	11	6	6	2	2		160
栗田工業	水処理			1	16	11	13	8	8	19	22	38	7	143
日本電気	電機	7	15	8	11	13	13	13	18	12	14	14	3	141
東芝	電機	2	11	10	9	17	12	16	14	9	11	11	2	124
ソニー	電機	1	5	5	11	9	14	10	11	14	8	4	2	94
大日本スクリーン製造	半導体装置製造	2	10	1	7	11	8	15	11	5	8	6		84
松下電器産業	電機	3	5	2	8	8	8	8	12	15	4	6	5	84
三菱電機	電機	5	12	12	7	2	9	4	2	5	5	3	1	67
オルガノ	水処理	1			2	5	6	5	9	11	11	8	1	59
東京エレクトロン	半導体装置製造	1	5	9	5	5	6	7	5	4	3	5	4	59
セイコーエプソン	半導体デバイス	3	8	4	3			2	6	5	9	10	1	51
シャープ	電機		1	9	7	4	5	8	4	1	2	3	1	45
三菱マテリアルシリコン	非鉄金属	2	2	5	4	5	3	3		3	6	10		43
三菱瓦斯化学	化学		2	3	4		11	5	5	5	2	3		40
旭硝子	窯業	22		6		4	2	1						35
日本酸素	工業ガス				2	4	6	6		2	6	5	1	33
日本パイオニクス	工業ガス			1	5	3	6	3	4	2	3	3	1	31
アプライドマテリアルズ（米国）	半導体装置製造		3				2	4	7	3		3	8	30
住友重機械工業	機械					5	1	5	1	2	1	8		23
野村マイクロサイエンス	水処理		1		3		3	2			3	6		18

図 1.3-2 4業界別の出願件数の推移（全分野）

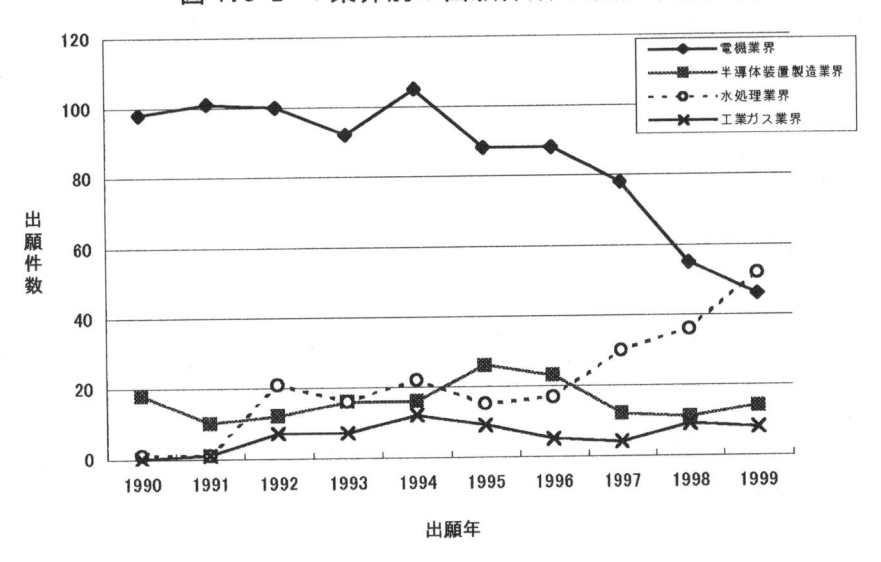

1.3.1 ウェット洗浄
(1)有機系

図 1.3.1-1 に有機系に係わる特許出願件数と出願人数の推移を示す。出願件数と出願人数ともに 1990 年以降 95 年までは増加基調にあり、特に、95 年の伸びは著しい。96 年以降は減少傾向にある。これは、1996 年から使用禁止となったオゾン層破壊のおそれがある CFC-113 やトリクロロエタンに代わる代替フロンの開発が急がれ、開発の目途が一応ついたことに起因している。

図 1.3.1-1 出願人数-出願件数の推移（有機系）

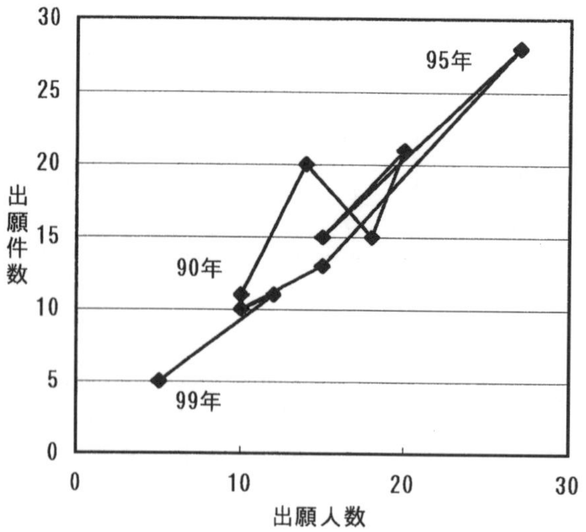

表 1.3.1-1 主要出願人の出願状況（有機系）

出願人	業種	89	90	91	92	93	94	95	96	97	98	99	00	計
旭硝子	ガラス・化成品	22		6		3	2	1						34
日立製作所	電機	1	3			1	1		1			1		8
富士通	電機	1		1	1	2		2						7
東京応化工業	化学			1		2	1	1	1					6
大日本スクリーン製造	半導体製造装置	1				2	1	1				1		6
東芝	電機			1		1		1	3					6
三菱瓦斯化学	化学							1	1	2	1	1		6
沖電気工業	電機			2	2					1				5
工業技術院 (独立行政法人産業技術総合研究所)	公的研究機関					2				1	2			5
地球環境産業技術研究機構	公的研究機関					2				1	2			5
信越半導体	半導体デバイス				1	1		2	1					5
三菱電機	電機		1	2				1	1					5
セントラル硝子	ガラス・化成品	2				2								4
ダイキン工業	機械	2		1		1								4
花王	化学(トイレタリー)							1	3					4

(2)水系

図1.3.1-2に水系に係わる特許出願件数と出願人数の推移を示す。出願件数と出願人数ともに1990年以降95年までは増加したが、96年以降は減少傾向にある。半導体洗浄は、有機系も水系も一連の組合わせた洗浄工程として相互に関連しあっているため、水系も95年をピークに減少したと推測される。

表1.3.1-2に主要出願人の出願状況を示す。大手の電機企業の出願が多い。

図 1.3.1-2 出願人数-出願件数の推移（水系）

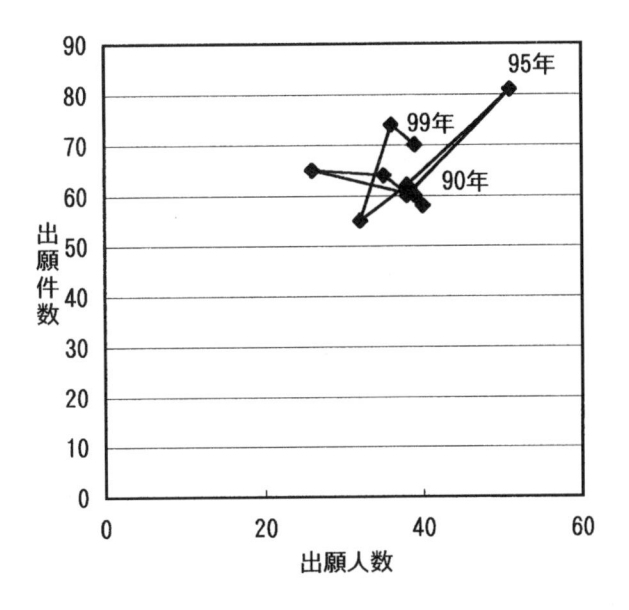

表 1.3.1-2 主要出願人の出願状況（水系）

出願人	業種	89	90	91	92	93	94	95	96	97	98	99	00	計
日本電気	電機	3	7	2	4	6	2	4	5	6	11	9	3	62
東芝	電機		5	3	3	3	5	5	8	4	5	3		44
日立製作所	電機	2	4	3	9	5	2	3	4	6	3			41
富士通	電機	1	6	10	2	6	8	2	1	1		1		38
三菱マテリアルシリコン	シリコンウェーハ	2	2	5	4	4	1	3		3	5	8		37
ソニー	電機		2	3	4	4	2	5	1	3	1	3	1	29
三菱瓦斯化学	化学		2	3	4		7	2	5	2	2	2		29
三菱金属（三菱マテリアル）	非鉄金属	2	2	7	4	4	2	3		3		2		29
栗田工業	水処理							1		6	11	6		24
三菱電機	電機		2	4	3	1	3	1	2	1	4	1		22
三菱化成（三菱化学）	化学			3	3	3		8	3		1			21
松下電器産業	電機		1		2	2	3	1	3	1	1	2	3	19
大見忠弘	個人			4		1	2	6	2	1	2			18
新日本製鉄	鉄鋼		4	3	1	3	2	2	1	1	1			18
大日本スクリーン製造	半導体製造装置			1			3	1	3		5	4		17
セイコーエプソン	半導体デバイス		5	1				1	1	1	5	1		15
信越半導体	半導体デバイス				1	1	3	5	1		1			12
川崎製鉄	鉄鋼		2	4	4	1			1					12
三星電子（韓国）	電機								2	3	3	1	2	11
住友化学工業	化学					1	1			3		3	3	11
ピュアレックス	洗浄機器		1		2	1		2	1	1	1		1	10
シャープ	電機		1	5	2	1								9
野村マイクロサイエンス	水処理		1					1			1	5		8
コマツ電子金属	半導体デバイス	1				1	2	1	2				1	8
日本電信電話	通信	2	1	1	2			2						8

(3)活性剤添加

　図1.3.1-3に活性剤添加に係わる特許出願件数と出願人数の推移を示す。出願件数と出願人数ともに1990年以降95年までは増加し、96年以降は減少傾向にある。活性剤は水系か有機系に添加されるから、これら洗浄液の動向と同じ推移を示したものと理解される。

　表1.3.1-3に主要出願人の出願状況を示す。化学企業の出願が大手の電機企業と肩をならべている。

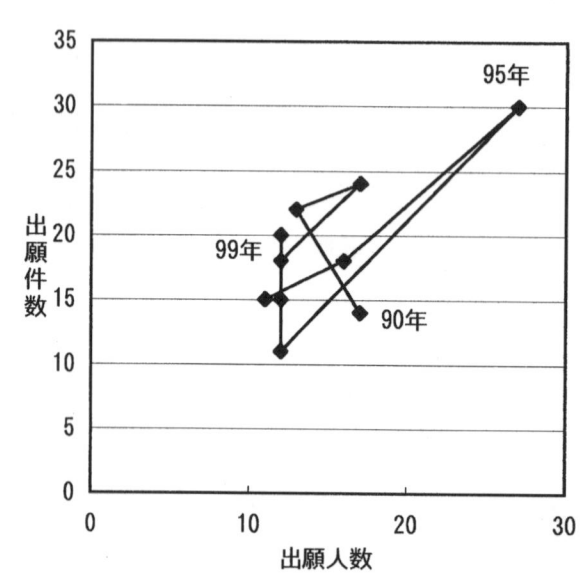

図1.3.1-3 出願人数-出願件数の推移（活性剤添加）

表1.3.1-3 主要出願人の出願状況（活性剤添加）

出願人	業種	89	90	91	92	93	94	95	96	97	98	99	00	計
三菱化成（三菱化学）	化学			3	3	3		7	5		1			22
日立製作所	電機			3	4	3	1		1	3				15
日本電気	電機		1		1	2				2	4	2	1	13
三菱瓦斯化学	化学			1	2	4	1		1		1	2		12
東芝	電機			1	1	2	3	1			1	1		10
花王	化学（トイレタリー）							1	2	3		1		7
日本合成ゴム（JSR）	化学											7		7
旭硝子	ガラス・化成品			6										6
富士通	電機			1	1	2	1		1					6
ピュアレックス	洗浄器機			1		2	1				1			5
和光純薬工業	化学（試薬）					1		1	1		2			5
住友化学工業	化学									1		2	2	5
三菱電機	電機			1			2		1			1		5

(4)その他

　図 1.3.1-4 にその他洗浄液に係わる特許出願件数と出願人数の推移を示す。傾向は、他の技術分野と同様であるが出願件数と出願人数は非常に少ない。

　表 1.3.1-4 に主要出願人の出願状況を示す。

図 1.3.1-4 出願人数-出願件数の推移（ウェット洗浄－その他）

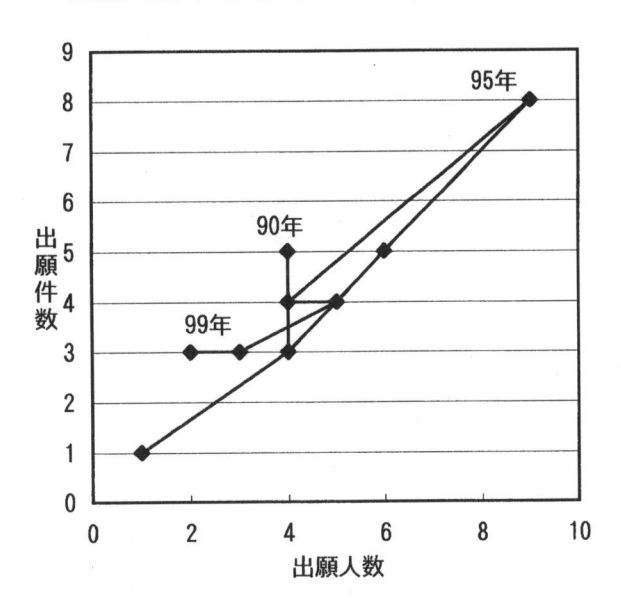

表 1.3.1-4 主要出願人の出願状況（ウェット洗浄－その他）

出願人	業種	89	90	91	92	93	94	95	96	97	98	99	00	計
シャープ	電機						1	1	2					4
日本電気	電機								1		1	2		4
三菱電機	電機		3		1									4
信越半導体	電子デバイス						1	2						3
テキサスインスツルメンツ（米国）	計測器機							1		1				2
シューズリフレッシャー開発協同組合	皮革業界団体							1	1					2
三菱化成（三菱化学）	化学							2						2
新井邦夫	個人							1	1					2
東芝	電機		1			1								2
ソニー	電機		1							1				2
プレテック	機械装置							2						2

1.3.2 ドライ洗浄
(1)不活性ガス

図1.3.2-1に不活性ガスに係わる特許出願件数と出願人数の推移を示す。出願件数と出願人数ともに1990年以降92年までは増加しているが、その後は減少傾向が続いている。

表1.3.2-1に主要出願人の出願状況を示す。大日本スクリーン製造などの半導体装置製造企業やアルゴン微粒子洗浄に注力している住友重機械工業および半導体デバイス企業の出願件数が多い。近年は不活発となった企業が目立つが、住友重機械工業は継続しており、活発な技術開発活動が続いていることがわかる。

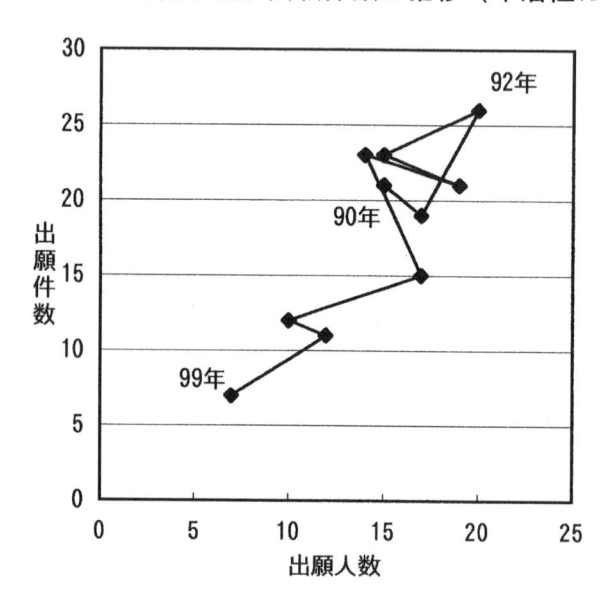

図1.3.2-1 出願人数-出願件数の推移（不活性ガス）

表1.3.2-1 主要出願人の出願状況（不活性ガス）

出願人	業種	89	90	91	92	93	94	95	96	97	98	99	00	計
大日本スクリーン製造	半導体製造装置	1	2	1	3	3	2	3	2		1			18
住友重機械工業	機械					5	1	5	1	2	1	2		17
日立製作所	電機		2	2	2	3	1	6	1					17
ソニー	電機	1			2	1	4		1	2				11
東京エレクトロン	半導体製造装置		2	2	1	1	2	2					1	11
東芝	電機		3	2	2	1		2				1		11
三菱電機	電機	1	3	3	1		1						1	10
富士通	電機	1	2	1		2	1	1	1					9
日本電気	電機			1	1	1		1		3	1			8
日立東京エレクトロニクス	半導体製造装置			1			1	1	1					4
シャープ	電機				2				1			1		4
荏原製作所	機械				1						1	1	1	4

(2)蒸気

　図1.3.2-2に蒸気に係わる特許出願件数と出願人数の推移を示す。不活性ガスと同じ傾向で出願件数と出願人数ともに1990年以降92年までは急激な増加が認められるが、その後は減少傾向にある。

　表1.3.2-2に主要出願人の出願状況を示す。大日本スクリーン製造などの半導体装置製造企業や半導体デバイス企業とともに新日本製鉄・住友金属工業などの鉄鋼企業の出願件数も多いが、近年は不活発となった企業が目立つ。

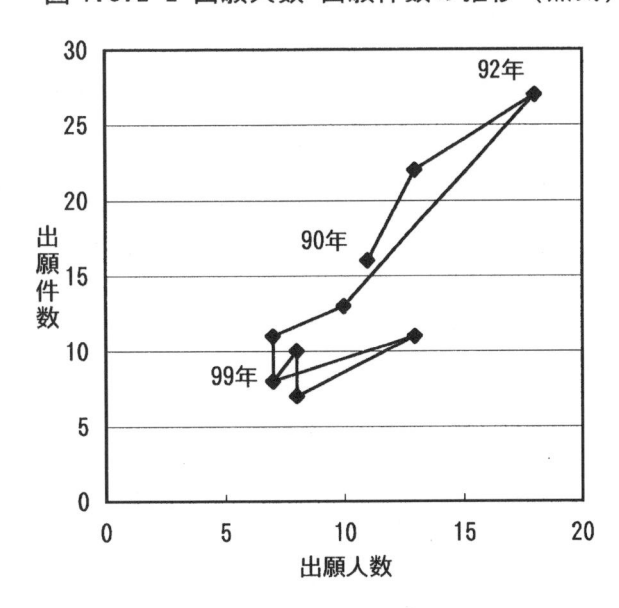

図1.3.2-2 出願人数-出願件数の推移（蒸気）

表1.3.2-2 主要出願人の出願状況（蒸気）

出願人	業種	89	90	91	92	93	94	95	96	97	98	99	00	計
大日本スクリーン製造	半導体製造装置	2	7		2	1			1					13
新日本製鉄	鉄鋼			1	4	1	6							12
日立製作所	電機		2	5	1	1		2	1					12
住友金属工業	鉄鋼				5	3	1	1						10
富士通	電機		2	3		2	1		1					9
東京エレクトロン	半導体製造装置				2			1	1		1	1	1	7
東芝	電機	1		2		2				2				7
セイコーエプソン	半導体デバイス		1						1		3	1		6
日本電気	電機			1		2			2	1				6
三菱電機	電機	3			1			1						5
エアプロダクツアンドCHEM(米国)	工業ガス				2	1						1		4
シャープ	電機			1	2							1		4

(3)プラズマ

図1.3.2-3にプラズマに係わる特許出願件数と出願人数の推移を示す。出願件数と出願人数ともに1990年以降94年までは急激な増加が認められるが、その後は減少傾向にある。

表1.3.2-3に主要出願人の出願状況を示す。松下電器産業や日立製作所などの電気企業および半導体デバイス企業の出願件数が多い。トップの松下電器産業は97年の集中的な出願以降は大幅に減少しており、他にも近年は不活発となった企業が目立つ。

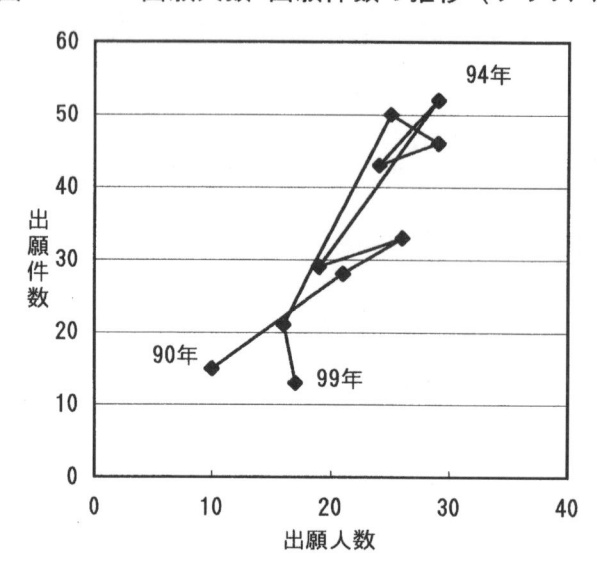

図1.3.2-3 出願人数-出願件数の推移（プラズマ）

表1.3.2-3 主要出願人の出願状況（プラズマ）

出願人	業種	89	90	91	92	93	94	95	96	97	98	99	00	計
松下電器産業	総合電機		3	1	2	5	4	3	6	14	1	1	1	41
日立製作所	総合電機	1	1	1	2	2	8	5	2	6	2			30
富士通	総合電機	1	2	5	5	3	8	3		1				28
アプライドマテリアルズ（米国）	半導体製造装置							3	7	3		1	3	17
セイコーエプソン	半導体デバイス	1		2	1			2	4	2	4			16
東芝	総合電機	1		1		5	1	5	1			1	1	16
日本電気	総合電機	1	2	2	1	2		4	2					15
ソニー	電機				2	1	1	4	2		1	1		12
三菱電機	総合電機			1	2	2		3		3				11
富士電機	電機			1	2	3	2							8
セントラル硝子	ガラス・化成品						1	1	1	2	1	1	1	8
東京エレクトロン	半導体製造装置			1		1	2		1	2			1	8
大日本スクリーン製造	半導体製造装置		2					2		3				7
キヤノン	光学器機	3					1		1		1			6
住友金属工業	鉄鋼			1	2		2	1						6
三洋電機	総合電機						1		1		1	2		5
川崎製鉄	鉄鋼					1	2		1		1			5
日本真空技術（アルバック）	機械装置				1		2		1		1			5
日本電信電話	通信			1			1	1	1	1				5
松下電工	電機					1					2	1		4
日新電機	電機			2			1		1					4
半導体エネルギー研究所	研究開発						2		1	1				4

(4)紫外線等

　図 1.3.2-4 に紫外線に係わる特許出願件数と出願人数の推移を示す。出願件数と出願人数ともに 1990 年以降 99 年まで上下に大きな変動があるが、他の分野で見られるような明確な減少傾向はない。

　表 1.3.2-4 に主要出願人の出願状況を示す。日立製作所、富士通などの総合電気企業や大日本スクリーン製造などの半導体装置製造企業の出願件数が多い。90 年代前半と後半を比較すると、件数上位の企業は減少が目立つのに対し、ニコン、ホーヤショットなど異業種の参入が見られる。

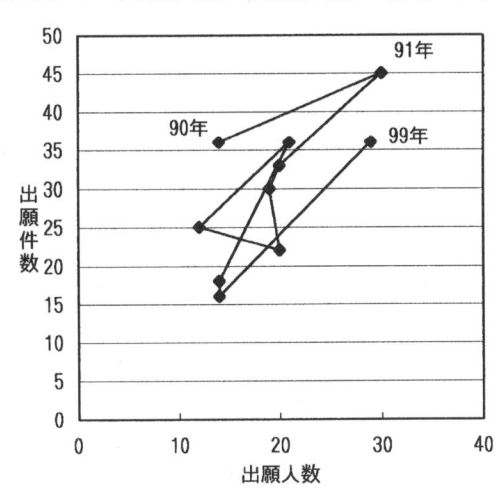

図 1.3.2-4　出願人数-出願件数の推移（紫外線等）

表 1.3.2-4 主要出願人の出願状況（紫外線等）

出願人	業種	89	90	91	92	93	94	95	96	97	98	99	00	計
日立製作所	電機	2	10	7	10	5	5	3	9					51
富士通	電機	8	11	5		2	3	2						31
大日本スクリーン製造	半導体製造装置		2		1	4	2	8	4	2	2			25
ウシオ電機	電機				3	3	1	1			1	2	1	12
ニコン	光学器機			1	1	2				4	2	1		11
川崎製鉄	鉄鋼		1	5	3		1		1					11
東芝	電機	1		2	1	1	1		2		1	2		11
日本電気	電機	2	1	3					2		1	1		10
松下電器産業	電機	1		1	2				2		1	2		9
東京エレクトロン	半導体製造装置		2	2					2		1	1		8
日本電池	電機			1			4	1	1			1		8
ホーヤショット	光ファイバー素材										1	4	1	6
芝浦製作所	機械		1						2		2			6
キヤノン	光学器機	1			1		1		1			1		5
東芝電材	電材・照明			2	1	2								5
日本電信電話	通信	1	3	1										5
ソニー	電機						1	1			1	2		5
日立東京エレクトロニクス	半導体製造装置			1	1			1	2					5
アルプス電気	電機								2		1		1	4
荏原製作所	機械				2	1						1		4
沖電気工業	電機		1		1					1			1	4
島田理化工業	化学	1						1	1		1			4
三菱電機	電機			2		1						1		4

(5)その他

図1.3.2-5にその他に係わる特許出願件数と出願人数の推移を示す。出願件数と出願人数ともに1990年以降96年までは変動しながらも増加傾向にあり、97年に減少している。

表1.3.2-5に主要出願人の出願状況を示す。日立製作所、富士通、東芝などの総合電気企業や東京エレクトロンなどの半導体デバイス企業の出願件数が多い。

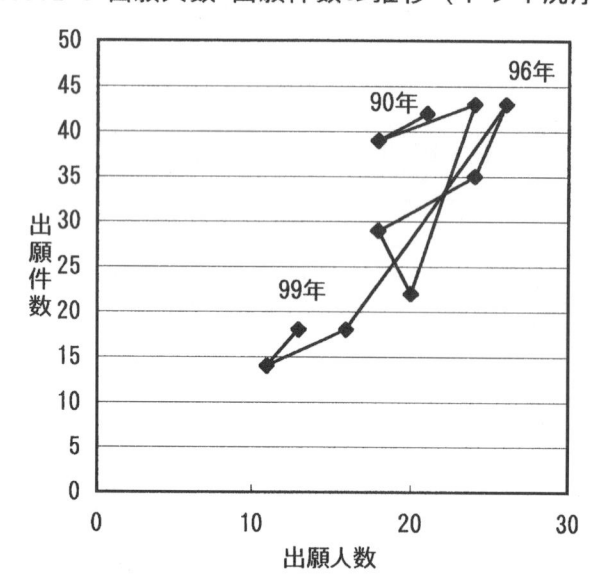

図1.3.2-5 出願人数-出願件数の推移（ドライ洗浄－その他）

表1.3.2-5 主要出願人の出願状況（ドライ洗浄－その他）

出願人	業種	89	90	91	92	93	94	95	96	97	98	99	00	計
日立製作所	電機	4	7	4	6	2	6	3	9	1		1		43
富士通	電機	5	11	11	5	2	1	3						38
東京エレクトロン	半導体製造装置		2	5	4	1	2	3			1	2	1	21
東芝	電機	1	3	2	2	4	1	3	2	1			1	20
ソニー	電機		1	2	4		2		6	2	2			19
日本電気	電機		3	1	2		2	2	2		1	1		14
セイコーエプソン	半導体デバイス	1	1	2	1			2	1	1				9
松下電器産業	電機	2			1		2	2	1		1			9
三菱電機	電機	1	2			1	2			1	1			8
ニコン	光学器機					1			4		2			7
セントラル硝子	ガラス・化成品		3		1	1		1						6
日本電信電話	通信	1	1	2	1			1						6
三菱重工業	機械				1			1	2	1	1			6
国際電気	電機				1		3	1						5
住友重機械工業	機械											5		5
住友電気工業	非鉄金属		1		1			1				2		5
アプライドマテリアルズ（米国）	半導体製造装置		1				2						1	4
キヤノン	光学器機	1									2	1		4
住友金属工業	鉄鋼					1	1		2					4
川崎製鉄	鉄鋼			1		2			1					4

1.3.3 環境適応技術
(1)廃水処理

　図1.3.3-1に廃水処理に係わる特許出願件数と出願人数の推移を示す。出願件数と出願人数ともに1990年以降96、97年の中だるみは認められるが99年までは着実に増加傾向にあり、環境対応に傾注していることがみられる。

　表1.3.3-1に主要出願人の出願状況を示す。栗田工業やオルガノなどの水処理企業の出願件数が圧倒的に多い。

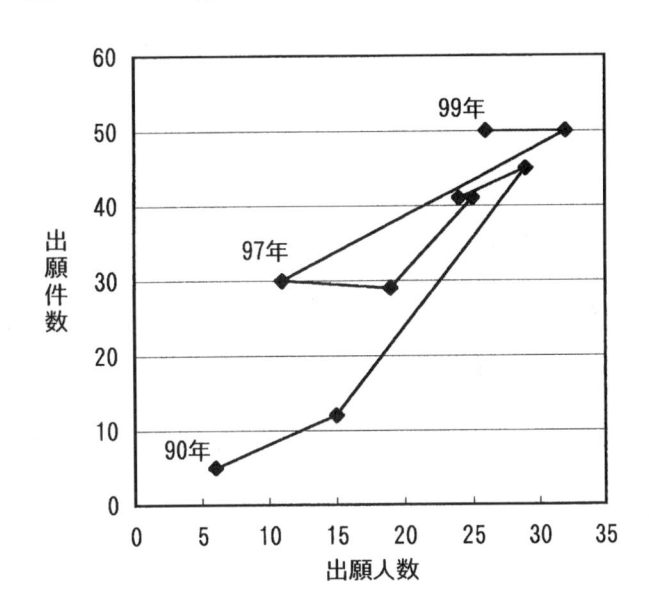

図1.3.3-1 出願人数-出願件数の推移（廃水処理）

表1.3.3-1 主要出願人の出願状況（廃水処理）

出願人	業種	89	90	91	92	93	94	95	96	97	98	99	00	計
栗田工業	水処理			1	16	11	13	6	8	11	7	25	7	105
オルガノ	水処理	1			2	5	5	3	5	10	11	5		47
日本電気	電機	1			2	4		3	2	3	1			16
シャープ	電機			1		2	1	7	1		2			14
富士通	電機			2	2	1	1		1	1	1	1		10
日立造船	機械		1		1		1	1			5			9
野村マイクロサイエンス	水処理				3		2	1			1	2		9
東芝	電機			1	1	2	1		1		1			7
ステラケミファ	化学				3	1						1		5
日本電気環境エンジニアリング	エンジニアリング								1	1	3			5
日本錬水	水処理						1	2			1	1		5
日立製作所	電機				1	1		2			1			5

(2) 排ガス処理

　図1.3.3-2に、半導体洗浄排ガス処理の出願人数と出願件数の推移を示す。1995～96年に出願件数が一旦減少したが、97年には出願件数・出願人数ともに大きく増加した。マクロに見れば、出願件数も出願人数も増加傾向にある。

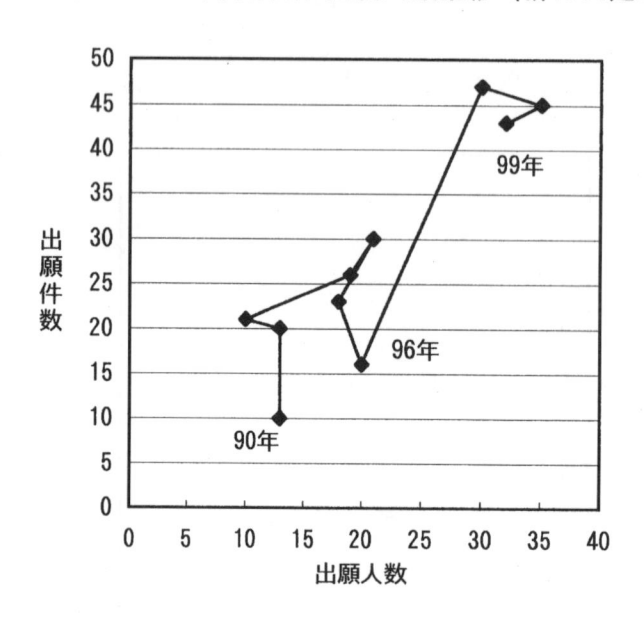

図1.3.3-2 出願件数-出願人数推移（排ガス処理）

表1.3.3-2に、主要出願人の出願状況を示す。ガス関連機器メーカーの日本パイオニクスと日本酸素、排ガス処理も手掛けている荏原製作所からは、継続的に出願がなされている。また、前述したように、1997年以降に各企業からの出願が増えている。カンケンテクノからはフッ素化合物の加熱分解処理に関する出願、樫山工業からは湿式法でのフッ素化合物の処理に関する出願が多くなっている。

表1.3.3-2 主要出願人の出願状況（排ガス処理）

出願人	業種	89	90	91	92	93	94	95	96	97	98	99	00	計
日本パイオニクス	化学機械			1	5	3	6	3	4	2	3	3	1	31
日本酸素	各種ガス				2	4	4	4		2	5	3	1	26
荏原製作所	機械		1	6	4	1	1	1		1	2	3		20
カンケンテクノ	環境器機				1		1	1	1	5	4	1		14
三井石油化学工業（三井化学）	化学			1			4	2	1		5			13
大気社	空調設備					5	4			1		1		11
岩谷産業	各種ガス			1	1				3		1	2	2	10
東洋紡績	繊維					5	3			1		1		10
荏原総合研究所	機械関連研究開発			1	5	2	1							9
富士通	総合電機				4	1		2			1	1		9
樫山工業	機械（ポンプ）										5	2	1	8
昭和電工	総合化学			1			1			1	3		2	8
日立製作所	総合電機				1					1	2	3	1	8
ソニー	電機						2				4	1		7
ビーオーシーグループ	工業ガス	1	1				2			3				7
セントラル硝子	ガラス・化成品			1		2		2				1		6
宇部興産	総合化学						1			4		1		6
三菱化工機	機械									1	2	3		6
エアプロダクツアンドCHEM（米国）	工業ガス									1	1	2	1	5
東芝	総合電機						1	2				2		5
日本エアリキード	各種ガス						1	1			1	1	1	5
日本電気	総合電機			1						1	1	1	1	5
富士通ヴィエルエスアイ	半導体設計開発				2		2			1				5

33

1.4 半導体洗浄と環境適応技術の技術開発の課題と解決手段

前述の各分野毎に、技術開発の課題と解決手段を考察する。

1.4.1 ウェット洗浄

図1.4.1-1にウェット洗浄として抽出した特許の技術構成を示す。半導体ウェーハの洗浄技術が約4分の3を占め残りの4分の1が周辺技術と化合物半導体技術である。さらに半導体ウェーハの洗浄技術は洗浄媒体、洗浄方法・プロセス、装置から成っている。

この中で、半導体ウェーハの洗浄技術を主目的にしているものについて技術要素別に課題と解決手段を解析する。

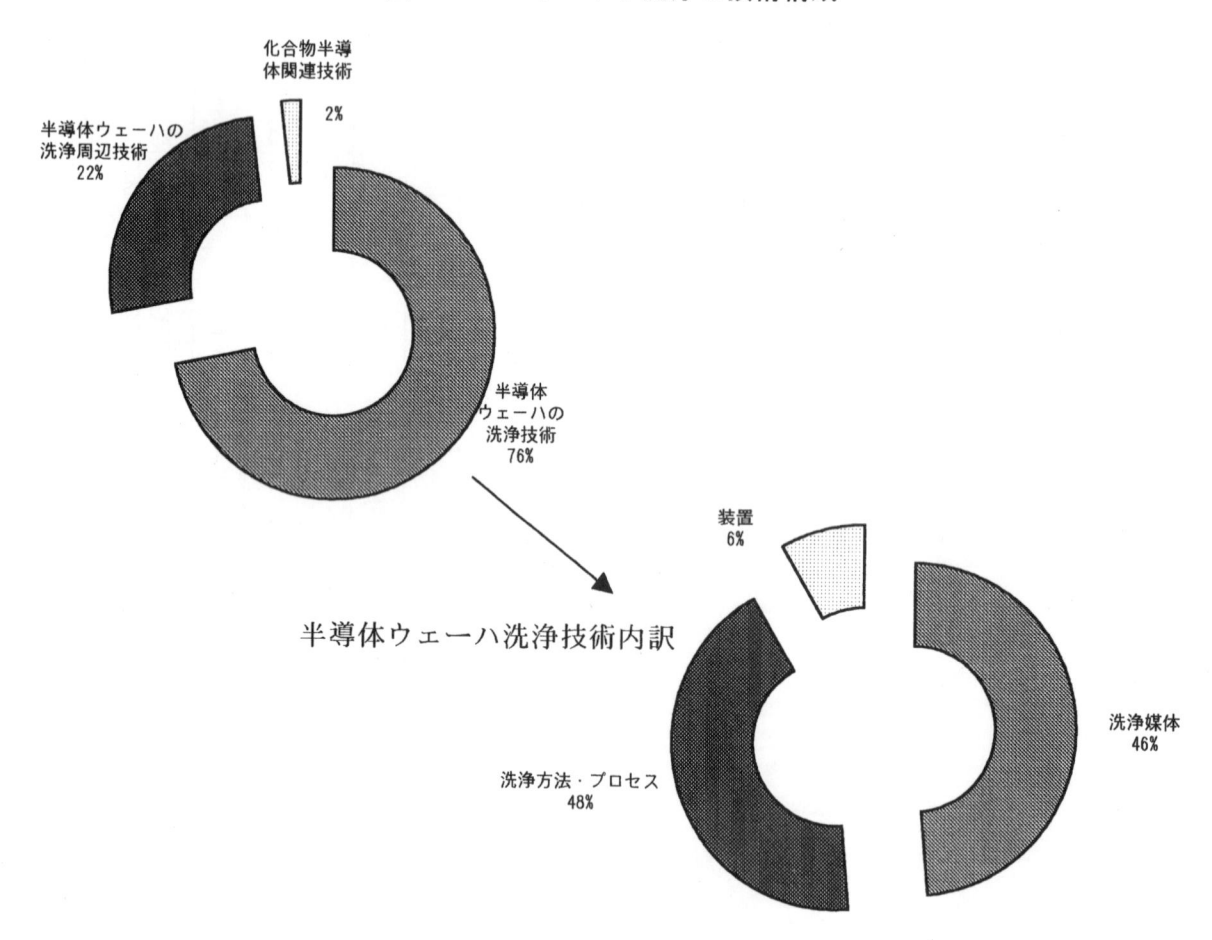

図1.4.1-1 ウェット洗浄の技術構成

- 化合物半導体関連技術 2%
- 半導体ウェーハの洗浄周辺技術 22%
- 半導体ウェーハの洗浄技術 76%

半導体ウェーハ洗浄技術内訳
- 装置 6%
- 洗浄媒体 46%
- 洗浄方法・プロセス 48%

（対象特許は1991年1月1日から2001年8月31日までに公開の出願）

ウェット洗浄の課題は、洗浄の高度化、環境対応およびコスト低減に大別できる。さらに、洗浄の高度化はパーティクル・有機物・金属・ハロゲン、その他（酸化膜など）に、環境対応はオゾン層破壊防止・安全性向上に、コスト低減はランニングコスト・設備コストに分類する。図1.4.1-2に技術要素と課題の分布を示す。技術要素と課題の交点の件数をバブルの大きさで表している。有機系ではオゾン層破壊防止が、水系では洗浄の高度化（パーティクル・有機物・金属など）と、コスト低減（ランニングコスト）が多い。また、活性剤添加では洗浄の高度化（パーティクル・金属など）とコスト低減（ランニングコスト）が多い。その他は件数自体が少ない。

　また、課題解決手段については、洗浄媒体、装置プロセスとの組合わせに整理して以下で考察する。

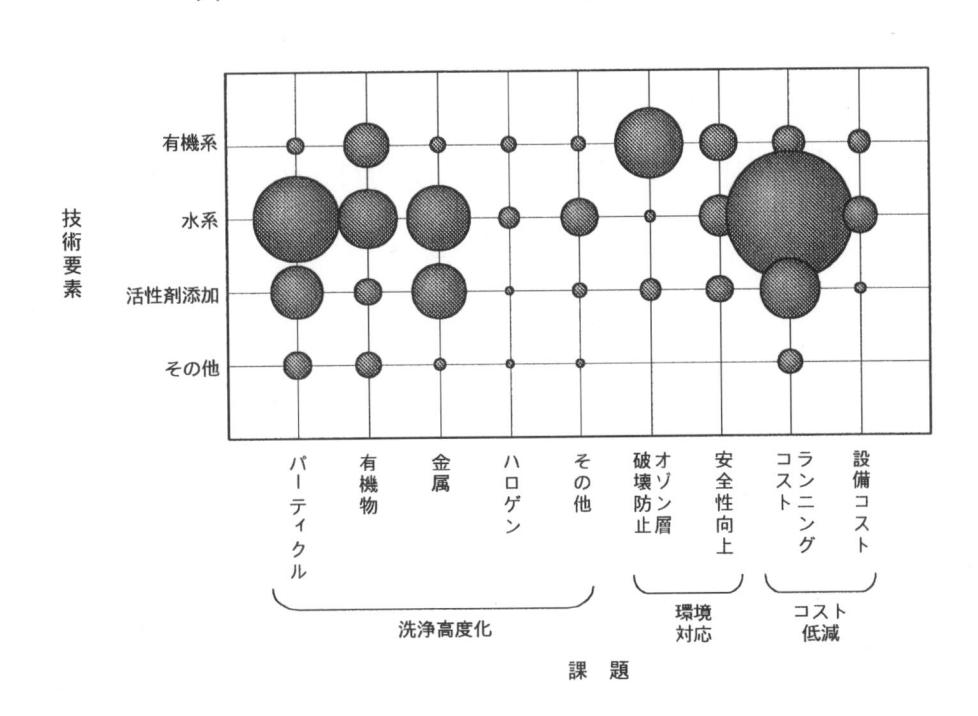

図1.4.1-2　ウェット洗浄の技術要素と課題の分布

（対象特許は1991年1月1日から2001年8月31日までに公開の出願）

(1)有機系

　有機系の洗浄媒体は主としてレジストなどの有機物を溶解除去する目的で使用される。表1.4.1-1に有機系の課題と解決手段の出願人を示す。

　有機系の中で出願の最も多い課題はオゾン層破壊防止である。洗浄高度化・有機物、安全性向上、ランニングコスト低減がこれにつぐ課題である。

　オゾン層破壊防止に対しては、フッ素系の洗浄媒体である代替フロンが出願最多の解決手段である。従来の塩素・フッ素・炭素からなるCFC（別称　クロロフルオロカーボン）はオゾン層を破壊するので、分解され易い水素を導入した水素・塩素・フッ素・炭素からなるHCFC（別称　ハイドロクロロフルオロカーボン）または塩素を排除した、水素・フッ素・炭素からなるHFC（別称　ハイドロフルオロカーボン）などの代替フロンが開発されている。

出願件数は旭硝子がとびぬけて多く、工業技術院（独立行政法人産業総合研究所）、地球環境産業技術機構、セントラル硝子などが続いている。

　有機物の洗浄高度化に対しては、各種の洗浄媒体および装置・プロセスの組合わせのすべての解決手段が出願されているが、中でも方法・プロセスの出願が多く、沖電気、信越半導体、東京応化、日立製作所、富士通が出願している。

　ランニングコスト低減に対しては、方法・プロセスが出願の多い解決手段である。三菱電機や富士通などは洗浄工程の一部で、有機系洗浄媒体（炭化水素、含炭化水素など）を使用し収率向上、工程簡略化方法を開発している

　安全性向上に対しては、含酸素系炭化水素や方法・プロセスが解決手段である。洗浄媒体では従来の DMF、DMSO、セロソルブなどの毒性・衛生上問題のあった溶剤、またアセトンや MEK（メチルエチルケトン）などの引火点の低い溶剤をプロピレングリコールモノアルキルエーテルおよび乳酸エステルまたは酢酸ブチルなどと混合した低毒性、操作安全性の高い組成物が開発されている。方法・プロセスでは、安全性の高い有機系洗浄溶剤による洗浄が複数の洗浄工程の一部で使用されている。特に信越半導体のものは環状メチルポリシロキサン（別称　シリコーン）の低分子化合物（n＝3～6）で基板を洗浄し、アルコール置換洗浄、水洗を行なうもので、低毒性で引火性のないシリコーンがキーとなっている。

表 1.4.1-1 有機系の課題と解決手段の出願人

課題		解決手段 洗浄媒体 フッ素系	炭化水素	含酸素炭化水素	その他	装置・プロセスとの組合わせ 装置	方法・プロセス
洗浄高度化（除去対象）	パーティクル			徳山曹達			セイコーエプソン・大日本スクリーン
	有機物	沖電気・日立製作所	日立化成	三菱瓦斯化学2件・日立化成	花王2件・三菱瓦斯化学・シャープ	大日本スクリーン・東芝	沖電気2件・信越半導体・東京応化・日立製作所・富士通
	金属						沖電気・信越半導体
	ハロゲン			大日本スクリーン	日本電気		ソニー
	その他			大日本スクリーン			
環境対応	オゾン層破壊防止	旭硝子34件・工業技術院長5件・地球環境産業技術研究機構5件・セントラル硝子4件・ダイキン3件・日立製作所	昭和電工		花王・東芝		ダイキン
	安全性向上		花王・昭和電工・信越半導体	東京応化2件・花王・昭和電工・徳山曹達		三菱電機	信越半導体・東京応化・日本電気・日立製作所
コスト低減	ランニングコスト			東京応化・日本電気		大日本スクリーン	三菱電機2件・富士通2件・ソニー・三菱瓦斯化学・松下電器・東京エレクトロン・日立製作所
	設備コスト				日立化成	日立製作所2件	シャープ・ソニー・大日本スクリーン・徳山曹達

注）・表中での記載は複数の要素をもっている場合、重複を避けるため主目的、主要成分にしぼった。
　　　（以下表 1.4.1-2～4, 表 1.4.2-1～5, 表 1.4.3-1～2 も同様）
　　・表中の件数（数字）を記載していないものは1件（以下表 1.4.1-2～4 も同様）
　　・表には主要企業21社と当該分野での出願件数3件以上の企業を記載している。

(2)水系

表1.4.1-2に水系洗浄の課題と解決手段の出願人を示す。

水系洗浄における出願件数が最多の課題は、ランニングコストの低減である。パーティクル、金属および有機物を対象とした洗浄高度化と続いている。

ランニングコスト低減も、パーティクル、金属、有機物の洗浄高度化も方法・プロセスが出願の多い解決手段である。

ランニングコスト低減に対する方法・プロセスによる解決手段では、洗浄媒体が新規なものではなく既存の洗浄液(アルカリ、酸、オゾン水、電解水、純水)の組合わせ、洗浄条件を特定したもので、歩留まり向上、工程短縮、薬液使用量節減などによりランニングコスト低減をはかっている。富士通、東芝、日本電気、三菱マテリアルシリコン、ソニーなどの出願が多い。

パーティクル、金属や有機物の洗浄高度化に対する方法・プロセスによる解決手段では既存の洗浄液使用による洗浄条件(複数の洗浄工程など含む)を特定したものが多い。パーティクルでは日立製作所、三菱電機、富士通など、金属では日本電気、東芝、富士通など、有機物では日本電気、大見らの出願が多い。

また、パーティクルの洗浄高度化に対してはその他洗浄媒体による解決手段の出願も多い。その他洗浄媒体は純水に水素、酸素や二酸化炭素を溶存した機能水などである。栗田工業の出願が多い。

表1.4.1-2 水系の課題と解決手段の出願人

課題		解決手段 洗浄媒体					装置・プロセスとの組合わせ	
		酸	アルカリ	オゾン水	電解水	その他	装置	方法・プロセス
洗浄高度化（除去対象）	パーティクル	コマツ電子金属・新日本製鐵・東芝	三星電子・三菱瓦斯化学・松下電器・日本電気	東芝3件・日本電気2件・ウルトラクリーンテクノロジー開発研究所・大見忠弘・東京エレクトロン	オルガノ・三星電子・日本電気	栗田工業6件・三菱マテリアルシリコン2件・三菱金属2件・新日本製鐵2件・日本電気2件・富士通	日本電気2件・コマツ電子金属・ソニー・新日本製鐵	日立製作所7件・三菱電機4件・富士通4件・セイコーエプソン3件・栗田工業3件・三菱マテリアルシリコン3件・松下電器3件・大見忠弘3件・東芝3件・日本電気3件・アルプス電気2件・ウルトラクリーンテクノロジー開発研究所2件・三菱瓦斯化学2件・信越半導体2件・新日本製鐵2件・大日本スクリーン製造2件・東京エレクトロン2件・オルガノ・コマツ電子金属・シャープ・ソニー・沖電気・三菱金属・川崎製鐵・野村マイクロサイエンス
	有機物	栗田工業・三菱瓦斯化学		沖電気・三菱瓦斯化学・東芝		三菱瓦斯化学4件・ソニー・栗田工業・川崎製鐵・日立製作所	東芝	日本電気4件・大見忠弘3件・ウルトラクリーンテクノロジー開発研究所2件・松下電器2件・大日本スクリーン製造2件・富士通2件・アルプス電気・シャープ・セイコーエプソン・ソニー・栗田工業・三星電子・三菱瓦斯化学・三菱電機・東芝
	金属	日本電気3件・新日本製鐵2件・ソニー・三菱マテリアルシリコン・三菱瓦斯化学	三菱マテリアルシリコン2件・三菱金属2件	東芝2件・日本電気2件・ウルトラクリーンテクノロジー開発研究所			東芝・日立製作所	日本電気8件・東芝3件・富士通3件・栗田工業2件・三菱金属2件・富士通ヴィエルエスアイ2件・コマツ電子金属・シャープ・セイコーエプソン・ソニー・ピュアレックス・三菱マテリアルシリコン・三菱瓦斯化学・三菱電機・松下電器・新日本製鐵・大見忠弘・大日本スクリーン製造
	ハロゲン		沖電気・日立製作所				東芝・日立製作所	松下電器・川崎製鐵
	その他	松下電器				ソニー・日立製作所・富士通	プレテック・信越半導体	アルプス電気・オルガノ・ソニー・三菱マテリアルシリコン・三菱金属・新日本製鐵・大日本スクリーン製造・東芝・日本電気
環境対応	オゾン層破壊防止			大見忠弘				野村マイクロサイエンス
	安全性向上	セイコーエプソン	三菱瓦斯化学2件・日本電気		日本電気	信越半導体		日本電気3件・野村マイクロサイエンス2件・ソニー・三菱マテリアルシリコン・三菱金属・東芝・日立製作所・富士通
コスト低減	ランニングコスト	三菱マテリアルシリコン3件・三星電子2件・ソニー・栗田工業・三菱金属・大見忠弘	三菱金属3件・三菱マテリアルシリコン2件・栗田工業・三菱瓦斯化学・新日本製鐵・富士通・富士通ヴィエルエスアイ	栗田工業2件・日立製作所・富士通		栗田工業2件・三星電子2件・シャープ・ピュアレックス・東芝・日立製作所2件・プレテック・沖電気・栗田工業・三星電子・三菱電機・信越半導体・大見忠弘・東芝	大日本スクリーン製造4件・日本電気3件・セイコーエプソン2件・日立製作所	富士通20件・東芝15件・日本電気13件・三菱マテリアルシリコン11件・ソニー10件・セイコーエプソン7件・三菱金属7件・日立製作所7件・三菱電機6件・川崎製鐵6件・大日本スクリーン製造6件・松下電器5件・オルガノ4件・栗田工業4件・信越半導体4件・新日本製鐵4件・大見忠弘4件・野村マイクロサイエンス4件・アルプス電気3件・コマツ電子金属3件・シャープ3件・ピュアレックス3件・プレテック2件・沖電気2件・三菱瓦斯化学2件・東京エレクトロン2件・富士通ヴィエルエスアイ2件・アプライドマテリアルズ・ウルトラクリーンテクノロジー開発研究所・三星電子
	設備コスト	三星電子					大日本スクリーン製造3件・プレテック・信越半導体	三菱マテリアルシリコン4件・ソニー2件・三菱金属2件・コマツ電子金属・栗田工業・松下電器・川崎製鐵

・表には主要企業21社と当該分野での出願件数5件以上の企業を記載している。

(3)活性剤添加

表1.4.1-3に活性剤添加の課題と解決手段の出願人を示す。

活性剤添加で出願の多い課題は、ランニングコスト低減、金属ならびにパーティクルの洗浄高度化である。

ランニングコスト低減に対しては、界面界面活性剤、キレート剤が出願の多い解決手段である。界面活性剤はフッ化スルホンアミドや、ゼータ電位制御のアニオン系界面活性剤などである。三菱化成（現三菱化学）、日立製作所などの出願が多い。キレート剤では三菱化成（現三菱化学）などの出願が多い。

金属の洗浄高度化はキレート剤が出願の多い解決手段である。日本電気、三菱瓦斯化学などが出願している。

パーティクルの洗浄高度化は、界面活性剤と方法・プロセスが出願の多い解決手段である。界面活性剤は非イオン系、アニオン系活性剤がみられる。界面活性剤によるゼータ電位制御のものも含まれる。ダイキン、花王、住友化学などの出願がある。方法・プロセスは洗浄方法やプロセスの条件で解決している。東芝などの出願がみられる。

表 1.4.1-3 活性剤添加の課題と解決手段の出願人

課題		解決手段 洗浄媒体			装置・プロセスとの組合わせ	
		界面活性剤	キレート剤	その他	装置	方法・プロセス
洗浄高度化（除去対象）	パーティクル	ダイキン2件・花王2件・住友化学2件・ソニー・関東化学・三菱化成・三菱瓦斯化学・東芝・日立製作所	日本電気・和光純薬	住友化学2件・三菱瓦斯化学・東芝		東芝2件・アプライドマテリアルズ・ダイキン・栗田工業・三菱電機・松下電器・日本電気・日立製作所・富士通
	有機物	三菱化成3件・三菱瓦斯化学2件・三菱電機2件・住友化学・日本テキサスインスツルメンツ		三菱電機		
	金属	ピュアレックス2件・森田化学2件・東芝・日本合成ゴム・日本電気	日本電気4件・三菱瓦斯化学3件・ピュアレックス2件・三菱化成2件・日立製作所2件・和光純薬2件・ジーメンス・花王・新日本製鉄・東芝・富士通	ピュアレックス・関東化学・三菱瓦斯化学・東京エレクトロン・和光純薬		日本電気3件・ジーメンス・シャープ・三菱化成・住友化学・新日本製鉄
	ハロゲン			三菱瓦斯化学		
	その他	東芝		三菱瓦斯化学		アプライドマテリアルズ
環境対応	オゾン層破壊防止		栗田工業			
	安全性向上	日本合成ゴム6件		住友化学		ソニー
コスト低減	ランニングコスト	三菱化成6件・日立製作所4件・関東化学・三菱マテリアルシリコン・三菱瓦斯化学・新日本製鉄・森田化学・日本テキサスインスツルメンツ	三菱化成7件・日本電気2件・ジーメンス・東芝・和光純薬	東芝2件・三菱瓦斯化学・日本テキサスインスツルメンツ・日本電気・日立製作所	三菱電機	日立製作所2件・オルガノ・ジーメンス・ソニー・三菱化成・三菱電機・日本電気・富士通
	設備コスト				日立製作所	三菱マテリアルシリコン

注）・表には主要企業21社と当該分野での出願件数3件以上の企業を記載している。

(4)その他

有機系、水系、活性剤添加以外の超臨界流体、氷粒などによる洗浄をその他とした。件数は極端に少ない。

表1.4.1-4にその他の課題と解決手段の出願人を示す。

課題ではパーティクル、有機物の洗浄高度化があり超臨界を解決手段とするものが多い。またランニングコスト低減課題にもこの超臨界が解決手段に使われている。超臨界につ

いてはシャープ、テキサスインスツルメンツなどの出願が多い。

また、パーティクル、有機物の洗浄高度化課題に対する解決手段では氷粒洗浄がみられる。エフティーエル、三菱電機、三菱重工業などが出願している。

表1.4.1-4 その他（ウェット洗浄）の課題と解決手段の出願人

課題	解決手段	洗浄媒体			装置・プロセスとの組合わせ	
		超臨界洗浄	氷粒	その他	装置	方法・プロセス
洗浄高度化（除去対象）	パーティクル	IBM・シャープ・テキサスインスツルメンツ	三菱重工業・三菱電機	沖電気・日本酸素	シャープ	
	有機物	シャープ2件・シューズリフレッシャー開発協同組合・ヒューズエアクラフト・新井邦夫・東邦化学	エフティーエル・三菱電機	キヤノン販売・半導体プロセス研究所		エフティーエル・ヒューズエアクラフト・三菱電機
	金属	テキサスインスツルメンツ		岩谷産業		
	ハロゲン	テキサスインスツルメンツ				
	その他	テキサスインスツルメンツ				
環境対応	オゾン層破壊防止					
	安全性向上					
コスト低減	ランニングコスト	シャープ	スプラウト	早川一也	シャープ・東京エレクトロン	スプラウト・ソニー
	設備コスト					

1.4.2 ドライ洗浄

ドライ洗浄の出願件数最多の課題は回路の微細化に直結する洗浄除去の高度化であり、それを除去対象別にパーティクル・有機物・金属・ハロゲン・その他に分類する。酸化膜の除去はその他とし、対象が特定でない場合や洗浄による付随的な半導体の性能向上に結びつくものもその他としている。

洗浄の高度化以外の課題として環境対応とコスト低減である。図1.4.2-1に技術要素と課題の分布を示す。ドライ洗浄は洗浄の高度化およびランニングコスト低減が各技術要素に渡って出願の多い課題である。環境対応課題は環境排出物が少ないのでウェット洗浄に比し出願は少ない。洗浄の高度化の中ではパーティクル、有機物やその他（酸化膜、不特定対象、など）が出願の多い課題である。

解決手段に関しては、単独のドライ洗浄技術と当該ドライ洗浄技術以外の他の技術との組合わせに大別し、さらにそれぞれを3つずつに区分している。単独のドライ洗浄技術は、洗浄媒体、方法と装置の3つの区分に、他の技術との組合わせはドライ洗浄、ウェット洗浄、洗浄以外に分けた。

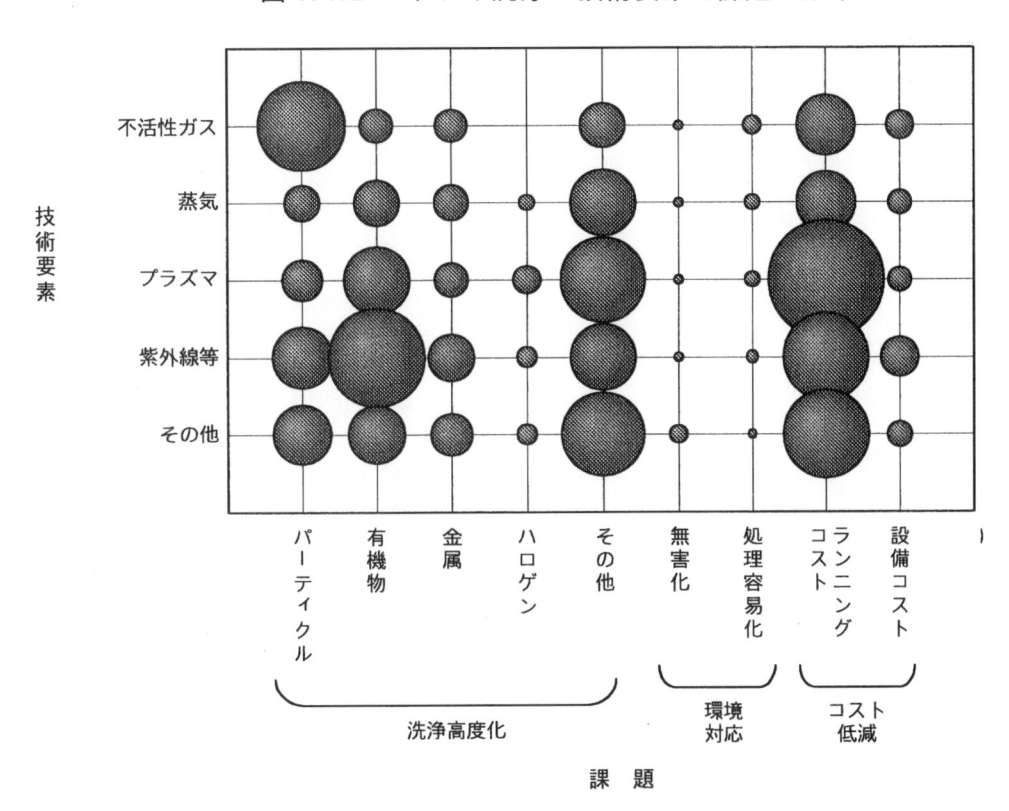

図1.4.2-1 ドライ洗浄の技術要素と課題の分布

（対象特許は1991年1月1日から2001年8月31日までに公開の出願）

(1) 不活性ガス

表1.4.2-1に、不活性ガスの課題と解決手段の出願人を示す。

出願の多い課題は、パーティクルの洗浄の高度化とランニングコスト低減である。

パーティクルの洗浄の高度化に対しては、洗浄媒体と洗浄装置が出願の多い解決手段である。洗浄媒体では住友重機械工業の出願が特に多いが、それらはすべて超低温のアルゴン微粒子を用いている。洗浄装置では三菱電機、ソニーや大日本スクリーン製造などの出願が多い。

ランニングコスト低減に対しては、洗浄装置とウェット洗浄との組合わせが出願の多い解決手段である。洗浄装置では東京エレクトロン、日立製作所、シャープや住友重機械工業など、ウェット洗浄との組合わせでは大日本スクリーン製造、三菱電機などの出願が比較的多い。

表 1.4.2-1 不活性ガスの課題と解決手段の出願人

課題		解決手段 ドライ洗浄技術			他の技術との組合わせ		
		洗浄媒体	洗浄方法	洗浄装置	ドライ洗浄と	ウェット洗浄と	洗浄以外と
洗浄高度化(除去対象)	パーティクル	住友重機械13件・シャープ・日本電気・富士通	ソニー・三菱電機・日立製作所・日立東京エレクトロニクス	三菱電機4件・ソニー3件・大日本スクリーン3件・東芝2件・日本電気2件・日立製作所2件・住友重機械・松下電器・東京エレクトロン・日立東京エレクトロニクス・富士通	日本電気	大日本スクリーン2件・日立製作所2件・ソニー・三菱電機・東京エレクトロン・日本電気	ソニー2件・三菱マテリアルシリコン
	有機物	大日本スクリーン	ソニー・日立製作所・日立東京エレクトロニクス・富士通				
	金属	東芝・富士通	日本酸素・日本電気			東京エレクトロン・日立製作所・富士通	富士通
	ハロゲン						
	その他	大日本スクリーン・東芝・日立製作所	大日本スクリーン	セイコーエプソン・大日本スクリーン		大日本スクリーン3件・東京エレクトロン2件・日立製作所	
環境対応	無害化	日立製作所					
処理容易化						富士通	
コスト低減	ランニングコスト	日本電気2件・アプライドマテリアルズ・住友重機械・東京エレクトロン・東芝・日本酸素	三菱電機・東京エレクトロン・東芝	東京エレクトロン3件・日立製作所3件・シャープ2件・住友重機械2件・荏原製作所・東芝・日立東京エレクトロニクス		大日本スクリーン4件・三菱電機2件・ソニー・荏原製作所・東芝・日立製作所・日立東京エレクトロニクス	荏原製作所・三菱電機・東芝
	装置コスト		日本電気			ソニー・大日本スクリーン	日立製作所

注)・表には主要企業21社と当該分野での出願件数4件以上の企業を記載している。(以下表1.4.2-2～5も同様)

(2) 蒸気

表 1.4.2-2 に、蒸気の課題と解決手段の出願人を示す。

出願の多い課題は、その他（酸化膜、不特定対象など）の洗浄高度化とランニングコスト低減である。

その他（酸化膜、不特定対象など）の洗浄高度化に対しては、洗浄装置、洗浄方法および洗浄媒体が出願の多い解決手段である。洗浄装置では新日鉄や住友金属工業などの出願が多く、洗浄方法では大日本スクリーン製造や東芝など、洗浄媒体では日本電気などの出願がある。

ランニングコスト低減に対しても、洗浄装置と洗浄方法が出願の多い解決手段である。洗浄装置では松下電器産業など、洗浄方法では住友金属工業や東京エレクトロンなどの出願がある。

また、注目点は、金属の洗浄高度化課題に対して、エアプロダクツアンドCHEMが洗浄媒体として金属除去剤を開発していることである。

表 1.4.2-2 蒸気の課題と解決手段の出願人

課題		解決手段 ドライ洗浄技術			他の技術との組合わせ		
		洗浄媒体	洗浄方法	洗浄装置	ドライ洗浄と	ウェット洗浄と	洗浄以外と
洗浄高度化（除去対象）	パーティクル	エアプロダクツアンドCHEM・新日本製鉄	日立製作所2件・新日本製鉄	アプライドマテリアルズ・住友金属・日立製作所・富士通		日立製作所2件・大日本スクリーン	
	有機物	新日本製鉄・東芝・富士通・野村マイクロサイエンス	東京エレクトロン2件・富士通		ソニー・大日本スクリーン・日立製作所	大日本スクリーン2件・日本電気	富士通
	金属	エアプロダクツアンドCHEM3件・シャープ・住友金属・新日本製鉄・東芝・野村マイクロサイエンス	セイコーエプソン・新日本製鉄			大日本スクリーン	
	ハロゲン	シャープ・大日本スクリーン					
	その他	日本電気2件・シャープ・三菱電機・新日本製鉄・大日本スクリーン・日立製作所・富士通	大日本スクリーン3件・東芝3件・住友金属2件・セイコーエプソン・三菱電機・富士通	新日本製鉄7件・住友金属4件・アプライドマテリアルズ・東京エレクトロン	大日本スクリーン2件・日本電気	三菱電機2件・セイコーエプソン・東芝・富士通	
環境対応	無害化	栗田工業					
	処理容易化		ソニー				
コスト低減	ランニングコスト	東京エレクトロン・東芝・日立製作所	住友金属2件・東京エレクトロン2件・三菱電機・新日本製鉄・大日本スクリーン・富士通	松下電器2件・シャープ・大日本スクリーン・東京エレクトロン・日本電気・日立製作所・富士通		ソニー・大日本スクリーン・日立製作所	
	装置コスト		セイコーエプソン3件	大日本スクリーン		日本電気	

(3) プラズマ

表1.4.2-3に、プラズマの課題と解決手段の出願人を示す。

出願の多い課題はランニングコスト低減とその他および有機物の洗浄の高度化である。

ランニングコスト低減に対しては、洗浄装置と洗浄方法が出願の多い解決手段である。洗浄装置では松下電器産業、日立製作所、富士通、アプライドマテリアルズや三菱電機などが大気圧に開放せず装置をプラズマ洗浄可能にし稼動率低下を抑えた洗浄装置などを開発している。洗浄方法では富士通、日立製作所、富士電機、セイコーエプソンやアプライドマテリアルズなどが出願している。

その他（酸化膜、不特定対象など）の洗浄の高度化に対しては、洗浄方法と洗浄装置が出願の多い解決手段である。洗浄方法ではアプライドマテリアルズ、松下電器産業、ソニー、日本電気など、洗浄装置では松下電器産業などの出願が多い。

有機物の洗浄の高度化に対しては、洗浄方法が出願の多い解決手段である。日立製作所、セイコーエプソン、松下電器産業、半導体エネルギー研究所などが出願している。

また、本来プラズマが不向きな金属の洗浄の高度化課題に対しても、洗浄媒体や洗浄方法が解決手段として開発されている。

一方、ランニングコスト低減に対して、新技術として松下電工などが真空条件を必要としない大気圧付近でのプラズマ洗浄方法などを開発している。

表1.4.2-3 プラズマの課題と解決手段の出願人

課題		解決手段 ドライ洗浄技術			他の技術との組合わせ		
		洗浄媒体	洗浄方法	洗浄装置	ドライ洗浄と	ウェット洗浄と	洗浄以外と
洗浄高度化（除去対象）	パーティクル	セントラル硝子	富士通3件・日本電気2件・アプライドマテリアルズ・セイコーエプソン・松下電器・日立製作所	川崎製鉄・富士通		日立製作所・富士通	
	有機物	富士通2件・日本電気	日立製作所3件・松下電器3件・セイコーエプソン2件・半導体エネルギー研究所2件・ソニー・三菱電機・東京エレクトロン・東芝・日本電気・日本電信電話・富士通	松下電器2件・住友金属・川崎製鉄	セイコーエプソン・大日本スクリーン・日立製作所・半導体エネルギー研究所	セイコーエプソン・ソニー・三菱電機・住友金属・川崎製鉄・日立製作所・富士通	松下電器
	金属	ソニー2件・セイコーエプソン・東芝	松下電器・富士通		東芝・日立製作所	日本電信電話・日立製作所	
	ハロゲン	ソニー・富士通	セイコーエプソン・富士通	東芝		セイコーエプソン	
	その他	富士通3件・キヤノン2件・日本電気2件・セントラル硝子・松下電工・日立製作所	アプライドマテリアルズ5件・松下電器5件・ソニー4件・日本電気4件・川崎製鉄3件・セイコーエプソン2件・日新電機2件・日本電信電話2件・日立製作所2件・三洋電機・東京エレクトロン・東芝	松下電器7件・アプライドマテリアルズ・キヤノン・ソニー・三菱電機・大日本スクリーン・富士通	大日本スクリーン2件・三菱電機	ソニー・日立製作所	セイコーエプソン・三洋電機
環境対応	無害化処理容易化	セントラル硝子		大日本スクリーン2件			
コスト低減	ランニングコスト	セントラル硝子3件・日立製作所3件・アプライドマテリアルズ2件・東京エレクトロン2件・セイコーエプソン・松下電器・東芝・日本真空技術	富士通8件・日立製作所6件・富士電機5件・セイコーエプソン4件・アプライドマテリアルズ3件・松下電器3件・東芝3件・松下電工2件・キヤノン・セントラル硝子・三菱電機・三洋電機・住友金属・東京エレクトロン・日新電機・日本真空技術・日本電気・半導体エネルギー研究所	松下電器18件・日立製作所7件・富士通5件・アプライドマテリアルズ4件・三菱電機4件・住友金属3件・日本真空技術3件・富士電機3件・シャープ2件・三洋電機2件・大日本スクリーン2件・キヤノン・松下電工・東京エレクトロン・東芝・日新電機・日本電気	日立製作所	三菱電機・松下電器・日立製作所	東芝2件・東京エレクトロン
	装置コスト			キヤノン・富士通			

（4）紫外線等

　紫外線洗浄での洗浄媒体は、紫外線の波長や発生源に特徴がある場合（紫外線以外も含まれる）と、雰囲気ガスに特徴がある場合の２種類がある。紫外線では有機物が主な除去対象であり件数が多いが、金属のように本来紫外線が不向きなものはガスの選定や有機物との同時除去などが行われる。

　表1.4.2-4に、紫外線の課題と解決手段の出願人を示す。

　出願の多い課題はランニングコスト低減と有機物およびその他（酸化膜など）の洗浄高度化である。

　ランニングコスト低減に対しては、洗浄装置と洗浄方法が出願の多い解決手段である。

　洗浄装置では日立製作所、大日本スクリーン製造などの出願が多い。洗浄方法では日本電池、日立製作所や富士通などが出願している。

　有機物の洗浄の高度化課題に対しては、洗浄媒体、洗浄方法、洗浄装置、ドライやウェット洗浄との組合わせなど種々の解決手段が開発されている。洗浄方法では富士通、松下電器産業など、洗浄装置では日立製作所、大日本スクリーン製造などの出願が多い。

　その他（酸化膜など）の洗浄の高度化に対しても、洗浄媒体、洗浄方法、洗浄装置、ドライやウェット洗浄との組合わせなど種々の解決手段が開発されている。洗浄媒体、洗浄方法では富士通など、洗浄装置では東京エレクトロンなどが出願している。

表1.4.2-4 紫外線等の課題と解決手段の出願人

課題		解決手段 ドライ洗浄技術			他の技術との組合わせ		
		洗浄媒体	洗浄方法	洗浄装置	ドライ洗浄と	ウェット洗浄と	洗浄以外と
洗浄高度化（除去対象）	パーティクル		ニコン3件・富士通3件・キヤノン・沖電気・東芝・日立製作所	ニコン3件・日立製作所2件・ウシオ電機・ソニー・松下電器・富士通	ウシオ電機・ニコン・大日本スクリーン	キヤノン・ニコン・沖電気・松下電器・川崎製鉄・東芝・日本電気・日本電信電話	
	有機物	ウシオ電機2件・日本電気2件・日立製作所2件・セイコーエプソン・ニコン・ホーヤショット・大日本スクリーン・富士通	富士通5件・松下電器4件・日立製作所3件・アルプス電気2件・キヤノン2件・東京エレクトロン2件・ソニー・荏原製作所・川崎製鉄・大日本スクリーン・島田理化・日本電信電話・日本電池	日立製作所6件・大日本スクリーン5件・日本電池2件・荏原製作所・沖電気・芝浦製作所・東芝電材・日立東京エレクトロニクス	大日本スクリーン2件・日立製作所2件・ウシオ電機・セイコーエプソン・ニコン	東芝3件・沖電気2件・ソニー・ニコン・芝浦製作所・松下電器・川崎製鉄・大日本スクリーン・日立製作所・富士通	キヤノン・東京エレクトロン
	金属	富士通5件・ウシオ電機・大日本スクリーン・東芝・日本電気	富士通3件・松下電器・川崎製鉄・日本電信電話	富士通	日立製作所	東芝2件・シャープ・日本電気	川崎製鉄
	ハロゲン	富士通	川崎製鉄・大日本スクリーン・日本電気・富士通				
	その他	富士通3件・ウシオ電機2件・日本電信電話2件・日立製作所2件・ソニー・松下電器・川崎製鉄	富士通3件・松下電器2件・川崎製鉄2件・日本電気2件・日本電信電話2件・日立製作所2件・住友重機械・東京エレクトロン	東京エレクトロン2件・セイコーエプソン・ホーヤショット・富士通	三菱電機・大日本スクリーン	川崎製鉄・日本電信電話	松下電器・川崎製鉄
環境対応	無害化処理			大日本スクリーン			
	容易化			日本電池・日立製作所			
コスト低減	ランニングコスト	日立製作所4件・東芝	日本電池3件・日立製作所2件・富士通2件・アルプス電気・ウシオ電機・ホーヤショット・川崎製鉄・日本電気	日立製作所14件・大日本スクリーン8件・ウシオ電機4件・東芝電材4件・ホーヤショット2件・芝浦製作所2件・島田理化2件・東京エレクトロン2件・東芝2件・日立東京エレクトロニクス2件・ニコン・荏原製作所・三菱電機・日本電池	日立製作所	島田理化・東芝	栗田工業・日立製作所
	装置コスト		荏原製作所	大日本スクリーン2件・日立製作所2件・ウシオ電機・ホーヤショット・芝浦製作所・川崎製鉄		大日本スクリーン2件・アルプス電気	

(5) その他

表1.4.2-5に、その他の課題と解決手段の出願人を示す。この分野は不活性ガス・蒸気・プラズマ・紫外線のいずれかに関連が深いものやそれ以外のものなど種々雑多な解決策が開発されている。

出願の多い課題は、ランニングコスト低減、その他（酸化膜など）や有機物、パーティクルの洗浄高度化である。

ランニングコスト低減に対しては洗浄方法と洗浄装置が出願の多い解決手段である。

洗浄方法では東京エレクトロン、日立製作所、東芝など、洗浄装置では東京エレクトロン、日立製作所、国際電気などの出願が多い。

その他（酸化膜など）の洗浄高度化に対しては洗浄方法と洗浄媒体が出願の多い解決手段である。洗浄方法では日立製作所、東芝、富士通など、洗浄媒体では日本電気の出願が多い。

有機物の洗浄高度化に対しては洗浄方法が出願の多い解決手段であり、日本電気の出願が多い。

パーティクルの洗浄高度化に対しては洗浄媒体、洗浄方法、洗浄装置、ウェット洗浄との組合わせなど種々の解決手段が開発されている。

表 1.4.2-5 その他（ドライ洗浄）の課題と解決手段の出願人

課題		解決手段 ドライ洗浄技術			他の技術との組合わせ		
		洗浄媒体	洗浄方法	洗浄装置	ドライ洗浄と	ウェット洗浄と	洗浄以外と
洗浄高度化（除去対象）	パーティクル	セイコーエプソン・ソニー・松下電器・日立製作所・富士通	ソニー2件・住友重機械2件・日立製作所2件・富士通2件・シャープ・三菱電機	ニコン・国際電気・住友重機械・松下電器・東芝		ニコン3件・セイコーエプソン2件・ソニー・大日本スクリーン・日立製作所	
	有機物	日立製作所2件	日本電気3件・ソニー2件・住友電工2件・松下電器2件・東芝2件・キヤノン・セイコーエプソン・ニコン・東京エレクトロン・日立製作所・富士通	キヤノン		ソニー・日立製作所・富士通	ソニー
	金属	日立製作所2件・富士通2件・セイコーエプソン・ソニー・東芝	東芝2件・ソニー・三菱電機・富士通	富士通		シャープ・セイコーエプソン・ソニー	
	ハロゲン	東芝	セイコーエプソン・東京エレクトロン			富士通	
	その他	日本電気3件・日本電信電話2件・日立製作所2件・富士通2件・アプライドマテリアルズ・三菱重工業・住友電工・松下電器	日立製作所9件・東芝4件・富士通4件・日本電信電話3件・ソニー2件・三菱重工業2件・三菱電機・住友金属・川崎製鉄・日本酸素・日本電気	富士通2件・東芝		ソニー2件・セイコーエプソン・ニコン・三菱瓦斯化学・川崎製鉄・日本電信電話・富士通	日立製作所2件・ソニー・松下電器・日本電気・富士通
環境対応	無害化	セントラル硝子・東芝					
	処理容易化						
コスト低減	ランニングコスト	セントラル硝子3件	東京エレクトロン7件・日立製作所5件・東芝4件・アプライドマテリアルズ3件・富士通3件・セントラル硝子2件・ソニー2件・三菱電機2件・日本電気2件・キヤノン・国際電気・三菱マテリアルシリコン・三菱重工業・住友金属・住友重機械・川崎製鉄	東京エレクトロン8件・日立製作所4件・国際電気3件・ソニー2件・シャープ・ニコン・栗田工業・三菱重工業・三菱電機・住友金属・住友重機械・大日本スクリーン・東芝・日本電気・富士通		日立製作所2件・住友電工	東芝・日立製作所
	装置コスト			日立製作所		三菱電機・東京エレクトロン	

1.4.3 環境適応技術

廃水処理および排ガス処理について技術開発の課題と解決手段のを考察する。

(1) 廃水処理

図1.4.3-1に廃水処理の処理対象と課題・解決手段の分布を示す。6種の処理対象の低・無害化および回収・再利用の課題に対して化学的処理、物理的処理、生物処理、装置システムを解決手段としている。低・無害化ではフッ素化合物の凝集・沈殿、過酸化水素、アンモニア、有機化合物の酸化還元・電解、回収・再利用では純水の膜分離やシステム・装置の出願が多い。

図1.4.3-1 廃水処理の処理対象と課題・解決手段の分布

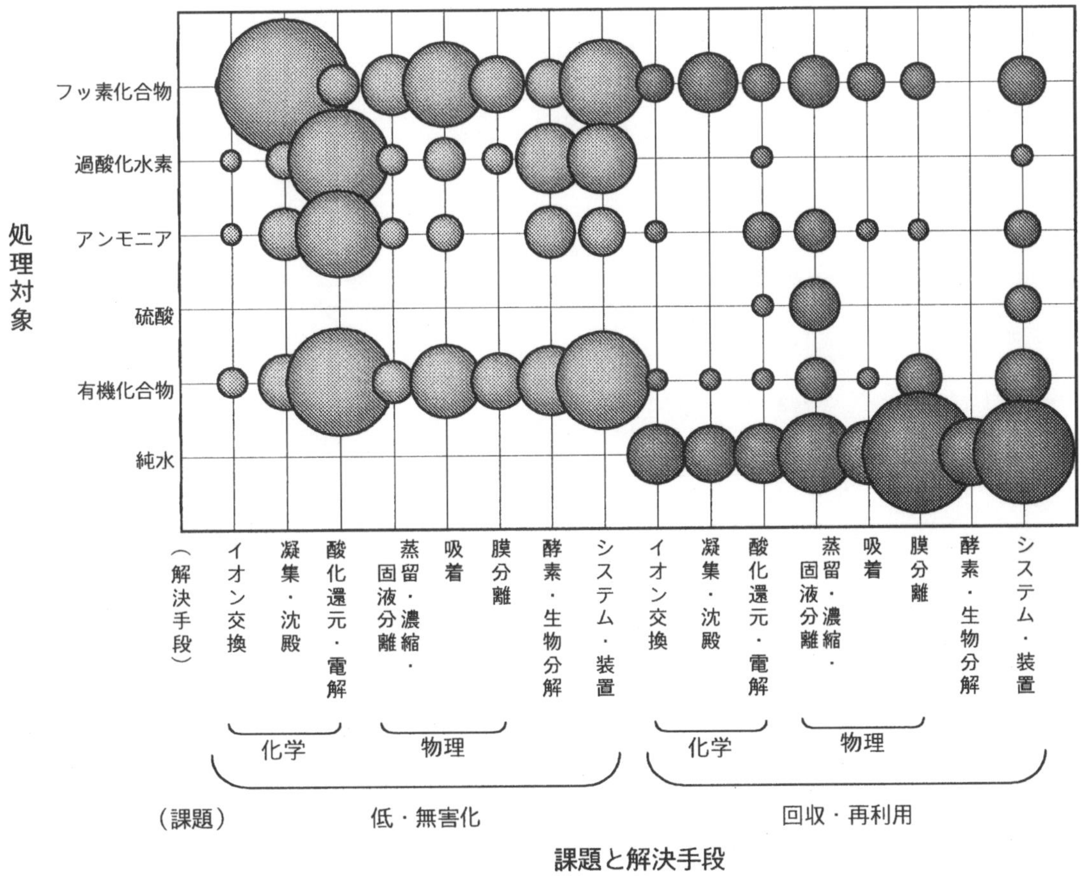

（対象特許は1991年1月1日から2001年8月31日までに公開の出願）

表1.4.3-1に廃水処理の課題と解決手段の出願人を示す。

課題は各々の処理対象物を低・無害化するか回収・再利用するかで9種類に分け、解決手段は化学的処理、物理的処理、生物処理、装置システムのそれぞれの方法を用いている。全体的に栗田工業とオルガノが大半の出願を占めている。

出願の多い課題は純水の回収・再利用およびフッ素化合物、有機化合物、アンモニアの低・無害化である。

純水の回収・再利用に対しては、種々の解決手段が出願されているが膜分離、装置・システムの出願が多い。

フッ素化合物の低・無害化に対しても、種々の解決手段が出願されているが凝集・沈澱、吸着の出願が多い。

有機化合物やアンモニアの低・無害化に対しては、酸化還元電解等を解決手段としている出願が多い。

表 1.4.3-1 廃水処理の課題と解決策の出願人

課題		化学的処理			物理的処理			酵素・生物・他	装置・システム
	解決手段	イオン交換	凝集・沈殿	酸化還元電解等	蒸留・濃縮・固液	吸着	膜分離		
低・無害化	フッ素化合物（HF,NH₄Fなど）	荏原製作所・日本錬水	栗田工業11件・オルガノ5件・日本電気環境エンジニアリング5件・日本電気4件・富士通3件・ステラケミファ2件・川崎製鉄2件・日立プラント建設2件	栗田工業3件・オルガノ・ステラケミファ	栗田工業4件・川崎製鉄・日本電気	栗田工業7件・日本電気5件・オルガノ・ステラケミファ・日本電気環境エンジニアリング・日本錬水・富士通	栗田工業3件・日東電工・日本錬水・日立プラント建設・富士通	シャープ3件・オルガノ2件	栗田工業5件・シャープ4件・オルガノ3件・荏原製作所・信越半導体・日本電気環境エンジニアリング・富士通
	過酸化水素	日立製作所	オルガノ2件・信越半導体	栗田工業9件・オルガノ4件・ソニー・三菱瓦斯化学・日本電気・日立製作所	オルガノ・日本酸素	オルガノ2件・栗田工業2件・日本電気	栗田工業・日立製作所	オルガノ3件・栗田工業2件・シャープ・三菱瓦斯化学・信越半導体・日本電気	シャープ3件・オルガノ2件・日本電気2件・日本酸素・日立製作所
	（イオン、塩）アンモニア		栗田工業3件・オルガノ2件・ステラケミファ	栗田工業12件・オルガノ3件・ステラケミファ・富士通	オルガノ・日立造船	栗田工業2件		オルガノ3件・シャープ・栗田工業・野村マイクロサイエンス	オルガノ2件・シャープ・栗田工業
	有機化合物	日本錬水・野村マイクロサイエンス	栗田工業2件・オルガノ・シャープ・信越半導体	栗田工業10件・オルガノ5件・新日本製鉄2件・日本錬水2件・野村マイクロサイエンス2件・岩崎電気・東芝	日立造船2件	栗田工業3件・オルガノ2件・日本エヌエスシー2件・野村マイクロサイエンス2件・東芝	オルガノ2件・栗田工業・日本錬水・日立造船・野村マイクロサイエンス	オルガノ3件・シャープ3件・栗田工業・東芝・日本電気・日本錬水・野村マイクロサイエンス	栗田工業8件・オルガノ3件・シャープ3件・日立造船2件・岩崎電気・信越半導体・野村マイクロサイエンス
回収・再利用	フッ素化合物（HF,NH₄Fなど）	栗田工業・日立製作所	栗田工業4件・オルガノ・日立プラント建設・富士通	オルガノ2件・日立製作所	オルガノ・川崎製鉄・日本酸素・富士通	ステラケミファ・東芝・野村マイクロサイエンス	東芝・日立製作所・富士通		オルガノ2件・栗田工業・日立製作所
	（イオン、塩）アンモニア			栗田工業2件・オルガノ	オルガノ・日本酸素	オルガノ	栗田工業		オルガノ
	硫酸			ソニー	日本酸素3件・富士通				日本酸素2件・富士通
	有機化合物	オルガノ		オルガノ		オルガノ	オルガノ3件・東芝		オルガノ3件
	純水	オルガノ3件・荏原製作所・栗田工業・日本錬水・野村マイクロサイエンス	栗田工業4件・ステラケミファ・日本錬水・日立化成	オルガノ4件・栗田工業3件・野村マイクロサイエンス	日立造船6件・栗田工業2件・オルガノ	栗田工業6件・オルガノ・シャープ・新日本製鉄・日本錬水	栗田工業15件・オルガノ6件・日立化成3件・旭化成・荏原製作所・日東電工・日本電気・日本錬水	栗田工業7件・オルガノ・シャープ・日立化成	オルガノ6件・栗田工業6件・日立化成2件・シャープ・荏原製作所・松下電器・日立造船・富士通

注）・表には主要企業21社と当該分野での出願件数4件以上の企業を記載している。

(2) 排ガス処理

図1.4.3-2に、排ガス処理の処理対象と課題・解決手段の分布を示す。処理対象と課題・解決手段の交点の件数をバブルの大きさで表わしている。

処理対象では、その他の処理対象が最も多いが、これは、無機ハロゲン化物等の酸性ガス、アンモニア等の塩基性ガス、二酸化窒素等の窒素酸化物、シラン等の原料ガスなどをまとめて示したことによる。処理対象の個別では、NF_3等のフッ化窒素とPFC等の有機ハロゲン化物が多い。

課題別では、低・無害化が81％と多く、回収・再利用17％、その他の課題2％である。その他の課題には、脱臭、腐蝕防止などが含まれる。

表1.4.3-2に排ガス処理の課題と解決手段の出願人を示す．

低・無害化の課題に対する解決手段としては、乾式吸着吸収、湿式吸収、触媒接触など種々の方法が採用されている。なお、その他の方法で主なものは加熱分解である。

回収・再利用の課題に対する解決手段では、乾式吸着吸収によるものが多い。その他の方法には、凝縮・液化回収や膜分離による方法などがある。

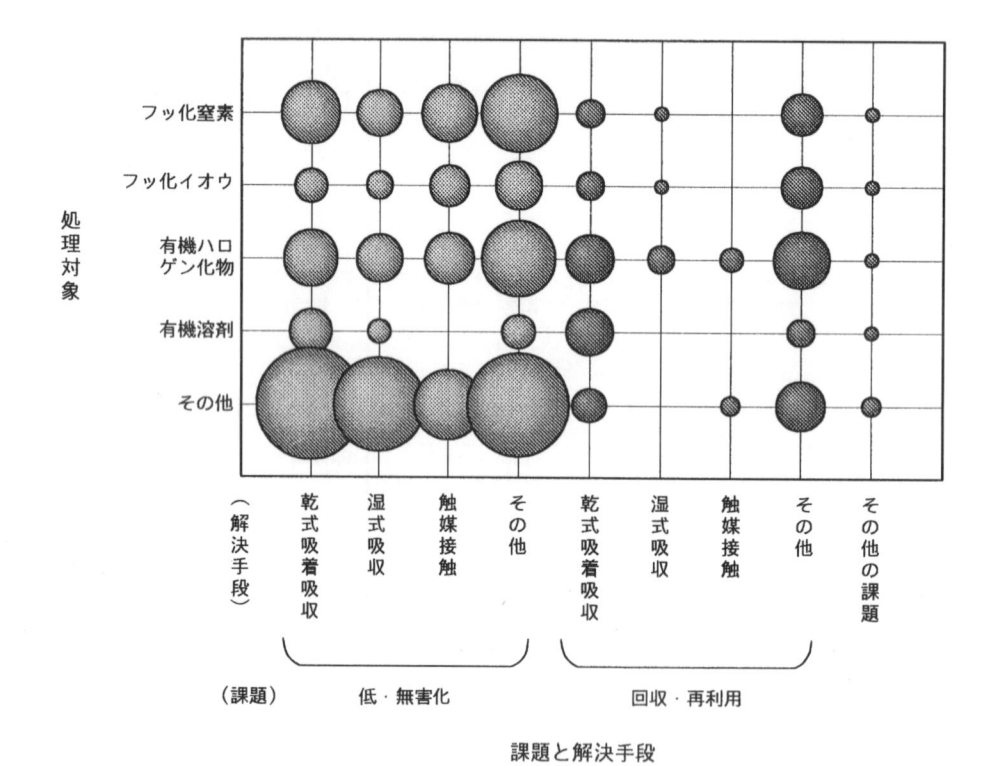

図1.4.3-2 排ガス処理の処理対象と課題・解決手段の分布

（対象特許は1991年1月1日から2001年8月31日までに公開の出願）

表1.4.3-2 排ガス処理の課題と解決手段の出願人

課題	解決手段	処理方法・装置				
		乾式吸着吸収	湿式吸収	触媒接触	加熱分解	燃焼
低・無害化 低・無害化効率の向上および処理コストの低減が大きな課題である。また、排ガスには発火性の原料ガスも含まれるので安全対策も必要であり、同じく排ガス中に混在する二酸化ケイ素等の微粒子による閉塞防止も課題となっている。	フッ化窒素（NF₃等）	日本パイオニクス4件・三井化学3件・セントラル硝子3件・昭和電工2件・ビーオーシー2件・岩谷産業・樫山工業・ソニー・エアプロダクツ・関東電化工業	カンケンテクノ5件・樫山工業4件・岩谷産業・日立製作所・エイアールピイ	三井化学4件・日立製作所4件・宇部興産2件・日本エアニクス・荏原製作所・昭和電工・樫山工業・関東電化工業・岩谷産業・日立エンジニアリング・日立協和エンジニアリング	カンケンテクノ8件・荏原製作所4件・荏原総合研究所3件・アプライドマテリアルズ2件・セントラル硝子・住友精化	岩谷産業3件・カンケンテクノ1件・アルゼタ・小池酸素工業・太陽テック・太陽東洋酸素・日本エアリキード
	フッ化イオウ（SF₆等）	昭和電工2件・日本パイオニクス・宇部興産・関東電化工業・同和鉱業・同和鉄粉工業・日産ガードラー触媒・日本エアリキード	昭和電工・日立製作所・カンケンテクノ・住友精化	日立製作所3件・宇部興産2件・荏原製作所・ブタガスエンジ・旭化成工業・関東電化工業・日立エンジニアリング・日立協和エンジニアリング・住友精化	カンケンテクノ4件・荏原製作所2件・アプライドマテリアルズ2件・荏原総合研究所	アルゼタ・太陽テック・日本エアリキード
	有機ハロゲン化物（PFC等）	荏原製作所3件・荏原総合研究所2件・昭和電工2件・ビーオーシー2件・日本電気2件・ソニー・セントラル硝子・宇部興産・関東電化工業・同和鉱業同和鉄粉工業・日本エアリキード	カンケンテクノ6件・荏原製作所2件・富士通・昭和電工・日立製作所・住友精化	宇部興産5件・日立製作所4件・荏原製作所・昭和電工・樫山工業・関東電化工業・同和鉱業・同和鉄粉工業	カンケンテクノ8件・荏原製作所2件・アプライドマテリアルズ2件・荏原総合研究所	カンケンテクノ2件・太陽東洋酸素2件・日本酸素1件・岩谷産業・ビーオーシー・アルゼタ・バブコック日立・太陽テック・日本エアリキード
	有機溶剤（VOC）	大氣社4件・東洋紡績4件・西部技研2件・荏原製作所・カスタムエンジニアードマテリアルズ・川崎製鉄	日本電気・栗田工業・丸山俊明・佐藤鉄三郎			大氣社
	無機ハロゲン化物	日本パイオニクス11件・日本酸素10件・荏原製作所6件・荏原総合研究所3件・セントラル硝子3件・昭和電工2件・大成技研2件・樫山工業・ビーオーシー・エアプロダクツ・エイアールピイ	樫山工業4件・荏原製作所3件・住友精化2件・セイコー化工2件・富士通2件・東芝2件・日本酸素・エイアールピイ	荏原製作所2件・荏原総合研究所2件・樫山工業	荏原製作所・荏原総合研究所	小池酸素工業
	アンモニア・アミン	日本パイオニクス7件・日本碍子	ソニー2件・日本パイオニクス・富士通・樫山工業・エイアールピイ・住友電工	日本パイオニクス2件・日本酸素2件・ソニー1件・エフテック	日本エアリキード	
	窒素酸化物（NOx）	三菱化工機	三菱化工機6件・富士通・昭和電工・信越半導体	三菱化工機・荏原製作所・エフテック	荏原製作所・荏原総合研究所	
回収・再利用 回収効率の向上、コスト低減とともに得られる純度向上が課題である。吸着・脱着の連続化や、熱回収等の省エネも課題である。	フッ化窒素（NF₃等）	日本酸素2件・エアプロダクツCHEM2件	日本酸素			
	フッ化イオウ（SF₆等）	日本酸素2件・エアプロダクツCHEM2件	日本酸素			
	有機ハロゲン化物（PFC等）	大阪瓦斯3件・日本酸素3件・エアプロダクツCHEM2件・ウルトラクリーンテクノロジー開発研究所・大見忠広・東芝・日機装・日本エアリキード・炉機工業	日本酸素・ビーオーシー・樫山工業・日本エアリキード	ウルトラクリーンテクノロジー開発研究所・大見忠広・東芝・日本エアリキード		
	有機溶剤（VOC）	大氣社6件・東洋紡績5件・カスタムエンジニアードマテリアルズ・荏原製作所・神戸製鋼所・ジーエルサイエンス・大阪瓦斯				
	無機ハロゲン化物	荏原製作所・セントラル硝子・東芝・科学技術振興事業団・新潟鉄工所・森勇蔵		東芝		
	アンモニア・アミン	日本パイオニクス				

低・無害化に対しては、無機ハロゲン化物の乾式吸着吸収・湿式吸収、フッ化窒素の乾式吸着吸収・加熱分解・触媒接触・湿式吸収、有機ハロゲンの乾式吸着吸収・触媒接触・加熱分解が出願の多い解決手段である。無機ハロゲン化物の乾式吸着吸収では日本パイオニクス、日本酸素などの出願が多く、湿式吸収では樫山工業、荏原製作所などが出願している。フッ化窒素の乾式吸着吸収では日本パイオニクス、三井化学、セントラル硝子などが、加熱分解ではカンケンテクノ、荏原製作所などが、触媒接触では三井化学、日立製作所などが出願、湿式吸収ではカンケンテクノ、樫山工業などが出願している。有機ハロゲン化物の乾式吸着吸収では荏原製作所など、触媒接触では宇部興産、日立製作所などが出願している。

　一方、回収・再利用に対しては、有機溶剤や有機ハロゲンの乾式吸着吸収が出願の多い解決手段である。有機溶剤の乾式吸着吸収では大氣社と東洋紡などが出願している。有機ハロゲンの乾式吸着吸収では大阪瓦斯、日本酸素などがPFC等について出願している。

2．主要企業等の特許活動

2.1 日立製作所
2.2 富士通
2.3 栗田工業
2.4 日本電気
2.5 東芝
2.6 ソニー
2.7 松下電器産業
2.8 大日本スクリーン
2.9 三菱電機
2.10 オルガノ
2.11 三菱マテリアルシリコン
2.12 三菱瓦斯化学
2.13 旭硝子
2.14 東京エレクトロン
2.15 セイコーエプソン
2.16 アプライドマテリアルズ
2.17 住友重機械工業
2.18 シャープ
2.19 野村マイクロサイエンス
2.20 日本パイオニクス
2.21 日本酸素

> 特許流通
> 支援チャート

2．主要企業等の特許活動

大手総合電機企業はウェット・ドライ洗浄から廃水処理・排ガス処理までを、半導体装置製造企業はウェット・ドライ洗浄を、化学企業はウェット洗浄を、水処理企業はウェット洗浄と廃水処理を、工業ガス製造企業は排ガス処理を中心に特許活動を実施中である。

　ウェット洗浄、ドライ洗浄、廃水処理および排ガス処理の4分野合せて出願件数が多い上位10社（日立製作所、富士通、栗田工業、日本電気、東芝、ソニー、松下電器産業、大日本スクリーン、三菱電機、オルガノ）と、上位10社を除いた各分野の出願上位企業をウェット洗浄から3社（三菱マテリアルシリコン、三菱瓦斯化学、旭硝子）、ドライ洗浄から4社（東京エレクトロン、セイコーエプソン、アプライドマテリアルズと住友重機械工業は同数）、廃水処理から2社（シャープ、野村マイクロサイエンス）および排ガス処理から2社（日本パイオニクス、日本酸素）を選定する。

　企業概要中の技術、資本提携関係、関連会社、事業所、主要製品については半導体洗浄と環境適応技術に関係のあるものに限定した。

　各企業の図（技術要素別出願構成比率、ウェット・ドライの技術要素と課題の分布と廃水対象と課題・解決手段および出願件数と発明者数の推移）は、1991年1月1日から2001年8月31日までに公開の本テーマに係る出願の全件数を基に作成しており、出願件数と発明者数の推移以外は重複を含む。

　分布に係わる図は1.4章の図と比べ特徴のあるもののみを記載している。

　1991年1月1日から2001年8月31日までに公開の本テーマに係る権利存続中または係属中の特許を保有特許とし、課題別保有特許の概要表に載せている。主要特許として登録特許を主体に選択し発明の名称の後の：以下にその概要を記載している。

　表中●の付いた特許は出願人が開放の用意のある特許である。

　また、少なくとも米国またはドイツに出願されたものを海外出願された特許としている。

　なお、主要企業各社が保有する特許に対し、ライセンスできるかどうかは各企業の状況により異なる。

2.1 日立製作所

日立製作所の保有する出願のうち権利存続中または係属中の特許は、ウェット洗浄、ドライ洗浄および廃水処理、排ガス処理の全分野にわたり91件である。

2.1.1 企業の概要

表2.1.1-1に日立製作所の企業概要を示す。

表2.1.1-1 日立製作所の企業概要

1)	商号	株式会社日立製作所
2)	設立年月日（注1）	1920（大正9）年2月1日
3)	資本金	281,754（百万円）
4)	従業員	単独／54,017人、連結会社計／323,897人（平成13年3月31日現在）
5)	事業内容	情報・エレクトロニクス、電力・産業システム、家庭電器、材料、サービス他の5部門に亘って、製品の開発、生産、販売、サービス
6)	技術・資本提携関係	技術導入契約／General Electric、Mondex International、QUALCOMM、相互技術援助契約／General Electric、Lucent Technologies、International Business Machines、Hewlett-packard、ST Microelectronics N.V.、技術供与契約／セイコーエプソン、ソニー、ST Microelectronics N.V.、Fortum Engineering .（バブコック日立）、LG Chemical .（日立化成工業）、Vacuumschmelze（日立金属）、DEGREMONT S.A.（日立プラント建設） （）内は契約会社名
7)	事業所	本社／東京都千代田区、支社／大阪市、半導体グループ／東京都小平市、ディスプレイグループ／千葉県茂原市、日立事業部／茨城県日立市、研究開発本部／東京都国分寺市、デバイス開発センタ／東京都青梅市、エンタープライズサーバ事業部／神奈川県泰野市、ストレージシステム事業部／神奈川県小田原市、冷熱事業部／栃木県大平町
8)	関連会社	（関係会社）情報・エレクトロニクス事業の関連会社／（子会社）日立電子エンジニアリング、日立北海セミコンダクタ、日立メディコ、日立テレコムテクノムジー、日立東部セミコンダクタ、日立東京エレクトロニクス、トレセンティテクノロジーズ、HITACHI COMPUTER PRODUCTS (AMERICA)、HITACHI COMPUTER PRODUCTS (ASIA)、HITACHI COMPUTER PRODUCTS (EUROPE)、HITACHI ELECTRONIC DEVICES (SINGAPORE)、HITACHI ELECTRONIC DEVICES (USA)、HITACHI NIPPON STEEL SEMICONDUCTOR SINGAPORE、HITACHI SEMICONDUCTOR (EUROPE)、HITACHI SEMICONDUCTOR (MALAYSIA)、日立電子サービス、日立情報システムズ、日立セミコンデバイス、日立ソフトウェアエンジニアリング、日立システムアンドサービス、HITACHI DATA SYSTEMS HOLDING、HITACHI SEMICONDUCTOR (AMERICA)、（関連会社）日立工機、日立国際電機
9)	業績推移	（百万円）　　売上高　　当期純利益　　一株益（円） 連結97.3　　8,523,100　　89,802　　26.95 連結98.3　　8,416,834　　12,163　　3.64 連結99.3　　7,977,374　△327,611　△98.15 連結00.3　　8,001,203　　16,922　　5.07 連結01.3　　8,416,982　　104,380　　31.27
10)	主要製品	情報・エレクトロニクス事業の主要製品／汎用コンピュータ、コンピュータ周辺・端末装置、サーバ、パソコン、磁気ディスク装置、交換機、ブラウン管、ディスプレイ管、液晶ディスプレイ、IC、LSI、理化学機器、医療機器、放送機器
11)	主な取引先（注1）	仕入先／日立キャピタル、日立プラント建設、日立エンジニアリングサービス、日立電子サービス、販売先／日製産業、日立セミコンデバイス、日立キャピタル、HITACHI EUROPE、HITACHI AMERICA
12)	技術移転窓口	知的財産権本部　ライセンス第一部

出典：財務省印刷局発行、「有価証券報告書総覧（2001年）」

出典：（注1）帝国データバンク　会社年鑑2002（2001年10月発行）

2.1.2 製品・技術例

表2.1.2-1に日立製作所グループの関連製品・技術を示す。ウェット洗浄・ドライ洗浄および排ガス処理製品を上市している。

表2.1.2-1 日立製作所の製品・技術例

分野	製品／技術	製品名／技術名	発表／発売元／時期	出典
ウェット洗浄：水系	膜型浄水システム（中空糸膜）	—	日立製作所プラント	http://www.hitachiplant.hbi.ne.jp/seihin/mizusyori/gesui_33.html
	包括固定化窒素除去プロセス	ペガサス	日立製作所プラント	http://www.hitachiplant.hbi.ne.jp/seihin/mizusyori/gesui_31.html
	回転式平幕装置	アクアUFO	日立製作所プラント	http://www.hitachiplant.hbi.ne.jp/seihin/mizusyori/gesui_59.html
ドライ洗浄：プラズマ	エッチング装置	UHF-ECRプラズマエッチング装置U-612A（ゲート用）	日立製作所ハイテクノロジーズ 2000/4/1	日立製作所評論 Vol.83,No.1,pp.78(2001年1月) http://www.hitachi-hitec.com/device/prod/waf/u622.html
		UHF-ECRプラズマエッチング装置U-622（絶縁膜用）	日立製作所ハイテクノロジーズ	http://www.hitachi-hitec.com/device/prod/waf/u622.html
		UHF-ECRプラズマエッチング装置300mm対応	日立製作所ハイテクノロジーズ	http://www.hitachi-hitec.com/device/prod/waf/u622.html
	マイクロ波プラズマエッチング装置	M-700シリーズ	日立製作所ハイテクノロジーズ	http://www.hitachi-hitec.com/device/prod/waf/m700500.html
		M-600シリーズ	日立製作所ハイテクノロジーズ	http://www.hitachi-hitec.com/device/prod/waf/u622.html
		M-500シリーズ	日立製作所ハイテクノロジーズ	http://www.hitachi-hitec.com/device/prod/waf/u622.html
環境対応：排ガス処理	触媒式PFC分解装置	CDシリーズ	日立製作所プラント	http://www.hitachi-hitec.com/device/prod/waf/hicds.html

2.1.3 技術開発課題対応保有特許

図 2.1.3-1 と-2 に日立製作所の技術要素別の出願構成比率とウェット洗浄の技術要素と課題の分布を示す。ウェット、ドライ洗浄、廃水処理および排ガス処理の4技術要素すべてに出願しているが、そのうちドライ洗浄が 70％と特に多く、次いでウェット洗浄が 23％である。特徴的な点はウェット洗浄において水系でパーティクル洗浄高度化と活性剤添加でランニングコスト低減課題が多いことである。

表 2.1.3-1 に日立製作所の技術要素・課題・解決手段別保有特許を示す。日立製作所の保有の出願のうち登録特許は 22 件、係属中の特許は 69 件である。保有特許のうち海外出願された特許は 20 件である。

技術要素別には、ドライ洗浄に係わる出願が最も多く 57 件あり、その他はウェット洗浄 25 件、排ガス処理 6 件、廃水処理 4 件となっている（重複を含む）。

また、洗浄高度化に係わる登録特許を主体に主要特許を選択し、発明の名称の後の：以下に概要を記載している。

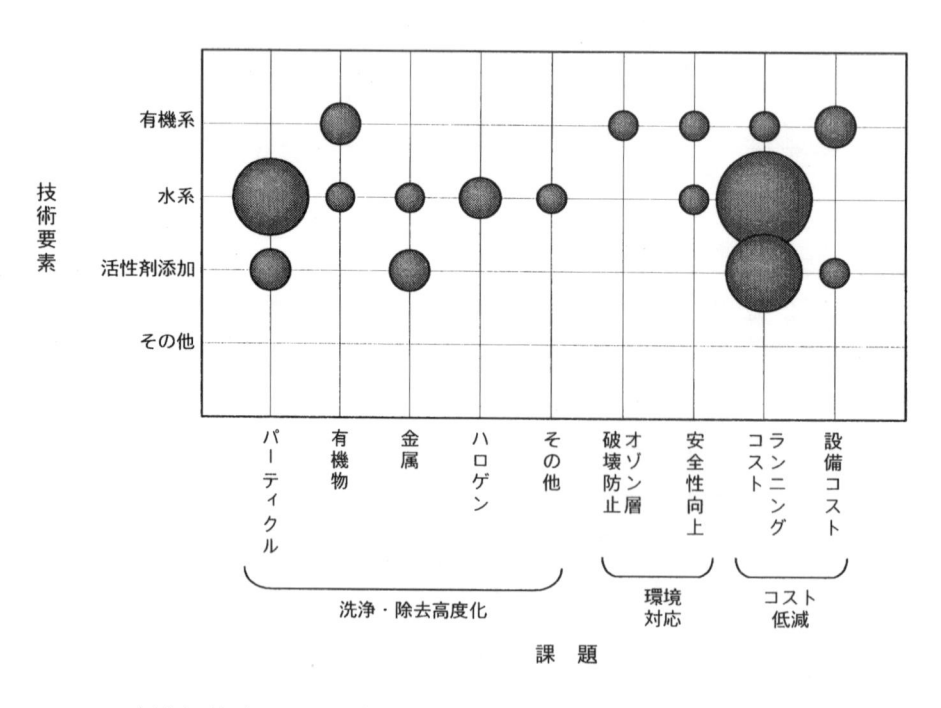

図 2.1.3-1 日立製作所の技術要素別出願構成比率

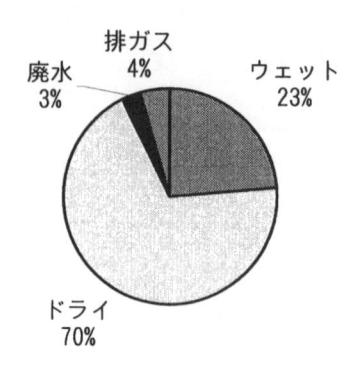

廃水 3%
排ガス 4%
ウェット 23%
ドライ 70%

（対象特許は 1991 年 1 月 1 日から 2001 年 8 月 31 日までに公開の出願）

図 2.1.3-2 日立製作所のウェット洗浄の技術要素と課題の分布

技術要素: 有機系／水系／活性剤添加／その他
課題: パーティクル／有機物／金属／ハロゲン／その他（洗浄・除去高度化）／破壊防止層／オゾン／安全性向上（環境対応）／ランニングコスト／設備コスト（コスト低減）

（対象特許は 1991 年 1 月 1 日から 2001 年 8 月 31 日までに公開の出願）

表 2.1.3-1 日立製作所の技術要素・課題・解決策別保有特許（1/5）

技術要素	課題	解決手段	特許番号	発明の名称：概要
ウェット洗浄：有機系	洗浄高度化：有機物除去	洗浄媒体：フッ素系	特開2001-152192	洗浄剤組成物及びこれを用いた洗浄方法並びに保守方法。
		装置・プロセスとの組合わせ：方法・プロセス	特開平8-124825	半導体ウエーハの処理方法
	コスト低減：設備コスト	装置・プロセスとの組合わせ：装置	特許2904307	有機溶媒再生装置：IPA等有機溶媒中の水分をPV（パーベーパレーション）膜で除去する有機洗浄液再生装置。
			特許2894573	有機溶媒再生装置：IPA等有機溶媒中の水分をPV膜で除去する有機洗浄液再生装置。
ウェット洗浄：水系	洗浄高度化：パーティクル除去	装置・プロセスとの組合わせ：方法・プロセス	●特許2577798	液中微粒子付着制御方法：液中微粒子間のファンデアワールス力および電気二重層力を制御することにより、基板に付着する異物量を制御する。
			特開平8-276163	板状試料表面の処理方法
			特開平10-340908	半導体集積回路装置の製造方法
			特開平11-80787	半導体基板の洗浄方法及びそれを用いた半導体装置の製造方法
			特開平11-87290	半導体基板の洗浄方法及びそれを用いた半導体装置の製造方法
			特開平11-97401	半導体基板の洗浄方法及びそれを用いた半導体装置の製造方法
			特開2000-36479	半導体装置製造方法
	洗浄高度化：有機物除去	洗浄媒体：その他	特開平10-55993	半導体素子製造用洗浄液及びそれを用いた半導体素子の製造方法
	洗浄高度化：金属除去	装置・プロセスとの組合わせ：装置	特開平9-45650	洗浄装置
	洗浄高度化：ハロゲン除去	洗浄媒体：アルカリ	●特許3135551	半導体装置の製造方法：残存ハロゲンを有機酸とアンモニアとの混合水溶液で洗浄し、Al配線の腐食しない洗浄を行う。
	洗浄高度化：その他	洗浄媒体：その他	特開平11-221532	基板洗浄方法および基板洗浄装置
	コスト低減：ランニングコスト	洗浄媒体：その他	特開平10-183185	洗浄液、その配合決定方法ならびに製造方法、洗浄方法、および、半導体基板の製造方法
		装置・プロセスとの組合わせ：装置	特開平9-45656	半導体製造装置
		装置・プロセスとの組合わせ：方法・プロセス	●特許2900334	半導体製造方法：面の酸化膜を除去し、かつ、洗浄部のフッ化水素成分がエピタキシャル成長装置側に漏洩することがない。
			特開平9-134899	洗浄方法及びそれを用いた半導体装置の製造方法
			特開平11-40526	配線形成方法及び半導体装置の製造方法
			特開2000-91289	半導体集積回路装置の製造方法
ウェット洗浄：活性剤添加	洗浄高度化：パーティクル除去	装置・プロセスとの組合わせ：方法・プロセス	特開平11-162907	洗浄方法
	洗浄高度化：金属除去	洗浄媒体：キレート剤	特開平9-255991	表面処理液および基板表面処理方法

表 2.1.3-1 日立製作所の技術要素・課題・解決策別保有特許（2/5）

技術要素	課題	解決手段	特許番号	発明の名称：概要
ウェット洗浄：活性剤添加	コスト低減：ランニングコスト	洗浄媒体：界面活性剤	●特許2524020	液中微粒子付着制御法：ゼータ電位（表面電位）を制御できる物質を、溶液中に添加することにより、無機物又は有機物を含む化合物の微粒子の付着を防止する。
		洗浄媒体：その他	特開平5-315331	半導体装置の製造方法及び洗浄装置
ドライ洗浄：不活性ガス	洗浄高度化：パーティクル除去	他の技術との組合わせ：ウェット洗浄と	特開平8-276163	板状試料表面の処理方法
			特開平8-316190	基板処理装置
	コスト低減：ランニングコスト	ドライ洗浄技術：洗浄装置	特許2702697	処理装置および処理方法：台上の被処理物を回転させ、台の回転中心に対して偏心した位置で処理ガスを供給することにより除去処理を迅速に行う。 図 1
		他の技術との組合わせ：ウェット洗浄と	特開平8-274052	板状物の洗浄方法および装置
	コスト低減：設備コスト	他の技術との組合わせ：洗浄以外と	特開平9-22931	ワーク検査装置
ドライ洗浄：蒸気	洗浄高度化：パーティクル除去	ドライ洗浄技術：洗浄方法	特開平8-213357	基板の洗浄処理方法
			特開平8-316189	基板の洗浄処理方法
		他の技術との組合わせ：ウェット洗浄と	特開平11-97406	半導体基板の洗浄方法及びそれを用いた半導体装置の製造方法
	洗浄高度化：有機物除去	他の技術との組合わせ：ドライ洗浄と	●特許3170813	改質装置
	洗浄高度化：その他	ドライ洗浄技術：洗浄媒体	特許3204503	蒸気洗浄方法及びその装置：蒸気を疎水性多孔質膜に通してミストを除去し高純度にしてから用いる。被洗浄物を冷却することにより凝縮液による洗浄効果を高める。
	コスト低減：ランニングコスト	ドライ洗浄技術：洗浄装置	●特許3067864	半透膜用モジュール
ドライ洗浄：プラズマ	洗浄高度化：パーティクル除去	ドライ洗浄技術：洗浄方法	特開平7-86259	異物除去方法及び装置

表 2.1.3-1 日立製作所の技術要素・課題・解決策別保有特許（3/5）

技術要素	課題	解決手段	特許番号	発明の名称：概要
ドライ洗浄：プラズマ	洗浄高度化：パーティクル・有機物・金属除去	他の技術との組合わせ：ウェット洗浄と	特開平9-275085	半導体基板の洗浄方法ならびに洗浄装置および半導体基板製造用成膜方法および成膜装置
	洗浄高度化：有機物除去	ドライ洗浄技術：洗浄方法	●特許2897752	試料後処理方法
			●特許2897753	試料後処理方法
	洗浄高度化：有機物および金属除去	他の技術との組合わせ：ドライ洗浄と	特開平9-162143	汚染除去方法及びその装置
	洗浄高度化：その他	ドライ洗浄技術：洗浄方法	●特許2842898	異物付着防止方法
	コスト低減：ランニングコスト	ドライ洗浄技術：洗浄媒体	●特許3169759	プラズマエッチング方法
			●特許3117187	プラズマクリーニング処理方法
		ドライ洗浄技術：洗浄方法	特開平8-124903	プラズマ処理装置およびそのクリーニング方法
			●特許3158993	プラズマエッチング方法
			特開平9-148310	半導体製造装置およびそのクリーニング方法ならびに半導体ウエハの取り扱い方法
			特開平10-233388	プラズマクリーニング方法
			特開平10-261623	プラズマ処理方法、および半導体装置の製造方法
			特開平11-40502	半導体製造装置のドライクリーニング方法
		ドライ洗浄技術：洗浄装置	特開平7-335616	ウエハ処理装置
			特開平8-31595	半導体装置の製造方法
			特開平9-7988	プラズマ処理装置
			特開平10-335097	プラズマ処理装置およびプラズマ処理方法
			特開平11-297673	プラズマ処理装置及びクリーニング方法
		他の技術との組合わせ：ドライ洗浄と	特開平10-64865	半導体装置の製造方法および装置
ドライ洗浄：紫外線等	洗浄高度化：有機物除去	ドライ洗浄技術：洗浄媒体	●特許3150509	有機物除去方法及びその方法を使用するための装置
			特開平10-50656	半導体製造装置のクリーニング方法、半導体ウエハのクリーニング方法、および半導体装置の製造方法
		ドライ洗浄技術：洗浄方法	特開平9-190993	表面清浄化方法
		ドライ洗浄技術：洗浄装置	特開平7-249603	表面処理装置
			特開平9-27468	ウェハ表面の処理方法及びその装置
		他の技術との組合わせ：ドライ洗浄と	特許3170813	改質装置
		他の技術との組合わせ：ウェット洗浄と	特開平8-78372	半導体装置の製造方法
	洗浄高度化：有機物および金属除去	他の技術との組合わせ：ドライ洗浄と	特開平9-162143	汚染除去方法及びその装置
	洗浄高度化：その他	ドライ洗浄技術：洗浄媒体	特開平10-92843	半導体装置の製造方法

表 2.1.3-1 日立製作所の技術要素・課題・解決策別保有特許（4/5）

技術要素	課題	解決手段	特許番号	発明の名称：概要
ドライ洗浄：紫外線等	コスト低減：ランニングコスト	ドライ洗浄技術：洗浄媒体	特開平10-55992	クリーニング方法と半導体の製造方法
		ドライ洗浄技術：洗浄装置	特許2702699	処理装置：紫外線照射手段と、オゾンを含むガスを供給するノズルと、流路を構成する案内板で構成し、ガスの効率的供給によりガス使用量を低減するとともに処理速度を向上する。
			特許2656232	処理装置：紫外線照射手段と、オゾンを含むガスを供給するノズルと、流路を構成する案内板で構成し、ガスの効率的供給によりガス使用量を低減するとともに処理速度を向上する。
		他の技術との組合わせ：ドライ洗浄と	特開平10-64865	半導体装置の製造方法および装置
ドライ洗浄：その他	洗浄高度化：パーティクル除去	ドライ洗浄技術：洗浄方法	●特許3050579	クリーニング方法とその装置：レーザー等を表面に平行に近い角度で照射する等の手段により塵埃の温度上昇を基板より大きくし反応性ガスと選択的に反応させ気化させる。
	洗浄高度化：有機物除去	ドライ洗浄技術：洗浄媒体	特開平9-82674	表面処理方法および誘電膜形成方法
		ドライ洗浄技術：洗浄方法	特開平8-172066	表面処理方法及びその装置
	洗浄高度化：その他	ドライ洗浄技術：洗浄方法	特開平9-199457	クリーニング方法及びクリーニング装置
			特開平10-83980	半導体装置の製造方法
			特開平10-256213	半導体基板の清浄化方法および半導体装置
	他の技術との組合わせ：洗浄以外と		特開平8-125131	半導体装置の製造方法
			特開平8-139046	熱処理装置
	コスト低減：ランニングコスト	ドライ洗浄技術：洗浄方法	特公平7-7756	超臨界ガス装置からの試料取り出し方法
			特開平9-223654	有機物除去方法
			特開平9-330881	半導体ウエハ処理装置のクリーニング方法及び半導体ウエハ処理装置並びに半導体素子
			特開平10-55991	半導体装置の製造方法及び製造装置
			特開2000-200782	半導体製造装置のクリーニング方法

表 2.1.3-1 日立製作所の技術要素・課題・解決策別保有特許 (5/5)

技術要素	課題	解決手段	特許番号	発明の名称：概要
ドライ洗浄：その他	コスト低減：ランニングコスト	ドライ洗浄技術：洗浄装置	特開平8-97124	表面処理装置
		他の技術との組合わせ：洗浄以外と	特開平9-326425	不良検査方法および装置
	コスト低減：設備コスト	ドライ洗浄技術：洗浄装置	特開平8-169702	オゾンの発生方法及びその装置
廃水処理	低・無害化：有機化合物	物理的処理：（高周波通電で分解）	特開平8-309372	洗浄方法及び洗浄装置
	回収・再利用	装置・システム	特許2580468	高温処理液循環システム：処理槽内に気体を発生するのを効果的に防止しつつ清浄水を高温処理液循環ライン内に供給することができる高温処理液循環システムを提供する。
	回収・再利用：有機化合物（レジスト廃液）	物理的処理：蒸留・濃縮・固液分離	特開平9-34121	リサイクル型レジストプロセス
	回収・再利用：フッ素化合物	化学的処理：イオン交換、物理的処理：膜分離	特開2000-176457	半導体製造工場の廃液処理装置
排ガス処理	低・無害化	処理方法・装置：（還元）	特開平9-213596	半導体製造方法ならびにこれに用いる排ガス処理方法および装置
		処理方法・装置：触媒接触	特開平10-192653	フッ素化合物含有ガスの処理方法
			特開平11-192429	水素含有排ガス処理装置
			特開平11-70322	フッ素含有化合物の分解処理方法、触媒及び分解処理装置
			特開平11-319485	過フッ化物の処理方法及びその処理装置
		処理方法・装置：湿式吸収、触媒接触	特開2001-149749	PFCガスの処理方法及び処理装置

2.1.4 技術開発拠点と研究者

日立製作所（およびグループ）の半導体洗浄関連の技術開発拠点を、明細書および企業情報をもとに以下に示す。

　青梅工場：東京都青梅市藤橋888番地
　青梅産業：東京都青梅市藤橋888番地
　エネルギー研究所：茨城県日立製作所市森山町1168番地
　神奈川工場：神奈川県泰野市堀山下1番地
　笠戸工場：山口県下松市大字東豊井974番地
　機械研究所：茨城県土浦市神丘町502番地
　基礎研究所：埼玉県小比企群鳩山町赤沼2520番地
　計測器事業部：茨城県ひたちなか市市毛882番地
　甲府工場：山梨県中区摩耶竜王町西八幡
　国分工場：茨城県日立製作所市国分町1丁目1番1号

小平工場：東京都小平市上水本町5丁目20番1号
茂原工場：千葉県茂原市早野3300番地
ストレージシステム事業部：神奈川県小田原市国府津2880番地
生産技術研究所：神奈川県横浜市戸塚区若田町292番地
多賀工場：茨城県日立市東多賀町1丁目1番1号
高崎工場：群馬県高崎市西横手町111番地
中央研究所：東京都国分市東恋ヶ窪1丁目280番地
土浦工場：茨城県土浦市神立町603番地
デバイス開発センター：東京都青梅市今井2326番地
電子デバイス事業部：千葉県茂原市早野3300番地
電力・電機開発研究所：茨城県日立市大みか町7丁目2番1号
電力・電機開発本部：茨城県日立市大みか町7丁目2番1号
バブコック日立呉工場：広島県呉市室町3番36号
バブコック日立：東京都千代田区大手町2丁目6番2号
半導体事業部：東京都小平市上水本町5丁目20番地1号
汎用コンピュータ事業部：神奈川県泰野市堀山下1番地
日立協和エンジニアリング：茨城県日立市弁天町3丁目10番2号
日立事業所：茨城県日立市幸町3丁目1番1号
日立エンジニアリング：茨城県日立市幸町3丁目1番1号
日立計測エンジニアリング：茨城県勝田市堀口字長久保832番地2
日立計測サービス：東京都渋谷区千駄ヶ谷5丁目8番10号
日立研究所：茨城県日立市大みか町7丁目1番1号
日立工場：茨城県日立市幸町3丁目1番1号
日立情報サービス：茨城県日立市大みか町3丁目18番1号
日立超エル・エス・アイ・エンジニアリング：東京都国分寺市東恋ヶ窪3丁目1番地1
日立テクノエンジニアリング、笠戸事業所：山口県下松市大字東豊井794番地
日立東京エレクトロニクス：東京都青梅市藤橋3丁目3番地2
日立那加エレクトロニクス：茨城県東茨城郡内原町三湯字訳山500番地
日立マイコンシステム：東京都小平市上水本町5丁目22番1号
日立米沢電子：山形県米沢市大字花沢字八木橋東3-3274
武蔵工場：東京都小平市上水本町1450番地
リビング機器事業部：東京都小平市上水本町1450番地
熱器ライティング事業部：東京都青梅市藤塚888番地

　図2.1.4-1に半導体洗浄に係わる日立製作所（グループ含む）の出願件数と発明者数を示す。発明者数は明細書の発明者を年次毎にカウントしたものである。
　1996年以降は、出願件数、発明者数ともに、減少している。

図2.1.4-1 日立製作所の出願件数と発明者数

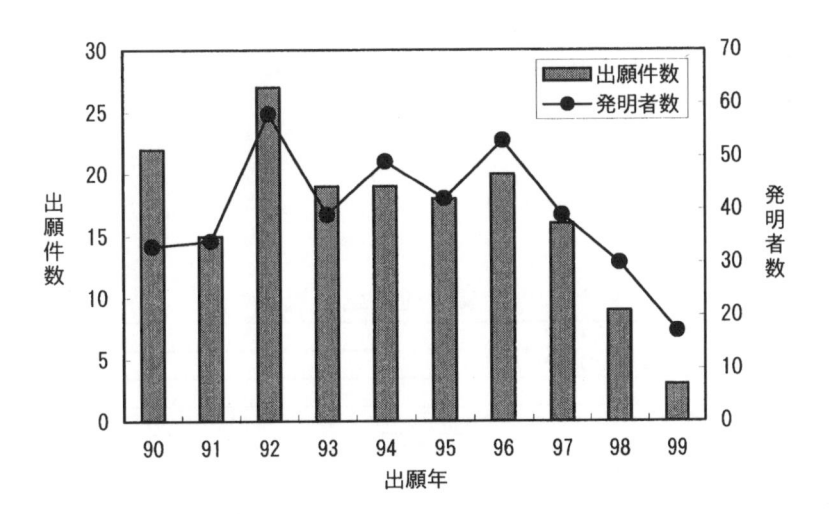

(対象特許は1991年1月1日から2001年8月31日までに公開の出願)

2.2 富士通

富士通の保有する出願のうち権利存続中または係属中の特許は、ウェット洗浄、ドライ洗浄および排水処理、排ガス処理の全分野にわたり73件である。

2.2.1 企業の概要

表2.2.1-1に富士通の企業概要を示す。

表2.2.1-1 富士通の企業概要

1)	商号	富士通株式会社
2)	設立年月日（注1）	1935（昭和10）年6月20日
3)	資本金	314,652（百万円）
4)	従業員	単独／42,010人、連結会社計／187,399人（平成13年3月31日現在）
5)	事業内容	ソフトウェア・サービス、情報処理、通信および電子デバイスについて製品の開発、製造、販売およびサービスの提供
6)	技術・資本提携関係	技術援助契約／Siemens Aktiengesellschaft、AT＆T、International Business Machines、Microsoft、Texas Instruments Incorporated、Intel Motorola、National Semiconductor、Harris、Samsung Electronics、Winbond Electronics、合併契約／Advanced Micro Devices、Alcatel Paticipations
7)	事業所	本社／神奈川県川崎市、（電子デバイス部門の事業所）三重工場／三重県桑名郡、岩手工場／岩手県胆沢郡、会津若松工場／福島県会津若松市、あきる野テクノロジーセンター／東京都あるき野市
8)	関連会社	電子デバイス部門を取り扱う主な子会社／新光電機工業、高見澤電機製作所、富士通デバイス、富士通エイ・エム・ディ・セミコンダクタ、富士通日立製作所プラズマディスプレイ、富士通高見澤コンポーネント、富士通カンタムデバイス、富士通メディアデバイス、Fujitsu Microelectronics、Fujitsu Microelectronics Europe、Fujitsu Microelectronics Asia など
9)	業績推移	（百万円）　売上高　　経常利益　当期純利益　一株益（円） 連結97.3　4,503,474　157,068　　46,147　　25.06 連結98.3　4,985,382　122,462　　 5,587　　 3.01 連結99.3　5,242,986　 76,744　△13,638　△ 7.28 連結00.3　5,255,102　 70,173　　42,734　　22.10 連結01.3　5,484,426　189,750　　 8,521　　 4.33
10)	主要製品	電子デバイス部門の主要製品／ロジックIC（システムLSI、ASIC、マイクロコントローラ）、メモリIC（フラッシュメモリ、FRAM、FCRAM）、液晶ディスプレイパネル、半導体パッケージ、化合物半導体、SAWフィルタ、コンポーネント、プラズマディスプレイパネル
11)	主な取引先（注1）	仕入先／島根富士通、富士通アイソテック、FUJITSU COMPUTER PRODUCTS CORPRATION OF THE PHILIPPINES.,PFU, FUJITSU、販売先／富士通パーソナルズ、エヌ・ティ・ティ移動電信網、日本電子計算機、富士通デバイス、FUJITSU NETWORK COMMUNICATIONS
12)	技術移転窓口	－

出典1：財務省印刷局発行、「有価証券報告書総覧（2001年）」

出典2：（注1）帝国データバンク 会社年鑑2002（2001年10月発行）

2.2.2 製品・技術例

図2.2.2-1に富士通の関連製品・技術例を示す。

図2.2.2-1 富士通の関連製品・技術例

分野	製品／技術	製品名／技術名	発表／発売元／時期	出典
環境配慮：廃液処理	CMP工程研磨剤	Mn203	（開発中）	電子技術 Vol.39,No.11,pp.28(1997) http://magazine.fujitsu.com/vol48-3/9.html
環境配慮：排ガス処理	有機排気処理装置	GASTAK	富士通VLSI	http://edivice.fujitsu.com/fte/semicon.html

2.2.3 技術開発課題対応保有特許

図2.2.3-1に富士通の1991年1月1日から2001年8月31日までの公開特許における技術要素別の出願構成比率を示す。ウェット、ドライ洗浄、廃水処理および排ガス処理の4技術要素すべてに出願しているが、そのうちドライ、ウェット洗浄の出願が各々60、27％と多い。

表2.2.3-1に富士通の技術要素・課題・解決手段別保有特許を示す。富士通の保有の出願のうち登録特許は22件、係属中の特許は51件である。保有特許のうち海外出願された特許は9件である。

技術要素別には、ドライ洗浄に係わる出願が最も多く38件あり、その他はウェット洗浄20件、排ガス処理8件、廃水処理7件となっている。

また、ウェット洗浄、ドライ洗浄および廃水処理に係わる登録特許を主体に主要特許を選択し、発明の名称の後の：以下に概要を記載している。

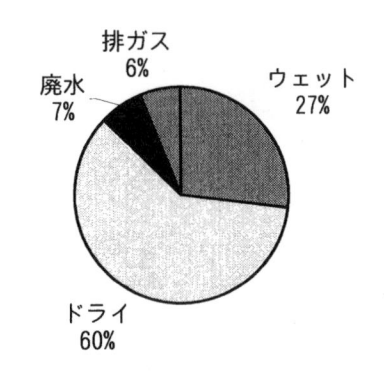

図2.2.3-1 富士通の技術要素別出願構成比率

排ガス 6%
廃水 7%
ウェット 27%
ドライ 60%

（対象特許は1991年1月1日から2001年8月31日までに公開の出願）

表2.2.3-1 富士通の技術要素・課題・解決策別保有特許（1/6）

技術要素	課題	解決手段	特許番号	発明の名称：概要
ウェット洗浄：有機系	洗浄高度化：有機物除去	装置・プロセスとの組合わせ：方法・プロセス	特開平8-330265	フラックスの洗浄方法
	コスト低減：ランニングコスト	装置・プロセスとの組合わせ：方法・プロセス	特開平7-130702	白金又はパラジウムよりなる金属膜のパターニング方法
			特開平8-316186	半導体装置の製造方法
ウェット洗浄：水系	洗浄高度化：パーティクル除去	洗浄媒体：その他	特開平10-4074	基板又は膜の洗浄方法及び半導体装置の製造方法
		装置・プロセスとの組合わせ：方法・プロセス	特開平6-267918	ウエハの洗浄方法
			特開平7-86225	洗浄方法及び洗浄装置
			特開平8-78373	シリコンウェーハのウェット洗浄方法及びその熱酸化方法
			特開平9-22885	化学的機械研磨後の基板洗浄方法
	洗浄高度化：有機物除去	装置・プロセスとの組合わせ：方法・プロセス	特許3190075	半導体装置の製造方法：過酸化水素に対するアンモニアのモル比を180以上としたRCA改良混合水溶液。
	コスト低減：ランニングコスト	装置・プロセスとの組合わせ：方法・プロセス	特許2977868	表面処理剤の液管理方法
			特許2626324	洗浄方法：高粘性薬液（硫酸などを含むSPMなど）が付着した処理物に硝酸など低粘性薬液で洗浄し、水洗することで洗浄が効率的に行える。
			特開平5-136112	シリコン基板の洗浄方法
			特開平7-263392	半導体装置の製造方法
			特開平7-312359	半導体装置の洗浄方法及びその評価方法、処理装置、並びに水の溶存酸素量の制御方法
			特開平8-78370	半導体基板の洗浄装置と洗浄方法
			特開平8-172068	半導体基板の洗浄方法及び半導体装置の製造方法
			特開平9-162148	洗浄方法
			特開平10-64866	半導体基板の洗浄方法及び洗浄装置
			特開2000-311880	半導体装置の洗浄方法
ウェット洗浄：活性剤添加	コスト低減：ランニングコスト	装置・プロセスとの組合わせ：方法・プロセス	特開平5-326392	半導体装置の製造方法
ドライ洗浄：不活性ガス	洗浄高度化：パーティクル除去	ドライ洗浄技術：洗浄装置	特開平8-111358	半導体装置の製造装置と製造方法
	洗浄高度化：金属除去	ドライ洗浄技術：洗浄媒体	特開平9-129582	基板表面の乾式洗浄方法

表2.2.3-1 富士通の技術要素・課題・解決策別保有特許（2/6）

技術要素	課題	解決手段	特許番号	発明の名称：概要
ドライ洗浄：不活性ガス	洗浄高度化：金属除去および環境対応：処理容易化	他の技術との組合わせ：ウェット洗浄と	特開平10-41262	洗浄方法及び半導体装置の製造方法
ドライ洗浄：蒸気	洗浄高度化：有機物除去	ドライ洗浄技術：洗浄媒体	特開平10-79367	有機質汚染物で汚染された被処理物の洗浄方法および装置
	洗浄高度化：その他	ドライ洗浄技術：洗浄媒体	特開平5-29293	半導体基板の前処理方法
	コスト低減：ランニングコスト	ドライ洗浄技術：洗浄装置	特開平8-64666	基板収納容器及び基板処理方法
ドライ洗浄：プラズマ	洗浄高度化：パーティクル除去	ドライ洗浄技術：洗浄方法	特開平8-59864	フッ素樹脂製品とその製造方法
		ドライ洗浄技術：洗浄装置	特開平8-162412	半導体製造装置
	洗浄高度化：有機物およびその他除去	ドライ洗浄技術：洗浄媒体	特許3038827	半導体装置の製造方法：プラズマあるいは紫外線等で形成した所定の励起ガスで炭化水素を除去し、次に第2の所定の励起ガスで酸化物を除去し、2処理に起因する残留物を水素を含む励起ガスで除去する。
	洗浄高度化：有機物および金属除去	ドライ洗浄技術：洗浄方法	特開平9-69505	基板洗浄方法及び基板洗浄装置
	洗浄高度化：パーティクルおよびハロゲン除去	ドライ洗浄技術：洗浄方法	特開平10-326771	水素プラズマダウンストリーム処理装置及び水素プラズマダウンストリーム処理方法
	洗浄高度化：その他	ドライ洗浄技術：洗浄媒体	特許3189056	半導体基板の前処理方法とその機能を具備する装置：Si基板上の自然酸化膜をECR水素プラズマまたはArプラズマで除去し、残された自然酸化膜を水素ガスや所定の還元性ガスでアニールして除去する。
			特開平8-107144	半導体装置の製造方法
		ドライ洗浄技術：洗浄装置	特開平8-78187	プラズマ処理装置
	コスト低減：ランニングコスト	ドライ洗浄技術：洗浄方法	特許2804700	半導体装置の製造装置及び半導体装置の製造方法：シリコン基板上の自然酸化膜を除去し水素終端処理をする水素プラズマ処理装置の処理時間を各種手段により短縮する。
			特許3208959	装置の洗浄方法
			特開平7-201813	半導体装置の製造方法およびその製造装置
			特開平8-37176	水素プラズマダウンフロー装置の洗浄方法および半導体装置の製造方法
			特開平8-124900	半導体装置の製造方法
			特開平9-186149	半導体製造装置のクリーニング方法及び半導体装置の製造方法
		ドライ洗浄技術：洗浄装置	特開平6-77168	半導体装置の製造装置
			特開平8-107101	プラズマ処理装置及びプラズマ処理方法
	コスト低減：設備コスト	ドライ洗浄技術：洗浄装置	特開平9-157852	減圧気相反応装置及びその排ガス処理方法

表2.2.3-1 富士通の技術要素・課題・解決策別保有特許（3/6）

技術要素	課題	解決手段	特許番号	発明の名称：概要
ドライ洗浄：紫外線等	洗浄高度化：パーティクルおよび有機物除去	ドライ洗浄技術：洗浄方法	特開平5-102117	ウエーハ処理方法及びウエーハ処理装置
	洗浄高度化：有機物およびその他除去	ドライ洗浄技術：洗浄媒体	特許3038827	半導体装置の製造方法：プラズマあるいは紫外線等で形成した所定の励起ガスで炭化水素を除去し、次に第2の所定の励起ガスで酸化物を除去し、2処理に起因する残留物を水素を含む励起ガスで除去する。
	洗浄高度化：有機物除去	ドライ洗浄技術：洗浄方法	特開平7-94539	半導体装置
			特開平7-335683	ワイヤボンディング方法及び装置
	洗浄高度化：有機物および金属除去	ドライ洗浄技術：洗浄方法	特開平9-69505	基板洗浄方法及び基板洗浄装置
	洗浄高度化：金属除去	ドライ洗浄技術：洗浄媒体	特許2874259	半導体基板のドライ洗浄方法：水を含む塩素または塩化水素ガスを用い紫外線を照射することにより基板表面に吸着しているナトリウムや鉄などの汚染物質を除去する。
		ドライ洗浄技術：洗浄方法	特許2874241	半導体装置のドライクリーニング方法：シリコン酸化膜表面の重金属汚染を薄いシリコン膜堆積で取り込んでから紫外線照射の塩素ガスでエッチングして除去する。

本発明の原理説明図

表2.2.3-1 富士通の技術要素・課題・解決策別保有特許 (4/6)

技術要素	課題	解決手段	特許番号	発明の名称：概要
ドライ洗浄：紫外線等	洗浄高度化：ハロゲン除去	ドライ洗浄技術：洗浄媒体	特許2853211	半導体装置の製造方法：フッ素系ガスで基板表面の酸化膜を除去後にアンモニアを含むガス中にさらして残留フッ素原子を除去する。紫外線照射で反応を促進する。
	コスト低減：ランニングコスト	ドライ洗浄技術：洗浄方法	特公平6-103682	光励起ドライクリーニング方法および装置
			特許3108084	ウェハ加熱方法および装置
ドライ洗浄：その他	洗浄高度化：金属除去	ドライ洗浄技術：洗浄媒体	特公平7-109825	半導体基板表面もしくは薄膜表面のドライ洗浄法：ハロゲン系ドライ洗浄ガスや各種の触媒的な機能を有するガスにより重金属やアルカリ金属を除去する。
		ドライ洗浄技術：洗浄方法	特許2770083	半導体基板のドライ洗浄方法：重金属汚染された半導体基板に塩素ラジカルを接触させる際に、重金属の除去はされるが半導体の除去は発生しない所定の温度・時間とする。
	洗浄高度化：その他	ドライ洗浄技術：洗浄媒体	特許2874262	半導体装置の製造方法：GeH_4とアンモニアガスを含む雰囲気中またはNF_3と水素ガスを含む雰囲気中、400℃程度でアニールして自然酸化膜を除去する。

表 2.2.3-1 富士通の技術要素・課題・解決策別保有特許 (5/6)

技術要素	課題	解決手段	特許番号	発明の名称：概要
ドライ洗浄：その他	洗浄高度化：その他	ドライ洗浄技術：洗浄装置	特許2541359	基板洗浄装置：反応ガスの導入口と排気口を基板上のガス流が均一になるように配置する。 (A) (B) 実施例の断面図と平面図
			特許3049618	水切り用エアーナイフ装置
		他の技術との組合わせ：洗浄以外と	特開平8-250720	半導体装置の製造方法
	コスト低減：ランニングコスト	ドライ洗浄技術：洗浄方法	特開平9-162165	処理装置及びそのクリーニング方法
廃水処理	低・無害化：フッ素化合物	化学的処理：凝集・沈殿、物理的処理：膜分離、装置・システム	特開2000-263063	フッ素含有廃液の処理方法および装置
	低・無害化：（リン酸）	物理的処理：吸着（ヒドロキシアパタト）	特許3169643	リン酸イオン含有水の処理方法：排水中に含有されるリン酸イオンの除去率を向上させ、処理時間を短縮することができるリン酸イオン含有水の処理方法を提供する。
	低・無害化：アンモニア（イオン、塩）	物理的処理：（紫外線）で酸化後還元	特開平7-155773	排水処理装置
	低・無害化：（シリコン）	装置・システム	特開平10-85724	廃液処理装置及び廃液処理方法
	回収・再利用：フッ素化合物	化学的処理：凝集・沈殿、物理的処理：蒸留・濃縮・固液分離	特開2000-15269	フッ素含有水の処理方法
	回収・再利用：硫酸	物理的処理：蒸留・濃縮・固液分離、装置・システム	特開平10-231107	蒸留装置及び蒸留方法

表2.2.3-1 富士通の技術要素・課題・解決策別保有特許 (6/6)

技術要素	課題	解決手段	特許番号	発明の名称：概要
廃水処理	回収・再利用：純水	装置・システム	特開平7-230978	洗浄装置
排ガス処理	低・無害化	処理方法・装置：乾式吸着吸収	特許3008518	排気除害システム
			特許3156264	排気ガス処理装置
			特開2000-153128	排気装置
		処理方法・装置：(ガス吸引、膜分離)	特許2595838	水溶液中のガス吸引装置
		処理方法・装置：湿式吸収	特許2990858	排気ガス処理装置とその清浄化方法
			特開平7-227519	排ガス浄化方法
	回収・再利用	処理方法・装置：(蒸留)	特開平8-119608	硫酸蒸留装置と硫酸蒸留方法
			特開平10-330104	廃硫酸連続精製装置及び精製方法並びにガラス製加熱装置におけるヒーター支持構造

2.2.4 技術開発拠点と研究者

富士通の半導体洗浄関連の技術開発拠点を、明細書および企業情報をもとに以下に示す。
本社：神奈川県川崎市中原区上小田中1015番地
九州富士通エレクトロニクス：鹿児島県薩摩郡入来町副田5950番地
富士通東北エレクトロニクス：福島県今津若松市門田町工業団地4番地
富士通ヴィエルエスアイ：愛知県春日市高蔵寺町2丁目1844番2

図2.2.4-1に半導体洗浄に係わる富士通の出願件数と発明者数を示す。発明者数は明細書の発明者を年次毎にカウントしたものである。最近は出願件数、発明者数ともに減少している。

図2.2.4-1 富士通の出願件数と発明者数

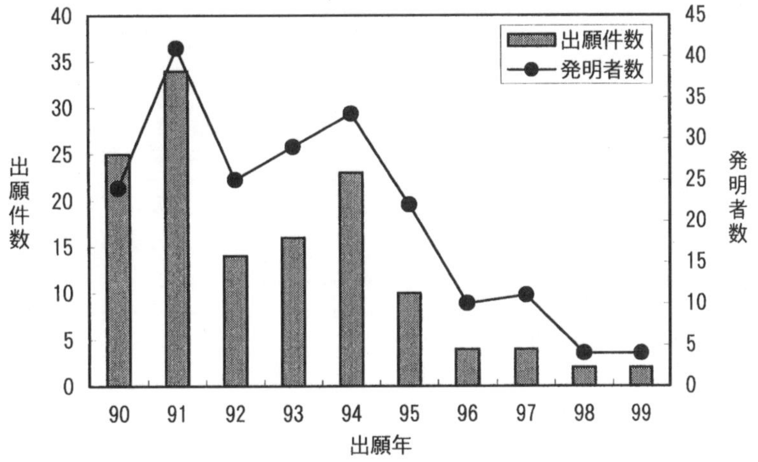

（対象特許は1991年1月1日から2001年8月31日までに公開の出願）

2.3 栗田工業

栗田工業の保有する出願のうち権利存続中または係属中の特許は、廃水処理とウェット洗浄を中心に128件である。

2.3.1 企業の概要
表2.3.1-1に栗田工業の企業概要を示す。

表2.3.1-1 栗田工業の企業概要

1)	商号	栗田工業株式会社
2)	設立年月日(注3)	1949(昭和24)年7月13日
3)	資本金	13,450(百万円)
4)	従業員	単独/1,725人、連結会社計/3,397人、(2001年3月31日現在)
5)	事業内容	水処理に関する薬品類の製造販売およびメンテナンスサービスの提供を行う水処理薬品事業、水処理に関する装置・施設類の製造販売およびメンテナンス・サービスの提供を行う水処理装置事業
6)	技術・資本提携関係	販売提携/伊藤忠商事、三菱化学、ユー・エス・フィルター/イオンピュア(米国)、ユー・エス・フィルター・ジャパン、 技術提携/(技術輸出)ゴシューコーサン(タイ)、(技術導入)バイエルA.G.(ドイツ)、テトラ・テクノロジーズ(米国)、ITコーポレーション(米国)、フィーラブレーター・エンバイロメンタル・システムズ(米国)、ニューウェイスト・コンセプツ(米国)
7)	事業所(主要)	本社/東京都新宿区、大阪支社/大阪市、技術開発センター/神奈川県厚木市、事業開発センター/栃木県下都賀郡、静岡事業所/静岡県榛原郡、赤穂事業所/兵庫県赤穂市、山口事業所/山口県山口市
8)	関連会社(主要)	(関係会社)連結子会社/栗田製作所、クリタ化成、栗田エンジニアリング、クリタス、その他22社 持分法適用関連会社/韓水、その他3社
9)	業績推移	(百万円)　売上高　経常利益　当期純利益　一株益(円) 連結97.3　171,592　23,954　12,655　95.30 連結98.3　148,322　14,098　6,553　49.35 連結99.3　146,754　15,999　7,567　57.12 連結00.3　130,998　11,875　4,648　35.12 連結01.3　153,435　17,140　8,366　63.22 (営業利益は、98年3月連結会計年度までは事業税削除後の金額、99年3月期連結会計年度からは事業税控除前の金額)
10)	主要製品	水処理薬品事業/機器の腐食防止剤、空調関係水処理剤、排水処理剤、土木建築関連処理剤、製造プロセス用処理剤等の水処理に関する薬品類および付帯機器の製造販売並びにメンテナンス・サービスの提供、 水処理事業/超純水製造装置、用水処理装置、排水処理装置、規格型水処理装置、土壌浄化システム、下水道終末処理施設、汚泥再生処理施設、海水淡水化施設、レジャープール等の水処理に関する装置・施設類の製造販売及び化学洗浄工事・精密洗浄並びに装置・施設類の運転・維持管理等のメンテナンス・サービスの提供
11)	主な取引先(注2)	仕入先/栗田製造所、伊藤忠ファインケミカル、クリタ化成、栗田エンジニアリング、クリタス、販売先/東芝、セイコーエプソン、伊藤忠商事、シャープ、日本サムスン
12)	技術移転窓口	研究開発本部　知的財産部

出典:財務省印刷局発行、「有価証券報告書総覧(2001年)」

2.3.2 製品・技術例
表2.3.2-1に栗田工業の関連製品・技術例を示す。ウェット洗浄および廃水処理・排ガス処理の環境対応製品を上市している。

表2.3.2-1 栗田工業の関連製品例

分野	製品／技術	製品名／技術名	発表／発売元／時期	出典
ウェット洗浄‥水系	再生型連続純水装置	KCDI	—	クリーンテクノロジー Vol.10,No.6,pp.63(2000)
		スイフトマスター	—	http://www.kurita.co.jp/cus/denshi/index.htm
	非再生型イオン交換樹脂塔	G-DI	—	クリーンテクノロジー Vol.10,No.6,pp.63(2000)
	機能性洗浄製造装置	KHOW SYSTEM	—	栗田工業「機能性洗浄水製造装置" KNOW SYSTEM" カタログ
	排水量削減	ピンチテクノロジー	—	http://www.kurita.co.jp/product/food/food22.htm
環境対応 廃水処理（低・無害化）	TOC加熱分解装置	—	—	ウルトラクリーンテクノロジー Vol.11,No.2,pp.85(1999) http://www.kurita.co.jp/cus/denshi/index.htm
	膜濾過	KM膜装置	—	クリーンテクノロジー Vol.10,No.6,pp.63(2000)
	生物処理	バイオフィルター	—	クリーンテクノロジー Vol.10,No.6,pp.63(2000)
	UF膜	スパイラルUFモジュール	—	化学工学テクニカルレポート Vol.27,pp.118(1994)
	ストリッピング	—	—	http://www.kurita.co.jp/cus/denshi/index.htm
	高速凝集沈澱	—	—	http://www.kurita.co.jp/cus/denshi/index.htm
	汚泥の減量化	バイオリーダー	—	http://www.kurita.co.jp/environment/report/seihin/s_mizu.htm
		アクティブファイナー	—	http://www.kurita.co.jp/cus/denshi/index.htm
環境対応‥廃水処理（回収）	CMPリンス排水回収装置	—	—	http://www.kurita.co.jp/cus/denshi/index.htm
	CMPスラリー回収装置	—	—	http://www.kurita.co.jp/cus/denshi/index.htm
	フッ化カルシウム回収	KHDSS	—	http://www.kurita.co.jp/cus/denshi/index.htm
環境対応‥排ガス処理	有機性排ガス除去装置	蓄熱式排ガス燃焼システム	—	http://www.kurita.co.jp/environment/report/seihin/s_taiki.htm

2.3.3 技術開発課題対応保有特許

図2.3.3-1に栗田工業の1991年1月1日から2001年8月31日までの公開特許における技術要素別の出願構成比率を示す。ウェット、ドライ洗浄、廃水処理、排ガス処理の4技術要素すべてに出願しているが、そのうち廃水処理が77%と著しく多い。

表2.3.3-1に栗田工業の技術要素・課題・解決手段別保有特許を示す。栗田工業の保有の出願のうち登録特許は5件、係属中の特許は123件である。保有特許のうち海外出願された特許は8件である。

技術要素別には、廃水処理に係わる出願が最も多く97件あり、その他はウェット洗浄

28件、ドライ洗浄2件、排ガス処理2件となっている（重複を含む）。
　また、廃水処理およびウェット洗浄に係わる登録特許を主体に主要特許を選択し、発明の名称の後の：以下に概要を記載している。

図2.3.3-1 栗田工業の技術要素別出願構成比率

- 排ガス 1%
- ウェット 20%
- ドライ 2%
- 廃水 77%

（対象特許は1991年1月1日から2001年8月31日までに公開の出願）

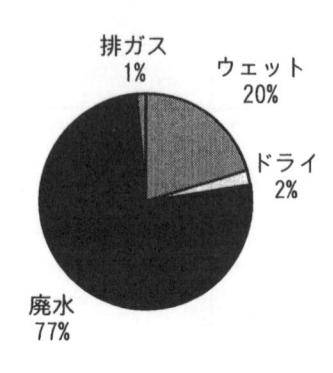

表2.3.3-1 栗田工業の技術要素・課題・解決手段別保有特許（1/9）

技術要素	課題	解決手段	特許番号	発明の名称：概要
ウェット洗浄：水系	洗浄高度化：パーティクル除去	洗浄媒体：その他	特開平11-29794	電子材料用洗浄水、その製造方法及び電子材料の洗浄方法
			特開平11-158494	電子材料用洗浄水：オゾンでは侵される金属等の洗浄法。大気圧飽和濃度以上に溶存酸素を含有する超純水で洗浄。
			特開平11-204484	電子材料用洗浄水：還元性物質（水素）と酸化性物質（過酸化水素、オゾン、次亜塩素酸等）からなる半導体洗浄水。
			特開平11-214346	電子材料用洗浄水
			特開平11-302689	電子材料用洗浄水：水素と酸素を純水に溶解した洗浄水で、洗浄後の洗浄水は触媒接触で超純水にして再使用に供する。
			特開2000-216130	電子材料用洗浄水及び電子材料の洗浄方法
		装置・プロセスとの組合わせ：方法・プロセス	特開平11-265870	電子材料の洗浄方法
			特開2000-277480	半導体基板の洗浄方法

表2.3.3-1 栗田工業の技術要素・課題・解決手段別保有特許（2/9）

技術要素	課題	解決手段	特許番号	発明の名称：概要
ウェット洗浄：水系	洗浄高度化：パーティクル除去	装置・プロセスとの組合わせ：方法・プロセス	特開2000-331976	基板の洗浄方法
	洗浄高度化：有機物除去	洗浄媒体：酸	特開平11-293288	電子材料用洗浄水及び電子材料用洗浄液：ペルオキソ二硫酸、ペルオキソ一硫酸またはそれらの塩を純水に溶解することにより、SPM洗浄液を超える有機物汚染除去性能を有する強力洗浄液。
		洗浄媒体：その他	特開2000-319689	電子材料用洗浄水
		装置・プロセスとの組合わせ：方法・プロセス	特開平8-316187	洗浄方法
	洗浄高度化：金属除去	装置・プロセスとの組合わせ：方法・プロセス	特開平11-29795	電子材料用洗浄水、その製造方法及び電子材料の洗浄方法
			特開2000-117208	電子材料の洗浄方法
	コスト低減：ランニングコスト	洗浄媒体：酸	特開平11-217591	電子材料用洗浄水：フッ化水素と、過酸化水素と、酸素ガスとを溶解させた水溶液を用いることにより、金属汚染と微粒子汚染を同時に除去し、洗浄工程を短縮できる。
		洗浄媒体：アルカリ	特開平11-181493	電子材料用洗浄水
		洗浄媒体：オゾン水	特開平11-197678	電子材料用洗浄液
		洗浄媒体：オゾン水	特開平11-219927	電子材料洗浄方法及び電子材料用洗浄水
		洗浄媒体：その他	特開平11-186207	電子材料用洗浄水
			特開平11-204485	電子材料用洗浄水
		装置・プロセスとの組合わせ：装置	特開2000-37695	オゾン水供給装置
		装置・プロセスとの組合わせ：方法・プロセス	特開平11-219928	電子材料の洗浄方法
			特開平11-277007	電子材料の洗浄方法
			特開平11-297657	電子材料の洗浄方法
			特開2000-331977	電子材料の洗浄方法
	コスト低減：設備コスト	装置・プロセスとの組合わせ：方法・プロセス	特開2001-7073	洗浄方法
ウェット洗浄：活性剤添加	洗浄高度化：パーティクル除去	装置・プロセスとの組合わせ：方法・プロセス	特開平11-138113	微粒子の除去方法
	環境対応：オゾン層破壊防止	洗浄媒体：キレート剤	特開平8-231989	洗浄剤組成物及び洗浄方法
ドライ洗浄：蒸気	環境対応：無害化	ドライ洗浄技術：洗浄媒体	特開平10-251690	洗浄方法
ドライ洗浄：紫外線等	コスト低減：ランニングコスト	他の技術との組合わせ：洗浄以外と	特開2000-308815	オゾン溶解水の製造装置

表2.3.3-1 栗田工業の技術要素・課題・解決手段別保有特許 (3/9)

技術要素	課題	解決手段	特許番号	発明の名称：概要
ドライ洗浄：その他	コスト低減：ランニングコスト	ドライ洗浄技術：洗浄装置	特開2000-197815	オゾン溶解水の製造装置
廃水処理	低・無害化：過酸化水素、アンモニア（イオン、塩）	化学的処理：酸化還元電解等	特開平5-269475	過酸化水素とアンモニアとを含む排水の処理法：80℃から170℃の高温で処理する事で過酸化水素及びアンモニアを同時に効率的に分解除去して、高水質処理水を得る。
	低・無害化：フッ素化合物、アンモニア（イオン、塩）	化学的処理：酸化還元電解等	特開平5-277471	フッ化アンモニウム含有水の処理方法：フッ化アンモニウムをフッ化カルシウムとしたのち亜硝酸を添加してアンモニウムを加熱分解。
			特開平5-301092	フッ化アンモニウム含有水の処理方法
			特開平6-63568	アンモニアとフッ素とを含む排水の処理法：フッ素を除去後、酸化剤の存在下、特定温度範囲で金属担持触媒に接触させ、アンモニアを能率的に安定的に分解除去にする。
	低・無害化：アンモニア（イオン、塩）	化学的処理：酸化還元電解等	特開平6-304572	フッ化アンモニウム含有水の処理方法：亜硝酸と触媒の存在下過熱する事でアンモニウムイオンを効率的に除去。
			特開平7-328647	アンモニア性窒素含有水の処理方法
			特開平9-253497	アンモニア含有排水処理用の触媒の再生方法
			特開平10-216776	有機性排水の生物処理方法
			特開平10-128347	硝酸性窒素含有水の処理方法：硝酸性窒素をpH酸性で亜硝酸性窒素、アンモニア性窒素に還元し、それを触媒で分解する排水の処理。
			特開2000-301173	アンモニア含有水の処理方法：廃液中のアンモニアを酸素含有ガスを酸化剤として、圧力10kg/cm^{2}G以下で貴金属触媒と接触させ酸化分解する。
	低・無害化：フッ素化合物	化学的処理：イオン交換、凝集・沈殿	特開平6-277663	リンス排水の処理方法
		物理的処理：蒸留・濃縮・固液分離	特開平9-85262	フッ素含有排水の処理方法
		装置・システム（濾過）	特開平8-71569	濾材の洗浄方法
			特開2001-170658	フッ素含有排水の処理装置及び処理方法
		化学的処理：凝集沈殿	特開平11-33564	フッ素含有水の処理方法
		化学的処理：凝集・沈殿、装置・システム	特開2001-212574	フッ素含有水の処理方法
			特開2001-219177	フッ素含有水の処理方法及び処理装置

表2.3.3-1 栗田工業の技術要素・課題・解決手段別保有特許（4/9）

技術要素	課題	解決手段	特許番号	発明の名称：概要
廃水処理	低・無害化：フッ素化合物	物理的処理：吸着、装置・システム	特許2565110	フッ素含有水の処理方法及び装置：炭酸カルシウム処理する際フッ素と酸濃度を測定し酸、アルカリ濃度を調整する。
		物理的処理：吸着	特許3175445	フッ素含有水の処理方法：炭酸カルシウム処理する方法で処理水の一部を再度処理する方法。
	低・無害化：フッ素化合物	物理的処理：膜分離、蒸留・濃縮・固液分離	特開2001-149950	水処理方法及び水処理装置
	低・無害化：フッ素化合物、（リン）	化学的処理：凝集沈殿	特開平11-333467	フッ素及びリン含有排水の処理方法
	低・無害化：フッ素化合物、過酸化水素	化学的処理：酸化還元電解等、物理的処理：吸着	特開平7-16561	フッ素含有水の処理方法：次亜塩素酸でフッ素を処理する際、残留する次亜塩素酸を除去後樹脂でフッ素を除く。
	低・無害化：アンモニア（イオン、塩）、（硝酸イオン）	化学的処理：酸化還元電解等	特開平7-256276	アンモニア及び硝酸イオン含有水の処理方法
			特開平7-328653	脱窒処理方法
	低・無害化：アンモニア（イオン、塩）、（金属塩）	化学的処理：酸化還元電解等	特開平8-10776	アンモニア性窒素と金属塩を含む水の処理方法
	低・無害化：過酸化水素	化学的処理：酸化還元電解等	特開平8-39054	過酸化水素の分解方法
			特開平8-39078	過酸化水素の分解方法
			特開平8-39079	過酸化水素含有酸性水の処理方法
		化学的処理：イオン交換樹脂	特開平5-261369	排超純水中の過酸化水素の除去方法
		酵素・生物・他	特開平6-170355	過酸化水素を含む半導体製造排水の処理方法：過酸化水素を特定のpHに調整しカタラーゼで効率的に分解する。
	低・無害化：有機物、フッ素化合物	化学的処理：酸化還元電解等	特開平10-202271	フッ素、リン酸及び有機物含有廃水の処理方法

85

表2.3.3-1 栗田工業の技術要素・課題・解決手段別保有特許 (5/9)

技術要素	課題	解決手段	特許番号	発明の名称：概要
廃水処理	低・無害化：有機化合物	化学的処理：酸化還元電解等、装置・システム	特開平11-47769	有機物の除去装置
		化学的処理：酸化還元電解等	特開平11-47770	有機物の除去方法
			特開2000-279973	有機物含有排水の酸化処理法
			特開2000-317471	有機性COD成分を含む水の処理方法
			特開2001-70950	ジメチルスルホキシド含有排水の処理方法及び処理装置
			特開2001-205274	イソプロピルアルコール含有水の処理方法及び処理装置
		化学的処理：酸化還元電解等、装置・システム	特開2000-254661	DMSO含有水の処理装置
			特開2001-149957	有機体炭素の分解方法及び分解装置
			特開2001-170663	水中の有機物の分解方法及び分解装置
		化学的処理：イオン交換	特開平8-39059	有機アルカリを含む半導体洗浄排水の回収方法
		化学的処理：凝集沈殿	特開2000-334470	フッ素含有廃水の処理方法
		化学的処理：凝集・沈殿、物理的処理：固液分離	特開2000-343090	有機物含有水の処理方法
	低・無害化：過酸化水素、アンモニア（イオン、塩）	化学的処理：酸化還元電解等、装置・システム	特開2000-51871	過酸化水素とアンモニアとを含む排水の処理法
	低・無害化：過酸化水素、回収：アンモニア（イオン、塩）	化学的処理：酸化還元電解等、物理的処理：膜分離	特開2000-246246	アンモニア水の回収方法：アンモニアと過酸化水素を含むRCA洗浄廃液を活性炭or白金触媒に接触させて分解後、RO膜処理し透過液中にアンモニアを回収する。
	低・無害化：有機化合物、回収・再利用：（過酸化水素）	化学的処理：酸化還元電解等	特開2000-350993	DMSO含有水の処理装置及び半導体工場排水の処理設備
	低・無害化：（オゾン）	化学的処理：酸化還元電解等	特開2000-334468	オゾン濃度の低減方法及び調整方法
	低・無害化：（シリコン屑）	化学的処理：酸化還元電解等、物理的処理：固液分離	特開2001-170652	CMP用研磨スラリー含有排水処理装置
	低・無害化：（スルホキシド類）	化学的処理：酸化還元電解等、生物処理	特開2001-212597	スルホキシド類含有排水の処理方法及び処理装置
	低・無害化：フッ素化合物、回収・再利用：純水	化学的処理：イオン交換	特開平7-80472	フッ素含有水からの水回収方法

表2.3.3-1 栗田工業の技術要素・課題・解決手段別保有特許 (6/9)

技術要素	課題	解決手段	特許番号	発明の名称：概要
廃水処理	低・無害化：（ポリリン酸）	化学的処理：凝集・沈殿	特許3196531	ポリリン酸含有水の処理方法：ポリリン酸を解重合反応させ、生成する不溶性リン酸に炭酸カルシウムを作用させ分離する方法。
	低・無害化：（研磨シリコン）	化学的処理：凝集・沈殿沈澱	特開平10-118665	NH_4系CMP廃液の処理方法
		化学的処理：凝集沈殿	特開平11-33560	CMP排液の凝集処理方法
	低・無害化：（リン酸）	化学的処理：凝集・沈殿	特開平8-224587	リン酸塩含有廃水の処理方法：pH調整後、リン酸塩をカルシウム塩として凝集沈殿させる。
	低・無害化	物理的処理：膜分離、化学的処理：凝集・沈澱	特開平8-164389	インキ廃液の処理方法
		装置・システム、酵素・生物・他	特開平11-104679	横流式廃水処理装置
	低・無害化：（シリコン屑）	物理的処理：膜分離、化学的処理：酸化還元電解等	特開2001-121144	CMP排水の処理装置
	回収・再利用：フッ素化合物	化学的処理：凝集・沈殿	特開平6-63562	フッ素含有水の処理方法：フッ素とリン酸イオンを含む水をリン酸イオンを除去後、炭酸カルシウム粒子と接触させ、フッ素を高純度のフッ化カルシウムとして効率よく回収する。
			特開2001-38368	フッ素含有水の処理方法：フッ素を含有する廃液に硫酸イオンを加えCa化合物を添加し1部の汚泥をリサイクルさせて粒径の大きなCaF_2を生成させる。乾燥効率が良好でHF回収効率が高い。
			特開平10-249361	フッ素含有水の処理方法：pH調整と炭酸カルシウム添加量の調整で、濁度発生を防止したフッ素の回収方法。
			特開平6-63563	フッ素含有水の処理方法
			特開平8-197069	フッ素回収処理装置
		化学的処理：凝集・沈殿、装置・システム	特開平6-63561	フッ素含有水用処理装置
		化学的処理：イオン交換	特開平11-156355	フッ素含有水の処理方法：低濃度フッ素含有廃水は陰イオン交換樹脂に吸着しNaOHで樹脂再生しフッ素を再生廃水中に濃縮して、高濃度フッ素廃水と混ぜ$CaCO_3$充填塔に通水し高純度CaF_2として資源回収する。

表2.3.3-1 栗田工業の技術要素・課題・解決手段別保有特許 (7/9)

技術要素	課題	解決手段	特許番号	発明の名称：概要
廃水処理	回収・再利用：フッ素（純水）	化学的処理：凝集・沈殿	特開平5-237481	フッ素及びケイ素を含む排水の処理法：ケイ素濃度や水素イオン濃度を調整する事によりフッ素含有率の高い汚泥と高水質の処理水を得る。
	回収・再利用：純水	化学的処理：酸化還元電解等、物理的処理：吸着	特開平10-461	排水処理方法
		化学的処理：イオン交換樹脂、物理的処理：膜分離	特開平6-91263	純水製造方法
		化学的処理：酸化還元電解等	特開平10-165969	半導体製造工程回収水の処理方法：回収水中の残留塩素をアスコルビン酸(塩)で除去することで生物処理に影響を与えないようする純水の回収手順と方法。
		化学的処理：凝集沈殿	特開2000-254659	CMP排液の処理方法
		化学的処理：イオン交換	特開平8-39058	半導体洗浄排水の処理方法
			特開2000-140631	ホウ素選択吸着樹脂及びホウ素の除去方法
		化学的処理：イオン交換、物理的処理：膜分離	特開平11-262771	純水の製造方法
		化学的処理：	特開2000-176463	ガス溶解洗浄水の改質方法：ガス溶解洗浄水を不活性ガスに接触させ純水に変換する純水の回収再利用法。
		物理的処理：膜分離	特公平7-87914	膜分離方法：塩素を添加する事により生物処理水を膜で濾過する効率を改善する。
			特開平11-10150	純水製造方法
			特開平11-267645	純水の製造方法
			特開2000-202445	フッ素化合物イオンを含む半導体製造工程回収水の処理方法
		物理的処理：膜分離、酵素・生物・他	特開平7-313994	超純水の製造方法
			特開平8-257580	使用済み超純水の生物処理装置

表 2.3.3-1 栗田工業の技術要素・課題・解決手段別保有特許（8/9）

技術要素	課題	解決手段	特許番号	発明の名称：概要
廃水処理	回収・再利用：純水	物理的処理：膜分離、酵素、生物他	特許2887284	超純水の製造方法：栄養源存在下で生物処理し、マイクロフィルタで菌体を膜分離する事で良質な水質を得る。
		物理的処理：膜分離、装置・システム	特開平11-138162	研磨排水処理装置
		物理的処理：膜分離、吸着、装置・システム	特開2000-189760	純水製造装置
		酵素・生物・他	特開2001-38390	超純水の製造方法
		酵素・生物・他、物理的処理：膜分離	特開平6-328070	半導体洗浄排水からの純水回収方法
		装置・システム	特開平7-39871	純水製造装置
			特開平9-285787	超純水製造装置
		物理的処理：吸着	特開平8-281256	半導体洗浄排水の回収方法：希塩酸に接触させた活性炭を洗浄して通水後イオン交換処理をして純水を得る。
		物理的処理：蒸留・濃縮・固液分離、装置・システム	特開平9-187785	排水の回収、浄化装置
	回収・再利用：純水、（シリコン屑）	化学的処理：凝集・沈澱、物理的処理：膜分離、装置・システム	特開2000-126768	CMP排液の処理方法および装置
	回収・再利用：（シリコン屑）	物理的処理：膜分離、蒸留・濃縮・固液分離	特開2001-138237	研磨材の回収方法
		物理的処理：膜分離、装置・システム	特開2001-198826	研磨材の回収装置

表 2.3.3-1 栗田工業の技術要素・課題・解決手段別保有特許 (9/9)

技術要素	課題	解決手段	特許番号	発明の名称：概要
廃水処理	回収・再利用：(シリコン屑)	物理的処理：膜分離、装置・システム	特開2001-198825	研磨材の回収装置：研磨剤排水中、粗大固形物は膜分離により除去し、研磨剤は固液分離により回収する方法において、排水の循環により膜の目詰まりを防ぐ。
		物理的処理：膜分離、蒸留・濃縮・固液分離、装置・システム	特開2001-198823	研磨材の回収装置
		物理的処理：蒸留・濃縮・固液分離、装置・システム	特開2001-9721	研磨材の回収装置
			特開2001-9722	研磨材の回収装置
	回収・再利用	物理的処理：濾過、装置・システム	特開平8-192186	生物濾過方法
排ガス処理	低・無害化	処理方法・装置：湿式吸収	特開2000-350993	DMSO含有水の処理装置及び半導体工場排水の処理設備
	脱臭	処理方法・装置：(生物処理)	特開平10-328527	生物脱臭方法

2.3.4 技術開発拠点と研究者

栗田工業の半導体洗浄関連の技術開発拠点を、明細書および企業情報をもとに以下に示す。

本社：東京都新宿区西新宿3丁目4番7号

総合研究所：神奈川県横浜市保土ヶ谷区仏向町1723番地

図2.3.4-1に栗田工業の出願件数と発明者の推移を示す。発明者数は明細書の発明者を年次毎にカウントしたものである。

1995、96年に出願件数減少したが、97年以降は出願件数、発明者とも増加している。

図2.3.4-1 栗田工業の出願件数と発明者

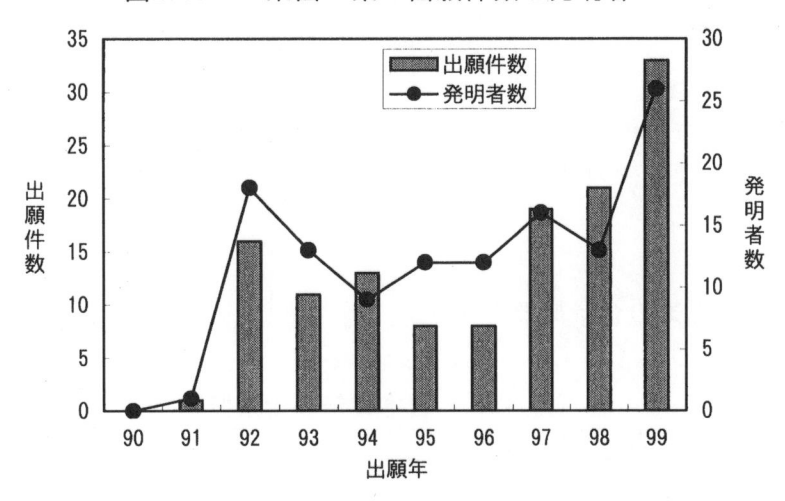

(対象特許は1991年1月1日から2001年8月31日までに公開の出願)

2.4 日本電気

　日本電気の保有する出願のうち権利存続中または係属中の特許は、ウェット洗浄、ドライ洗浄および排水処理、排ガス処理の全分野にわたり98件である。

2.4.1 企業の概要
　表2.4.1-1に日本電気の企業概要を示す。

表2.4.1-1 日本電気の企業概要

1)	商号	日本電気株式会社
2)	設立年月日（注1）	1899（明治32）年7月17日
3)	資本金	244,717（百万円）
4)	従業員	単独／34,878人、連結会社計／149,931人（平成13年3月31日現在）
5)	事業内容	コンピュータシステムなどの設計、開発、製造および販売を行うNECソリューションズ部門、通信ネットワークシステムの設計、開発、製造および販売を行うNECネットワークス、電子デバイスの設計、開発、製造および販売を行うNECエレクトロンデバイス部門、モニタ、液晶プロジェクタ、電子測定器、家庭電気製品などの設計、開発、製造および販売などを行うその他の部門
6)	技術・資本提携関係	技術導入、提供契約／エイ・ティー・アンド・ティー、インターナショナル・ビジネス・マシーンズ、インテル、シーメンス、テキサス・インスツルメンツ、ハリス、マイクロソフト・ライセンシング、ラムバス、その他の重要な契約（合併契約）／サムスン・エスディーアイ
7)	事業所	本社／東京都港区、玉川事業場／神奈川県川崎市、府中事業場／東京都府中市、相模原事業場／神奈川県相模原市、横浜事業場／神奈川県横浜市、我孫子事業場／千葉県我孫子市、中央研究所／神奈川県川崎市
8)	関連会社	NECエレクトロンデバイス部門の連結子会社／東北日本電気、山形日本電気、秋田日本電気、富山日本電気、長野日本電気、福井日本電気、関西日本電気、広島日本電気、山口日本電気、九州日本電気、福岡日本電気、熊本日本電気、大分日本電気、鹿児島日本電気、NECモバイルエナジー、NEC SCHOTTコンポーネンツ、NECエレクトロニクス、NECセミコンダクターズ・シンガポール、NECテクノロジーズ（タイランド）、NECコンポーネンツ・フィリピンズ、NECセミコンダクターズ（マレーシア）、首鋼日電電子、NECセミコンダクターズ（UK）、NECセミコンダクターズ・アイルランド、NECデバイスポート、NECエレクトロニクス・シンガポール、NECエレクトロニクス・ホンコン、NECエレクトロニクス・タイワン、NECエレクトロニクス（UK）、NECエレクトロニクス（ヨーロッパ）、NECエレクトロニクス（ジャーマニー）、NECエレクトロニクス（フランス）、NECエレクトロニクス・イタリアーナ、NECテクノロジーズ社、日本電気アイシーマイコンシステム
9)	業績推移	（百万円）　売上高　　当期純利益　一株益（円） 連結97.3　4,948,437　　92,838　　59.86 連結98.3　4,901,122　　47,417　　29.78 連結99.3　4,759,412　△151,261　△94.49 連結00.3　4,991,447　　10,416　　6.40 連結01.3　5,409,736　　56,603　　34.55
10)	主要製品	NECエレクトロンデバイス部門／メモリ、システムLSI、マイクロコンピュータ、個別半導体、カラー液晶ディスプレイ（LCD）、プラズマディスプレイパネル（PDP）、カーエレクトロニクス製品
11)	主な取引先（注1）	仕入先／インテルジャパン、内藤電誠工業、日立製作所、丸文、トーメンデバイス、販売先／NTT、KDDI、防衛庁、官公庁、JRグループ
12)	技術移転窓口	－

出典1：財務省印刷局発行、「有価証券報告書総覧（2001年）」

出典2：（注1）帝国データバンク　会社年鑑2002（2001年10月発行）

2.4.2 製品・技術例

表2.4.2-1に日本電気の関連技術事例を示す。

表2.4.2-1 日本電気の関連技術例

分野	技術	事例	実施時期	出典
ウェット洗浄：水系	マルチオキサイドプロセス	新洗浄技術	−	NEC技報 Vol.54,No.5,pp.199
環境配慮：廃水処理	リサイクル使用	硫酸	−	NEC技報 Vol.54,No.2/2001,pp.46
		フッ酸	−	
		廃剥離液	−	
	再資源化	硫酸廃液→排水処理剤	−	http://www.ic.nec.co.jp/japanese/news/0009/2502-02.html NEC技報 Vol.54,No.2/2001,pp.46
		リン酸廃液→肥料の原料	−	
		フッ硝酸廃液→ステンレスの洗浄液	−	
		フッ酸・フッ化アンモニウム→氷晶石原料	−	
		レジスト廃液→助燃剤	−	
		イソプロピルアルコール廃液→助燃剤	−	
		スラッジ→セメント原料	−	
		金属屑→金属精錬原料	−	

2.4.3 技術開発課題対応保有特許

図 2.4.3-1、-2 および-3 に日本電気の 1991 年 1 月 1 日から 2001 年 8 月 31 日までの公開特許における技術要素別の出願構成比率およびウェット洗浄とドライ洗浄の技術要素と課題の分布を示す。ウェット、ドライ洗浄、廃水処理および排ガス処理の4技術要素すべてに出願しているが、そのうちウェット、ドライ洗浄が各々50％、34％と多い。

ウェット洗浄では水系での金属、パーティクルの洗浄高度化とランニングコスト低減課題の出願が多い。ドライ洗浄では、不活性ガスでのパーティクル洗浄高度化課題およびプラズマとその他の媒体でのその他（酸化膜など）の洗浄高度化課題の出願が多い。

表 2.3.4-1 に日本電気の技術要素・課題・解決手段別保有特許を示す。日本電気の保有の出願のうち登録特許は 79 件、係属中の特許は 19 件である。保有特許のうち海外出願された特許は 39 件である。

技術要素別には、ウェット洗浄に係わる出願が最も多く 56 件あり、その他はドライ洗浄 26 件、廃水処理 13 件、排ガス処理 4 件となっている（重複を含む）。

また、ウェット洗浄、ドライ洗浄および廃水処理に係わる登録特許を主体に主要特許を選択し、発明の名称の後の：以下に概要を記載している。

図2.4.3-1 日本電気の技術要素別出願構成比率

(対象特許は1991年1月1日から2001年8月31日までに公開の出願)

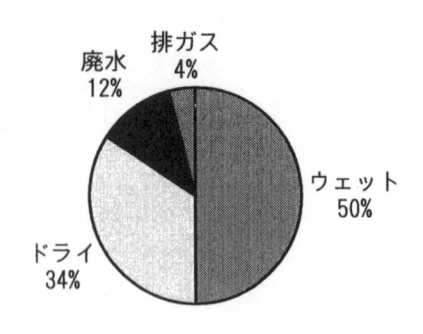

図2.4.3-2 日本電気のウェット洗浄の技術要素と課題の分布

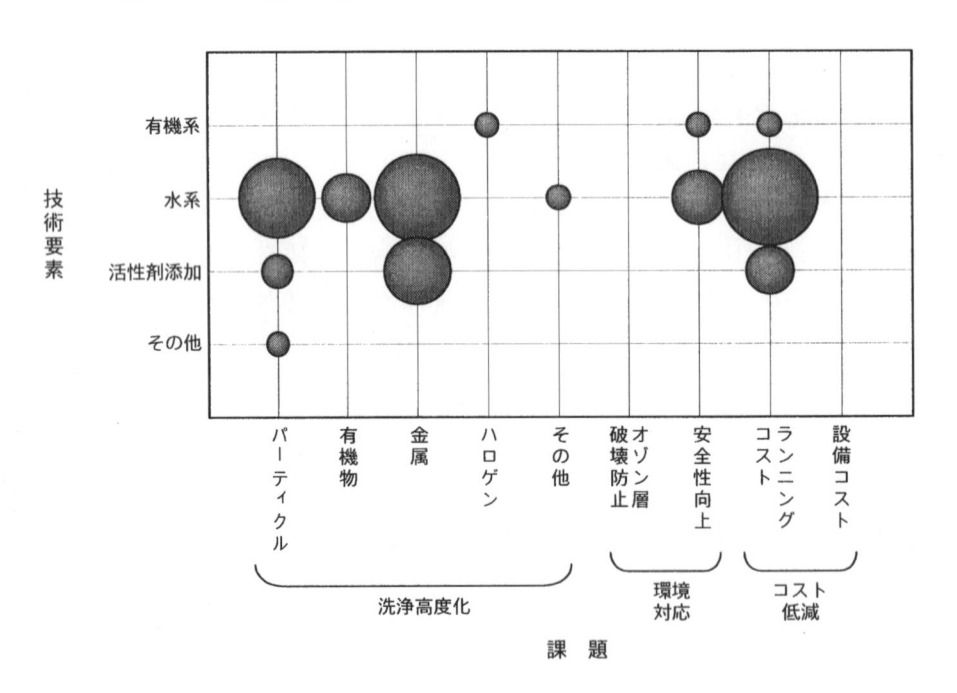

(対象特許は1991年1月1日から2001年8月31日までに公開の出願)

図2.4.3-3 日本電気のドライ洗浄の技術要素と課題の分布

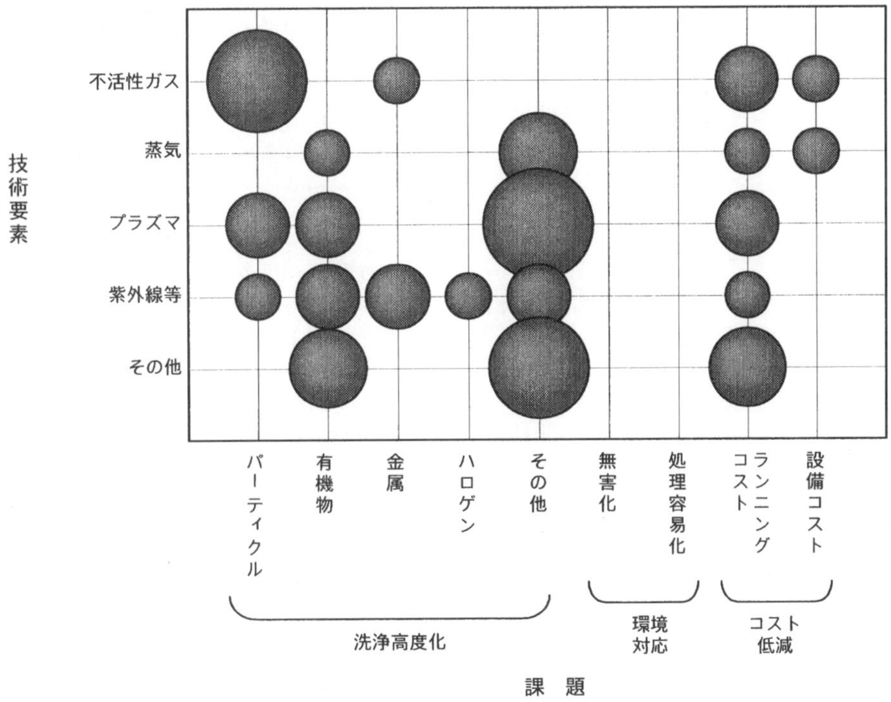

縦軸 技術要素：不活性ガス、蒸気、プラズマ、紫外線等、その他
横軸 課題：パーティクル、有機物、金属、ハロゲン、その他（洗浄高度化）／無害化、処理容易化（環境対応）／ランニングコスト、設備コスト（コスト低減）

（対象特許は1991年1月1日から2001年8月31日までに公開の出願）

表2.4.3-1 日本電気の技術要素・課題・解決策別保有特許（1/8）

技術要素	課題	解決手段	特許番号	発明の名称：概要
ウェット洗浄：有機系	洗浄高度化：ハロゲン除去	洗浄媒体：その他	特公平8-21577	半導体装置の製造方法：エッチング後の金属付着塩化物を有機アミン化合物主体の溶媒で洗浄。アフターコロージョンが防止できる。
	環境対応：安全性向上	装置・プロセスとの組合わせ：方法・プロセス	特許2836562	半導体ウエハのウェット処理方法
	コスト低減：ランニングコスト	洗浄媒体：含酸素炭化水素	特許2679618	剥離液組成物および剥離洗浄方法：メトキシブタノールと炭酸プロピレンからなる剥離液組成物。従来の8工程が4工程に簡略化される。廃液処理も削減。
ウェット洗浄：水系	洗浄高度化：パーティクル除去	洗浄媒体：アルカリ	特開平10-284452	半導体洗浄液およびこれを用いた半導体装置の製造方法
		洗浄媒体：オゾン水	特許3039483	半導体基板の処理薬液及び半導体基板の薬液処理方法：経時変化の少ない洗浄液。オゾン水に4級アンモニウム水酸化物＋弱有機酸（酢酸等）＋弱無機酸（HF、炭酸）からなる。
		洗浄媒体：電解水	特開平8-126873	電子部品等の洗浄方法及び装置
		洗浄媒体：その他	特開2001-7072	洗浄液

表 2.4.3-1 日本電気の技術要素・課題・解決策別保有特許 (2/8)

技術要素	課題	解決手段	特許番号	発明の名称：概要
ウェット洗浄：水系	洗浄高度化：パーティクル除去	装置・プロセスとの組合わせ：装置	特許2737424	シリコンウエハー洗浄装置
			特許2600587	半導体洗浄装置：微細なパーティクルを吸着可能な粘着力の強いアクリルエマルジョンにより洗浄。薬液を使わず、親水性のエマルジョンを使用するので洗浄を容易にした回転自在の対向ローラ付き洗浄装置。
		装置・プロセスとの組合わせ：方法・プロセス	特許3185753	半導体装置の製造方法：CMP工程後の洗浄で、アンモニア液にアルコール液を添加した洗浄液を用いて洗浄することにより、残留粒子の除去性能を向上する。
			特許3201601	半導体基板の洗浄方法
			特開2001-189297	ウエハの洗浄方法及びウエハ洗浄装置
	洗浄高度化：有機物除去	装置・プロセスとの組合わせ：方法・プロセス	特開平8-316187	洗浄方法
			特許3125753	基板の洗浄方法および基板洗浄装置
			特許3159257	半導体装置の製造方法
	洗浄高度化：金属除去	洗浄媒体：酸	特許2776583	半導体基板の処理液及び処理方法：フッ酸（0.1～10％）濃度及び過酸化水素（0.5～15％）濃度とすることにより、処理液中からの金属不純物の取り込みが少なく、且つ微粒子の付着を極めて少なくした。
			特許2841627	半導体ウェーハの洗浄方法：HF，HCl，水または過酸化水素を加えた水溶液による常温洗浄。コンタミが少なく効率的。
			特許3189892	半導体基板の洗浄方法及び洗浄液
		洗浄媒体：オゾン水	特許2884948	半導体基板の処理方法：HF水に過酸化水素またはオゾン添加。量を10～50ppmと特定。
		装置・プロセスとの組合わせ：方法・プロセス	特許2581268	半導体基板の処理方法：酸処理洗浄やアルカリ処理洗浄等の後、フッ酸、過酸化水素、純水より構成される処理液で洗浄することにより、金属に対しても優れた除去能力を持つ洗浄ができる洗浄方法。
			特許2956347	半導体基板洗浄方法：イオン注入などによって半導体基板内部に打ち込まれた汚染物を除去できるよう、気相洗浄と組合わせた純水リンス。
			特許2663899	ウエーハ洗浄装置及びウエーハの洗浄方法：洗浄液への多量の金属不純物混入を即時感知し半導体ウエーハの金属不純物汚染を抑制する。
			特開2000-269178	ウエハ処理装置およびウエハ処理方法
			特開2001-85384	金属残渣物の除去方法
			特開2001-110766	半導体装置の製造方法

表 2.4.3-1 日本電気の技術要素・課題・解決策別保有特許 (3/8)

技術要素	課題	解決手段	特許番号	発明の名称：概要
ウェット洗浄：水系	洗浄高度化：その他	装置・プロセスとの組合わせ：方法・プロセス	特許2580939	埋め込み金属配線の形成方法
	環境対応：安全性向上	洗浄媒体：アルカリ	特許3165801	洗浄液：化学的機械研磨後のウエハ等の洗浄に有用な洗浄液。EDTAまたはそのアンモニウム塩の水溶液。金属腐食、保存性、環境負荷等の問題なしに、基板表面の金属不純物を効率的に除去できる。
		洗浄媒体：電解水	特許2581403	ウェット処理方法及び処理装置：電解水にX線、長波長光、電磁波等照射下でウェット洗浄処理。ハロゲンやフロン、その他の難処理産業廃棄物による環境汚染を引き起こすことなく処理可能にする。
		装置・プロセスとの組合わせ：方法・プロセス	特開平7-201785	ウェット処理方法及び処理装置
			特許3191700	ウェット処理方法：電解質イオンを含む活性酸性イオン水又は電解質シオンを含む活性アルカリ性イオン水を用いることにより、洗浄、エッチング、後処理等でハロゲン等の難処理産業廃棄物による汚染のないようにする。
			特許3209223	ウェット処理方法：電解質イオンを含む活性な酸性イオン水又はアルカリ性イオン水を用いて被処理物の洗浄等の液処理を行うことにより、環境汚染を引き起こさずに処理を行う。
	コスト低減：ランニングコスト	装置・プロセスとの組合わせ：装置	特許2907101	洗浄装置及び洗浄方法：硫酸+過酸化水素洗浄液（SPM）において薬液中に生成する水やガス成分を気体透過膜で薬液中の水分およびガス成分を除去。薬液の長寿命化がはかれる処理装置。
			特許3039372	半導体基板の洗浄処理装置及び洗浄処理方法
		装置・プロセスとの組合わせ：方法・プロセス	特許2859081	ウェット処理方法及び処理装置：電解水で基板上のコロイド状シリカ、金属汚染物等を洗浄・除去。コスト低減。環境汚染を引き起こすとなく処理できる。
			特許2906986	ウエット処理装置および電解活性水生成方法およびウエット処理方法

表 2.4.3-1 日本電気の技術要素・課題・解決策別保有特許 (4/8)

技術要素	課題	解決手段	特許番号	発明の名称：概要
ウェット洗浄：水系	コスト低減：ランニングコスト	装置・プロセスとの組合わせ：方法・プロセス	特許2743823	半導体基板のウェット処理方法：酸性・アルカリ性の電解質を特定値の範囲量添加した電解水に、半導体ウェーハ被処理部を潅水することにより、洗浄、エッチング又はリンス等のウェット処理で、酸性薬品やアルカリ性薬品の使用量を削減できる。
			特許2677235	半導体基板の洗浄装置及び洗浄方法並びに洗浄液の生成方法：有機ならびに金属不純物の除去が可能な洗浄方法。純水中に塩素ガスを含有。紫外線も併用。
			特許3093620	半導体装置の製造方法：バイポーラトランジスタのベース部およびショットキーバリアダイオードの素子表面のダメージ層をアンモニアと過酸化水素を含む洗浄液で除去。工程、コストの削減。
			特許2973949	半導体装置の製造方法
			特許2888217	洗浄用薬液の濃度管理方法およびシリコンウェハ洗浄装置：過酸化水素の使用量を抑えつつ薬液の濃度の最適化をはかるAPMなどの薬液管理法。
			特許3211872	薬液処理方法、半導体基板の処理方法及び半導体装置の製造方法
			特許3185732	基板表面金属汚染除去方法：APM浸漬で表面酸化膜のエッチング反応速度解析、薬品濃度、温度を制御・管理。薬液能力を安定化し、薬液の補充量を抑制。
			特許3161521	半導体装置の製造方法および洗浄装置
			特開2000-208475	薬液処理方法および薬液処理装置
			特開2000-277474	被洗浄体のすすぎ方法およびその装置
ウェット洗浄：活性剤添加	洗浄高度化：パーティクル除去	洗浄媒体：キレート剤	特許3003684	基板洗浄方法および基板洗浄液：CMP後の金属・半導体露出した基板のパーティクル洗浄液。シュウ酸、クエン酸、リンゴ酸などカルボン酸系錯化剤とアンモニア水または電解水、界面活性剤など併用。金属も除去。
	洗浄高度化：金属除去	洗浄媒体：キレート剤	特許3111979	ウエハの洗浄方法：キレート能を有するポリカルボン酸（シュウ酸、クエン酸、リンゴ酸、マレイン酸、コハク酸等）塩を添加した酸性、アルカリ性洗浄剤。
			特許3180779	半導体装置の製造方法：ドライエッチング後の汚染物を含む多層配線構造基板をポリアミノカルボン酸など錯体形成能物添加した洗浄剤で洗浄。
			特開2001-217215	半導体基板の表面処理用組成物および表面処理方法
		装置・プロセスとの組合わせ：方法・プロセス	特許3006596	半導体装置の製造方法
			特許3177973	半導体装置の製造方法：白金族金属電極に接するシリコン系絶縁膜を、フッ酸およびキレート剤を添加した洗浄液で洗浄。PtやIr等の汚染物質を確実に除去。
			特開2000-315670	半導体基板の洗浄方法

表 2.4.3-1 日本電気の技術要素・課題・解決策別保有特許（5/8）

技術要素	課題	解決手段	特許番号	発明の名称：概要
ウェット洗浄：活性剤添加	コスト低減：ランニングコスト	洗浄媒体：キレート剤	特許2586304	半導体基板の洗浄液および洗浄方法：アンモニア、EDTAを含むHF等酸性溶液で洗浄（量を特定）。
			特許3039493	基板の洗浄方法及び洗浄溶液：低抵抗のゲート電極形成後、カルボン酸アンモニウム塩、アミノカルボン酸、キレート剤からなる水溶液で汚染金属を洗浄。
		洗浄媒体：その他	特開2001-148385	半導体ウェハおよび半導体装置の製造方法
		装置・プロセスとの組合わせ：方法・プロセス	特許2643814	半導体基板の洗浄方法：キレート剤で金属不純物を溶解し、pH3～4で該金属を逆浸透圧の違いを利用して移動させ、微細な溝部分に付着する金属不純物を効率的に除去し、かつ除去した金属不純物の再付着を抑制する。
ウェット洗浄その他	洗浄高度化：パーティクル除去	装置・プロセスとの組合わせ：方法・プロセス	特開2001-189297	ウエハの洗浄方法及びウエハ洗浄装置
ドライ洗浄：不活性ガス	洗浄高度化：パーティクル除去	ドライ洗浄技術：洗浄装置	特許2814757	半導体装置の異物除去装置：半導体を反転させるマニュプレータと振動を与える加振機と吹き付け・排気のバキュウムノズルを備え大きい異物から微細な異物まで除去する。
		他の技術との組合わせ：ドライ洗浄と	特許2850887	ウエーハの洗浄方法及びその装置：不活性ガス噴出、ウェーハを密着保持した電極の電位の変化、超音波振動、紫外線照射、オゾン混合ガス噴出などにより、静電吸着したパーティクルや化学吸着したパーティクルを除去する。
		他の技術との組合わせ：ウェット洗浄と	特許2793504	基板の洗浄方法および洗浄装置
	洗浄高度化：金属除去およびコスト低減：設備コスト	ドライ洗浄技術：洗浄方法	特許2907095	半導体装置の製造方法

表2.4.3-1 日本電気の技術要素・課題・解決策別保有特許 (6/8)

技術要素	課題	解決手段	特許番号	発明の名称：概要
ドライ洗浄：不活性ガス	コスト低減：ランニングコスト	ドライ洗浄技術：洗浄媒体	特許3183214	洗浄方法および洗浄装置：アルゴン等の固体微粒子で複数枚の基板の両面を同時に洗浄できるように各部を配置し、相対移動しながら吹き付け、処理速度を向上する。(a)　(b)　U字型またはV字型の溝
ドライ洗浄：蒸気	洗浄高度化：その他	ドライ洗浄技術：洗浄媒体	特許2956347	半導体基板洗浄方法
			特許2870522	半導体装置の製造方法
		他の技術との組合わせ：ドライ洗浄と	特許2937117	成膜装置中の有害物処理方法
	コスト低減：設備コスト	他の技術との組合わせ：ウェット洗浄と	特許2825087	洗浄装置
ドライ洗浄：プラズマ	洗浄高度化：パーティクル除去	ドライ洗浄技術：洗浄方法	特許2933481	ポリッシング後のウェーハ表面洗浄方法
			特許2586319	半導体基板の研磨方法
	洗浄高度化：有機物除去	ドライ洗浄技術：洗浄媒体	特許2639372	半導体装置の製造方法：Heガスによるプラズマ処理でレジスト残留物を除去することによりレジスト膜の膜減り量を抑えフォトマスクの寸法精度を向上させる。
	洗浄高度化：その他	ドライ洗浄技術：洗浄媒体	特許2654544	半導体装置の製造方法
			特許2822952	半導体装置の製造方法
		ドライ洗浄技術：洗浄方法	特許2616139	半導体結晶表面クリーニング方法
			特許2917900	Ⅲ-Ⅴ族化合物半導体基板の表面処理方法
	コスト低減：ランニングコスト	ドライ洗浄技術：洗浄方法	特許2885150	ドライエッチング装置のドライクリーニング方法
		ドライ洗浄技術：洗浄装置	特許2842344	中性粒子ビーム処理装置
ドライ洗浄：紫外線等	洗浄高度化：有機物除去	ドライ洗浄技術：洗浄媒体	特開2000-294530	半導体基板の洗浄方法及びその洗浄装置
	コスト低減：ランニングコスト	ドライ洗浄技術：洗浄方法	特許2861935	夾雑物除去用電極及び夾雑物の除去方法及びその除去装置
ドライ洗浄：その他	洗浄高度化：有機物除去	ドライ洗浄技術：洗浄方法	特許2910761	半導体装置製造装置の配管内部のクリーニング方法
			特開2001-44192	半導体装置の製造方法及び半導体製造装置
	洗浄高度化：その他	ドライ洗浄技術：洗浄媒体	特許2566488	薄膜製造方法

表 2.4.3-1 日本電気の技術要素・課題・解決策別保有特許 (7/8)

技術要素	課題	解決手段	特許番号	発明の名称：概要
ドライ洗浄：その他	洗浄高度化：その他	ドライ洗浄技術：洗浄媒体	特許2701793	半導体装置の製造方法：特定の混合ガスを含む雰囲気で半導体基板を加熱することにより、表面凹凸を形成させることなく自然酸化膜を還元除去する。
		他の技術との組合わせ：洗浄以外と	特許2917929	金属薄膜の形成方法
	コスト低減：ランニングコスト	ドライ洗浄技術：洗浄装置	特許2595894	水素ラジカル発生装置
廃水処理	低・無害化：過酸化水素	化学的処理：酸化還元電解等、装置・システム	特許3085271	過酸化水素含有廃水の処理方法及び装置：廃水中の過酸化水素を分解する際、環境負荷物質である酸化還元剤の使用や加熱、紫外線照射といった大量のエネルギーの照射を抑制し、且つ、通常産業廃棄物として処理が必要な未反応シリコンスラッジを無害化する。
	低・無害化：フッ素化合物	化学的処理：凝集沈殿	特公平8-11232	フッ素含有廃水の処理方法：フッ素除去処理工程と、フッ素除去後の排水中に残存するフッ素を吸着除去する高度処理工程と、再生処理工程とを備えて、フッ素含有廃液処理を低コストで、汚泥発生量を少なく抑えた状態で行えるようにする。
	低・無害化：（リン酸）、フッ素化合物	化学的処理：凝集沈殿	特許2842384	リン酸及びフッ素含有廃水の処理方法：リン酸及びフッ素含有廃水に対し、アルミニウムを添加してpH酸性領域でリン酸を$AlPO_4$として固定し、次いでカルシウムを添加してフッ素をCaF_2として固定することにより、リン酸とフッ素を十分且つ簡易に除去可能とする。
	低・無害化：（リン酸）、フッ素化合物	化学的処理：凝集沈殿	特開平11-333467	フッ素及びリン含有排水の処理方法
	低・無害化：フッ素化合物	物理的処理：吸着、蒸留・濃縮・固液分離	特公平7-36911	フッ素含有廃水の処理方法：希薄なフッ素含有廃水を高度処理する場合に、特殊な前処理や高価な材料を要することなく、処理コストや汚泥発生量を大幅に削減する。
	低・無害化：フッ素化合物、過酸化水素	物理的処理：吸着（樹脂）	特開平7-16561	フッ素含有水の処理方法
	低・無害化：フッ素化合物	物理的処理：吸着	特許2751874	フッ素含有廃水の処理方法：ゲル状水酸化アルミニウムに吸着したフッ素を、カルシウム塩を添加してフッ化カルシウムとし、特定のpHで脱着した後、炭素塩を添加して未反応カルシウムイオンを炭酸カルシウムとして固定する工程を設けることにより、高効率でゲル状水酸化アルミニウムを再生可能とする。

表 2.4.3-1 日本電気の技術要素・課題・解決策別保有特許 (8/8)

技術要素	課題	解決手段	特許番号	発明の名称：概要
廃水処理	低・無害化：フッ素化合物	物理的処理：吸着	特許2751875	フッ素含有廃水の処理方法：ゲル状水酸化アルミニウムに吸着したフッ素を、フッ化カルシウムを生成させることによって脱着させる際のカルシウム源として硫酸カルシウムを用いることにより、高効率でゲル状水酸化アルミニウムを再生使用可能とする。
			特許2839001	フッ素含有廃水の処理方法：フッ素を吸着したゲル状水酸化アルミニウムを結晶性のアルミニウム化合物とした後に廃棄することにより、フッ素含有排水の処理に伴い発生する汚泥を削減し、環境への負荷を軽減する。
	低・無害化：（その他）	装置・システム	特許2985531	異物除去装置：流体を使用する装置の配管内の流体の流れ方向が一方向あるいはその逆の方向であっても方向に関係なく取付け出来、かつ流体中の異物除去も出来るようにする。
	回収・再利用：（シリコン屑）	化学的処理：凝集沈殿	特許2928020	シリコンの回収方法：シリコン粒子が懸濁した水溶液に、フッ酸および水溶性無機電解質を凝集剤として添加してシリコン粒子を凝集沈殿させることにより、シリコンを効率的かつ高収率に回収に、その後必要に応じてシリコンの高純度化を図る。
			特許2720830	活性汚泥の沈降促進方法：活性汚泥中の微生物活性に影響を与えることなく汚泥の沈降速度を向上し、活性汚泥沈降後に得られる上澄水の透明度を高めることを可能にする。
	回収・再利用：純水	物理的処理：膜分離、装置・システム	特許2926757	オーバーフロー循環濾過システム：オーバーフロー槽を構成する内槽と外槽に接点する複数の貯液槽と、貯液槽を収納する気密構造の加圧チャンバを設け、圧縮空気等の加圧手段で貯液槽内の液を送って、フィルタの除粒子性能向上を図る。
排ガス処理	低・無害化	処理方法・装置：乾式吸着吸収、（プラズマ）	特許2985762	排気ガスの処理方法及び処理装置
		処理方法・装置：湿式吸収、（紫外線）	特許3209195	液晶パネルや半導体の製造工程におけるスルホキシド類含有排気の処理方法及びスルホキシド類含有排気の処理装置
	回収・再利用	処理方法・装置：（膜分離）	特許2982747	薬液処理装置および薬液処理方法
		処理方法・装置：（沸点差）	特開2000-334258	排ガスの有価物成分回収方法及び回収装置

2.4.4 技術開発拠点と研究者

日本電気（グループ）の半導体洗浄関連の技術開発拠点を、明細書および企業情報をもとに以下に示す。

本社：東京都港区芝5丁目7番1号
茨城日本電気：茨城県真壁郡関城町関舘字大原 367-2
日本電気環境エンジニアリング：神奈川県川崎市中原区下沼部 1933-10
日本電気ファクトエンジニアリング：東京都港区芝5丁目37番8号

図2.4.4-1に日本電気（グループ）の出願件数と発明者数を示す。発明者数は明細書の発明者を年次毎にカウントしたものである。出願件数、発明者ともに、この10年ほぼ一定の高い水準を維持している。

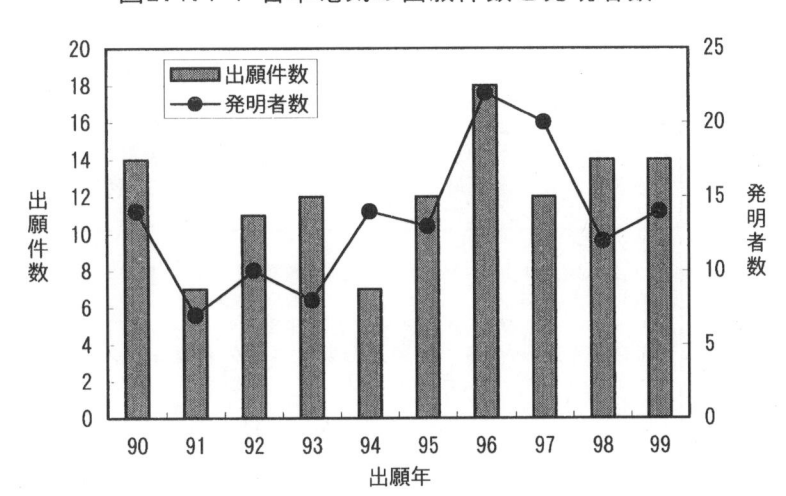

図2.4.4-1 日本電気の出願件数と発明者数

（対象特許は1991年1月1日から2001年8月31日までに公開の出願）

2.5 東芝

東芝の保有する出願のうち権利存続中または係属中の特許は、ウェット洗浄、ドライ洗浄および排水処理、排ガス処理の全分野にわたり83件である。

2.5.1 企業の概要

表2.5.1-1に東芝の企業概要を示す。

表2.5.1-1 東芝の企業概要

1)	商号	株式会社 東芝
2)	設立年月日（注1）	1904（明治37）年6月1日
3)	資本金	274,921（百万円）
4)	従業員	単独／53,202人、連結会社計／188,042人（平成13年3月31日現在）
5)	事業内容	情報通信・社会システム、デジタルメディア、重電システム、電子デバイス、家庭電器およびその他の6部門に関する事業を主として行う
6)	技術・資本提携関係	技術援助を受けている契約／マイクロソフト・ライセンシング、テキサス・インスツルメンツ・インコーポレーティド、クアルコム、ラムバス 技術援助を与えている契約／ウィンボンド・エレクトロニクス、ハンスター・ディスプレイ、ワールドワイド・セミコンダクタ・マニュファクチュアリング、ドンブ・エレクトロニクス
7)	事業所	本社・支社店／東京都港区など、四日市工場／三重県四日市市、大分工場／大分県大分市、深谷工場／埼玉県深谷市、姫路工場／兵庫県姫路市、マイクロエレクトロニクスセンター／神奈川県川崎市
8)	関連会社	電子デバイス部門の関係会社／エイ・ティーバッテリー、福岡東芝エレクトロニクス、岩手東芝エレクトロニクス、加賀東芝エレクトロニクス、東芝電池、四日市東芝エレクトロニクス、ドミニオン・セミコンダクタ社、東芝ディスプレイディバイス・インドネシア、東芝アメリカ電子部品、ディスプレイディバイス・タイ、東芝ディスプレイディバイス米国、東芝エレクトロニクス・マレーシア、ディスプレイ・テクノロジー、デバイスリンク、東芝デバイス、セミコンダクタ・アメリカ社、セミコンダクター・ノースアメリカ、東芝エレクトロニクス・アジア、東芝エレクトロニクス・ヨーロッパ、東芝エレクトロニクス台湾、フラッシュヴィジョン
9)	業績推移	（百万円）　　売上高　　当期純利益　一株益（円） 連結97.3　　5,453,397　　67,077　　20.84 連結98.3　　5,458,498　　14,723　　 4.57 連結99.3　　5,300,902　△ 9,095　　 2.83 連結00.3　　5,749,372　△32,903　　10.22 連結01.3　　5,951,357　　96,168　　29.88
10)	主要製品	電子デバイス部門の主要製品／半導体、液晶ディスプレイ、ブラウン管、特殊金属材料、電池など
11)	主な取引先（注1）	仕入先／東芝プラント建設、東芝エンジニアリング、東芝メディア機器、岩手東芝エレクトロニクス、販売先／東京電力、三井物産、中部電力
12)	技術移転窓口	知的財産部企画担当

出典1：財務省印刷局発行、「有価証券報告書総覧（2001年）」
出典2：（注1）帝国データバンク 会社年鑑2002（2001年10月発行）

2.5.2 製品・技術例

表2.5.2-1に東芝（グループ）の関連製品・技術例を示す。ウェット・ドライ洗浄および廃水処理関連製品を上市している。

表2.5.2-1 東芝（グループ）の関連製品・技術例

分野	製品／技術	製品名／技術名	発表／発売元／時期	出典
ウェット洗浄：水系	ウェーハ用枚葉洗浄装置	SCシリーズ（両面同時洗浄、メガソニック：超音波洗浄、スクラブ洗浄）	2001年芝浦メカトロニクス商品化予定	http://www.shibaura.co.jp/prod2/h_01.html 東芝レビュー Vol.56,No.3,pp.21(2001)
		SC400-WD/D-W（400mm対応）	芝浦メカトロニクス	http://www.shibaura.co.jp/prod2/h_05.html
	クリーンロボット	－	芝浦メカトロニクス	http://www.toshiba.co.jp/event/semi2001/index_htm
ドライ洗浄：紫外線ほか	ケミカルドライエッチング装置	CDE-80N	芝浦メカトロニクス	http://www.shibaura.co.jp/prod2/h_02.html
	エッチング・アッシング装置	μASH300	芝浦メカトロニクス	東野秀史他：電子材料 1999年3月,pp.66
	エキシマUV照射ユニット	細管エキシマUV照射ユニット	東芝ライテック／2000年4月（予定）	http://www.tlt.co.jp/tlt/topix/press/p991124/p112401.html http://www.tlt.co.jp/tlt/topix/press/p991124/p112402.html
環境対応：廃水処理（オゾン廃水）	紫外線照射	－	ハリソン東芝ライティング	http://www.harison.co.jp/pro/uv/uv_1.html

2.5.3 技術開発課題対応保有特許

図2.5.3-1に東芝の1991年1月1日から2001年8月31日までの公開特許における技術要素別の出願構成比率を示す。ウェット、ドライ洗浄、廃水処理および排ガス処理の4技術要素すべてに出願しているが、そのうちドライ、ウェット洗浄が各々48％、41％と多い。

表2.5.3-1に東芝の技術要素・課題・解決手段別保有特許を示す。東芝の保有の出願のうち登録特許は20件、係属中の特許は63件である。保有特許のうち海外出願された特許は15件である。

技術要素別には、ウェット洗浄、ドライ洗浄および排ガス、廃水処理に係わる出願はそれぞれ40件、36件、5件、4件である（重複を含む）。

また、ウェット洗浄およびドライ洗浄に係わる登録特許を主体に主要特許を選択し、発明の名称の後の：以下に概要を記載している。

図2.5.3-1 東芝の技術要素別出願構成比率

- 排ガス 5%
- 廃水 6%
- ウェット 41%
- ドライ 48%

（対象特許は1991年1月1日から2001年8月31日までに公開の出願）

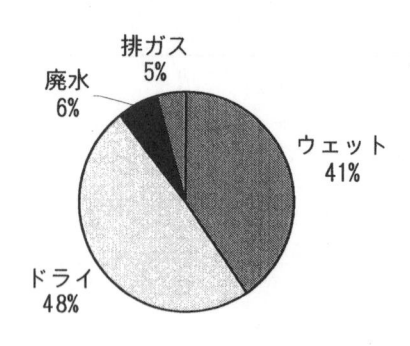

表2.5.3-1 東芝の技術要素・課題・解決手段別保有特許（1/6）

技術要素	課題	解決手段	特許番号	発明の名称：概要
ウェット洗浄：有機系	洗浄高度化：有機物除去	装置・プロセスとの組合わせ：装置	特開平8-335564	有機物除去装置
	環境対応：オゾン層破壊防止	洗浄媒体：その他	特許2763270	洗浄方法、洗浄装置、洗浄組成物および蒸気乾燥組成物：低分子量ポリオルガノシロキサンからなる有機ケイ素系洗浄剤と非水系基礎洗浄剤（イソパラフィン等）を含む洗浄剤を用いて被洗浄物を洗浄した後、特定の蒸気洗浄剤を用いて蒸気乾燥を行う。
ウェット洗浄：水系	洗浄高度化：パーティクル除去	洗浄媒体：オゾン水	特許3202508	半導体ウェハの洗浄方法
			特開平8-250460	半導体基板の表面処理液、この処理液を用いた表面処理方法及び表面処理装置
			特開2000-21837	半導体ウェーハの洗浄液及び洗浄方法
		装置・プロセスとの組合わせ：方法・プロセス	●特許2603020	半導体ウエハの洗浄方法及び洗浄装置
			特許3154814	半導体ウエハの洗浄方法および洗浄装置
			特開平10-71375	洗浄方法
	洗浄高度化：有機物除去	洗浄媒体：オゾン水	特許3202508	半導体ウェハの洗浄方法
		装置・プロセスとの組合わせ：方法・プロセス	特開2000-195835	半導体装置の製造方法及び製造装置

表2.5.3-1 東芝の技術要素・課題・解決手段別保有特許（2/6）

技術要素	課題	解決手段	特許番号	発明の名称：概要
ウェット洗浄：水系	洗浄高度化：金属除去	洗浄媒体：オゾン水	●特許2839615	半導体基板の洗浄液及び半導体装置の製造方法：シリコン酸化膜のエッチング液（HF）と該液のシリコン酸化膜に対するエッチング速度よりも早い酸化剤（オゾン）と金属をイオン化する強酸（HCl、硫酸）を有する洗浄液。常に酸化膜を存在させて金属の吸着を防止している。
			特許2984348	半導体ウェーハの処理方法：弗酸水溶液に酸化性の水溶液（オゾン）を加え、弗酸水溶液中で疎水性になった表面を酸化性水溶液の量によって親水性表面にすることにより、ダスト、有機物等の吸着を低減し、Cuなどの金属不純物を除去する。
		装置・プロセスとの組合わせ：装置	特開平7-297163	被膜除去方法および被膜除去剤
			●特許3154814	半導体ウエハの洗浄方法および洗浄装置
			特開平8-139293	半導体基板
			特開平10-209106	半導体基板の洗浄方法および洗浄装置
	洗浄高度化：ハロゲン除去	装置・プロセスとの組合わせ：装置	●特許3105902	表面処理方法および表面処理装置：脱酸素水、水素添加の超純水による水洗、で残ハロゲンによる金属腐食防止。
	洗浄高度化：その他	装置・プロセスとの組合わせ：方法・プロセス	特開平7-302775	半導体装置の製造方法
	環境対応：安全性向上	装置・プロセスとの組合わせ：方法・プロセス	特開平9-164388	イオン水生成装置、イオン水生成方法及び半導体装置の製造方法
	コスト低減：ランニングコスト	洗浄媒体：その他	特開平6-140377	半導体装置の製造方法

表2.5.3-1 東芝の技術要素・課題・解決手段別保有特許（3/6）

技術要素	課題	解決手段	特許番号	発明の名称：概要
ウェット洗浄：水系	コスト低減：ランニングコスト	装置・プロセスとの組合わせ：装置	特開平11-145094	半導体装置の製造装置および製造方法
		装置・プロセスとの組合わせ：方法・プロセス	●特許2891578	基板処理方法：基板のレジスト塗布面を下向けにして、オゾンの微細気泡をあて、付着物等を除去する速度を高める。
			特開平8-80486	超純水の電解水、その生成装置、その生成方法、洗浄装置及び洗浄方法
			特開平8-264498	シリコンウエーハの清浄化方法
			特開平9-251972	電子デバイス用基板の清浄化処理法
			特開平9-321009	半導体装置の製造方法
			特開平9-139371	半導体基板の洗浄方法及びこれに用いられる洗浄装置
			特開平10-99802	電解イオン水による洗浄方法
			特開平10-256214	半導体装置の製造方法
			特開平11-111660	洗浄方法
			特開2000-98320	洗浄方法および洗浄装置
			特開2000-98321	洗浄方法および洗浄装置
			特開2000-262992	基板の洗浄方法
			特開2000-349061	半導体装置の製造方法
ウェット洗浄：活性剤添加	洗浄高度化：パーティクル除去	洗浄媒体：その他	特開平6-163495	半導体ウエハ処理液及び処理方法
		装置・プロセスとの組合わせ：方法・プロセス	特開平8-107094	基板の洗浄方法
			特開2001-179196	超音波洗浄方法および装置
	洗浄高度化：金属除去	洗浄媒体：界面活性剤	特開平7-142436	シリコンウェーハ洗浄液及び該洗浄液を用いたシリコンウェーハの洗浄方法
		洗浄媒体：キレート剤	●特許3174823	シリコンウェーハの洗浄方法：コンプレクサンまたはキレート剤入り洗浄（酸、アルカリ）液で洗浄後、フッ酸でリンス。

表2.5.3-1 東芝の技術要素・課題・解決手段別保有特許（4/6）

技術要素	課題	解決手段	特許番号	発明の名称：概要
ウェット洗浄：活性剤添加	洗浄高度化：その他	洗浄媒体：界面活性剤	●特許3075778	半導体基体の表面処理方法：シリコン面が露出した半導体基体の洗浄。有機4級アンモニウム塩基水溶液に非イオン性界面活性剤を添加したもので40℃以下で洗浄。自然酸化膜除去。
	コスト低減：ランニングコスト	洗浄媒体：キレート剤	特開平11-222600	洗浄液および半導体装置の製造方法
		洗浄媒体：その他	特開平11-214373	第四アンモニウム塩基型半導体表面処理剤とその製造方法
ドライ洗浄：不活性ガス	洗浄高度化：パーティクル除去	ドライ洗浄技術：洗浄装置	特許2916217	ブロー洗浄装置：気体を噴出するノズル体を変位させる駆動機構や気体が吹き付けられる部分以外の被洗浄物を覆い隠すシャッタ部材を設けて洗浄効果を増大する。
			特開2001-15471	異物除去装置
	コスト低減：ランニングコスト	ドライ洗浄技術：洗浄媒体	特許3058909	クリーニング方法
		ドライ洗浄技術：洗浄方法	●特許3095519	半導体装置の製造方法
		他の技術との組合わせ：ウェット洗浄と	特開平9-181026	半導体装置の製造装置
		他の技術との組合わせ：洗浄以外と	特開平9-134860	半導体基板の表面処理装置
ドライ洗浄：蒸気	洗浄高度化：有機物および金属除去	ドライ洗浄技術：洗浄媒体	特開2000-91288	高温霧状硫酸による半導体基板の洗浄方法及び洗浄装置
	洗浄高度化：その他	ドライ洗浄技術：洗浄方法	特開2000-40685	半導体基板の洗浄装置及びその洗浄方法
ドライ洗浄：プラズマ	洗浄高度化：有機物除去	ドライ洗浄技術：洗浄方法	特開2000-100800	有機化合物膜の除去方法
	洗浄高度化：金属除去	他の技術との組合わせ：ドライ洗浄と	特開2001-214262	スパッタ装置および半導体装置の製造方法
	洗浄高度化：ハロゲン除去	ドライ洗浄技術：洗浄装置	特開平8-78402	半導体装置の製造装置、半導体装置の製造方法、処理室の減圧方法、反応生成物の除去方法および反応生成物の堆積抑制方法
	コスト低減：ランニングコスト	ドライ洗浄技術：洗浄媒体	●特許3175117	ドライクリーニング方法
		ドライ洗浄技術：洗浄方法	特開平8-288223	薄膜の製造方法
			特開平9-129596	反応室のクリーニング方法
		ドライ洗浄技術：洗浄装置	特許3207638	半導体製造装置のクリーニング方法

表2.5.3-1 東芝の技術要素・課題・解決手段別保有特許（5/6）

技術要素	課題	解決手段	特許番号	発明の名称：概要
ドライ洗浄：プラズマ	コスト低減：ランニングコスト	他の技術との組合わせ：洗浄以外と	特開平9-63932	洗浄機能付き荷電ビーム照射装置
			特開平9-251946	洗浄機能付き荷電ビーム装置
ドライ洗浄：紫外線等	洗浄高度化：パーティクル除去	ドライ洗浄技術：洗浄方法	特開2001-7070	ダスト除去装置及びダスト除去方法
	洗浄高度化：有機物除去	他の技術との組合わせ：ウェット洗浄と	特許3171870	半導体ウェーハ洗浄装置及び半導体ウェーハ洗浄方法：紫外線を照射しながら純水で洗浄することにより有機物を分解除去する。
			特開2000-195835	半導体装置の製造方法及び製造装置
	洗浄高度化：金属除去	他の技術との組合わせ：ウェット洗浄と	特開平7-230976	半導体基板の洗浄方法、洗浄装置及び洗浄システム
	コスト低減：ランニングコスト	ドライ洗浄技術：洗浄媒体	特許2891578	基板処理方法
		ドライ洗浄技術：洗浄装置	特開平10-135168	紫外線照射装置
			特開2001-85500	基板の処理方法及び処理装置
ドライ洗浄：その他	洗浄高度化：パーティクル除去	ドライ洗浄技術：洗浄装置	特開平9-82675	半導体製造装置及びその製造方法
	洗浄高度化：有機物および金属除去	ドライ洗浄技術：洗浄方法	●特許3210510	半導体装置の製造方法：処理室内で連続して第1の工程で有機物・金属をドライ洗浄により除去し、第2の工程で自然酸化膜をドライ洗浄により除去し、第3の工程で絶縁膜を形成する。
	洗浄高度化：金属除去	ドライ洗浄技術：洗浄方法	特開平8-122798	ITO被膜のエッチング方法
	洗浄高度化：ハロゲン除去	ドライ洗浄技術：洗浄媒体	特許3086719	表面処理方法：所定の化合物ガスを供給するとともに加熱、レーザ光照射あるいは電子線照射によりハロゲン化物を除去する。
	洗浄高度化：その他	ドライ洗浄技術：洗浄方法	特許3210510	半導体装置の製造方法：処理室内で連続して第1の工程で有機物・金属をドライ洗浄により除去し、第2の工程で自然酸化膜をドライ洗浄により除去し、第3の工程で絶縁膜を形成する。
		ドライ洗浄技術：洗浄装置	特開平8-274072	表面処理装置および表面処理方法
	環境対応：無害化	ドライ洗浄技術：洗浄媒体	特開2001-168076	表面処理方法

表2.5.3-1 東芝の技術要素・課題・解決手段別保有特許（6/6）

技術要素	課題	解決手段	特許番号	発明の名称：概要
ドライ洗浄：その他	コスト低減：ランニングコスト	ドライ洗浄技術：洗浄方法	●特許2504598	半導体基板の枚葉式表面処理方法
			特許3047248	クリーニング方法
			特開平7-94418	成膜室の洗浄化方法
			特開平9-260303	半導体製造装置のクリーニング方法および半導体製造装置
		ドライ洗浄技術：洗浄装置	特開平10-50685	CVD装置及びそのクリーニング方法
		他の技術との組合わせ：洗浄以外と	特開平9-306803	荷電粒子ビーム装置およびその洗浄方法
廃水処理	低・無害化：フッ素化合物、(硝酸イオン)	化学的処理：凝集・沈殿	特開平8-39080	廃水の処理方法
	低・無害化：アンモニア（イオン、塩）、回収・再利用：フッ素化合物	物理的処理：膜分離	特開平9-262588	フッ素の回収方法及び排水処理方法
	低・無害化：(オゾン)	物理的処理：(光照射)、装置・システム	特開2000-12535	半導体製造装置
	回収・再利用：フッ素化合物	物理的処理：吸着、膜分離	特開平7-195071	排水処理方法及びその装置
排ガス処理	低・無害化	処理方法・装置：(冷却)	特開平7-256002	排ガス処理装置
		処理方法・装置：湿式吸収	特開平8-187419	廃ガス処理方法および装置
			特開平8-57246	酸性排ガスの処理方法
		処理方法・装置：(放電プラズマ)	特開2000-279754	フッ素含有ガス除去装置およびフッ素含有ガス除去方法
	回収・再利用	処理方法・装置：乾式吸着吸収、(膜分離、蒸留)	特開20001-835	パーフルオロカーボン類を含む混合ガスの処理方法

2.5.4 技術開発拠点と研究者

東芝（グループ）の半導体洗浄関連の技術開発拠点を、明細書および企業情報をもとに以下に示す。

研究開発センター：神奈川県川崎市幸区小向東芝町1番地
四日市工場：三重県四日市市山之一色町字中竜宮800番地
横浜事業所：神奈川県横浜市磯子区磯子区新杉田町8番地
柳町工場：神奈川県川崎市幸区柳町70番地
堀川町工場：神奈川県川崎市堀川町72番地

府中工場：東京都府中市東芝町 1
深谷電子工場：埼玉県深谷市幡羅町 1 丁目 9 番 2 号
姫路工場：兵庫県姫路市余部上余部 50 番地
半導体工場：兵庫県姫路市余部上余部 50 番地
東芝マイクロエレクトロニクス：神奈川県川崎市幸区小向東芝町 1 番地
東芝セラミックス開発研究所：神奈川県泰野市曽屋 30 番地
東芝エンジニアリング：神奈川県川崎市川崎区日進町 77 番地
中部東芝エンジニアリング：愛知県名古屋市中区栄 1-16-6 名古屋三蔵東邦生命ビル 6 F
多摩川工場：神奈川県川崎市幸区小向東芝町 1 番地
総合研究所：神奈川県川崎市幸区小向東芝町 1 番地
生産技術研究所：神奈川県横浜市磯子区磯子区新磯子町 33 番地
北九州工場：福岡県北九州市小倉北区下到津 1 丁目 10 番 1 号
関西支社：大阪府大阪市中央区本町 4 丁目 2 番 12 号
川崎事業所：神奈川県川崎市幸区掘川町 72 番地
大分工場：大分県大分市大字松岡 3500 番地
岩手東芝エレクトロニクス：岩手県北上市北工業団地 6 番 6 号
芝浦製作所大船工場：神奈川県横浜市東区笠間町 1000 番地 1

　図2.5.4-1に東芝（グループ）の出願件数と発明者数の推移を示す。発明者数は明細書の発明者を年次毎にカウントしたものである。出願件数、発明者数ともに、ここ10年大幅な変動はみられない。

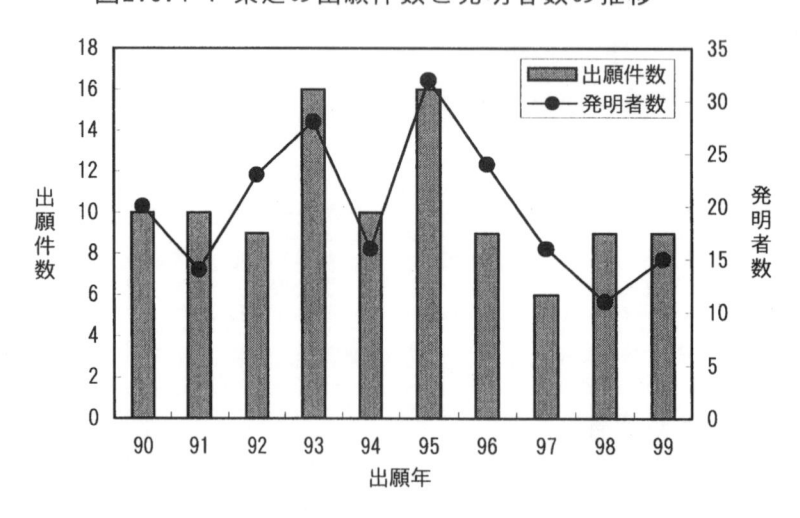

図2.5.4-1 東芝の出願件数と発明者数の推移

（対象特許は1991年 1 月 1 日から2001年 8 月31日までに公開の出願）

2.6 ソニー

ソニーの保有する出願のうち権利存続中または係属中の特許は、ウェット洗浄、ドライ洗浄および排ガス処理の分野にわたり71件である。

2.6.1 企業の概要

表2.6.1-1にソニーの企業概要を示す。

表2.6.1-1 ソニーの企業概要

1)	商号	ソニー株式会社
2)	設立年月日（注1）	1946（昭和21）年5月7日
3)	資本金	472,001（百万円）
4)	従業員	単独／18,845人、連結会社計／181,800人（平成13年3月31日現在）
5)	事業内容	音響・映像・情報・通信関係の各種電子・電気機械器具・電子部品の設計・開発・製造・販売を行うエレクトロニクス分野、ゲーム機およびゲームソフトの設計・開発・製作・販売を行うゲーム分野、半導体製造、音楽ソフトなどの企画・製作・製造・販売を行う音楽分野、映画・テレビ番組の企画・製作・配給を行う映画分野、リースおよびクレジット事業などその他の分野
6)	技術・資本提携関係	経営上の重要な契約など／該当事項なし
7)	事業所	本社／東京都品川区、大崎東テクノロジーセンター／東京都品川区、大崎西テクノロジーセンター／東京都品川区、芝浦テクノロジーセンター／東京都港区、品川テクノロジーセンター／東京都港区、厚木テクノロジーセンター／神奈川県厚木市、湘南テクノロジーセンター／神奈川県藤沢市、仙台テクノロジーセンター／宮城県多賀城市、横浜リサーチセンター／神奈川県横浜市
8)	関連会社	電子デバイス・その他事業の主要会社／ソニー国分、ソニー長崎、ソニー大分、ソニー浜松、ソニー白石セミコンダクタ、ソニーマックス、ソニーケミカル、ソニーコンポーネント千葉、ソニー福島、ソニー栃木、ソニープレシジョン・テクノロジー、ソニー瑞浪、ソニー稲沢、ソニー宮城、ソニーマーケティング、ソニーコミュニケーションネットワーク、ソニー・エレクトロニクス・（シンガポール）・プライベート・リミテッド、ソニーセコンダクタ（タイランド）、ソニー・エレクトロニクス、ソニー・ドイチュランド・ゲー・エム・ベー・ハー、ソニー・ユナイテッド・キングダム・リミテッド、ソニー・フランス・エス・エー
9)	業績推移	（百万円）　　売上高　　営業利益　　当期純利益　　一株益（円） 連結97.3　　5,658,253　　352,475　　139,460　　183.87 連結98.3　　6,761,004　　514,094　　222,068　　278.85 連結99.3　　6,804,182　　338,061　　179,004　　218.43 連結00.3　　6,686,661　　223,204　　121,835　　144.58 連結01.3　　7,314,824　　225,346　　16,754　　18.33
10)	主要製品	電子デバイス・その他の事業の主要製品／半導体、LCD、電子部品、ブラウン管、光学ピックアップ、電池、FAシステム、インターネット関連事業
11)	主な取引先（注1）	仕入先／ソニーグループ、販売先／ソニーマーケティング、ソニー海外販売会社
12)	技術移転窓口	－

出典1：財務省印刷局発行、「有価証券報告書総覧（2001年）」

出典2：（注1）帝国データバンク　会社年鑑2002（2001年10月発行）

2.6.2 製品・技術例

表2.6.2-1にソニーの関連製品・技術例を示す。

表2.6.2-1 ソニーの関連製品・技術例

分野	製品／技術	製品名／技術名	発表／発売元／時期	出典
ウェット洗浄：水系	枚葉式スピン洗浄法	SCROD	1998年10月	ISSM'98
		新技術（洗浄能力など向上）	2001年11月	日経産業新聞2001年11月7日
	洗浄液の長寿命化	BHF（フッ酸とフッ化アンモニウム混合液）の10倍長寿命化	2001年10月	化学工業日報2001年10月22日
	CMP装置	HV-9000,9100,9300	1999年1月	日経産業新聞1999年1月11日

2.6.3 技術開発課題対応保有特許

図2.6.3-1にソニーの1991年1月1日から2001年8月31日までの公開特許における技術要素別の出願構成比率を示す。ウェット、ドライ洗浄、廃水処理および排ガス処理の4技術要素すべてに出願しているが、そのうちドライ、ウェット洗浄が各々54%、36%と多い。

表2.6.3-1にソニーの技術要素・課題・解決手段別保有特許を示す。ソニーの保有の出願のうち登録特許は8件、係属中の特許は63件である。保有特許のうち海外出願された特許は6件である。

技術要素別には、ドライ洗浄、ウェット洗浄、排ガスおよび廃水処理に係わる出願はそれぞれ39件、25件、6件、2件である（重複を含む）。

また、ウェット洗浄およびドライ洗浄に係わる登録特許を主体に主要特許を選択し、発明の名称の後の：以下に概要を記載している。

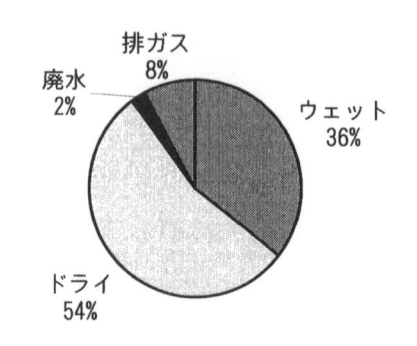

図2.6.3-1 ソニーの技術要素別出願構成比率

排ガス 8%
廃水 2%
ウェット 36%
ドライ 54%

（対象特許は1991年1月1日から2001年8月31日までに公開の出願）

表 2.6.3-1 ソニーの技術要素・課題・解決手段別保有特許 (1/4)

技術要素	課題	解決手段	特許番号	発明の名称：概要
ウェット洗浄：有機系	洗浄高度化：ハロゲン除去	装置・プロセスとの組合わせ：方法・プロセス	特開平11-176791	半導体装置の製造方法及び半導体装置の製造装置
	コスト低減：設備コスト	装置・プロセスとの組合わせ：方法・プロセス	特開平7-297161	洗浄方法
ウェット洗浄：水系	洗浄高度化：パーティクル除去	装置・プロセスとの組合わせ：方法・プロセス	特許3158407	半導体基板の洗浄方法：AMPに先立ちDHF洗浄し、最後にHPMで洗浄するパーティクルの効率的な洗浄法。
	洗浄高度化：有機物除去	装置・プロセスとの組合わせ：方法・プロセス	特開2001-77069	基板処理方法及び基板処理装置
	洗浄高度化：金属除去	洗浄媒体：酸	特開平8-31781	洗浄薬液及び半導体装置の製造方法
		装置・プロセスとの組合わせ：方法・プロセス	特開2001-77072	基板の洗浄方法
	洗浄高度化：その他	洗浄媒体：その他	特開平10-284464	半導体基板の洗浄液及び洗浄方法
		装置・プロセスとの組合わせ：方法・プロセス	特開平8-264399	半導体基板の保管方法および半導体装置の製造方法
	環境対応：安全性向上	装置・プロセスとの組合わせ：方法・プロセス	特開2001-102343	半導体ウェーハの洗浄方法
	コスト低減：ランニングコスト	洗浄媒体：酸	特許3154184	半導体ウエーハの洗浄方法：硫酸と過酸化水素水の混合洗浄液に分解促進剤を添加することにより、短時間に効率よく洗浄する。
		装置・プロセスとの組合わせ：装置	特許3120520	洗浄装置：SPMの濃度分析手段、補充手段、交換手段、温度センサーを備え安定化と洗浄効率を高めた洗浄装置。
		装置・プロセスとの組合わせ：方法・プロセス	特許3057533	半導体ウエーハの洗浄方法：塩酸・過酸化水素・純水の混合比を特定し、短時間で洗浄できる洗浄方法。混合熱を利用。
			特開平7-22363	シリコン系材料の洗浄方法

115

表 2.6.3-1 ソニーの技術要素・課題・解決手段別保有特許 (2/4)

技術要素	課題	解決手段	特許番号	発明の名称：概要
ウェット洗浄：水系	コスト低減：ランニングコスト	装置・プロセスとの組合わせ：方法・プロセス	特開平8-203853	ウェーハの洗浄方法、リンス処理方法及び半導体の製造方法
			特開平8-264500	基板の洗浄方法
			特開平8-306653	洗浄方法およびこれに用いる洗浄装置
			特開平10-335289	シリコン半導体基板の処理方法
			特開平11-330035	半導体製造方法、及び半導体洗浄装置
	コスト低減：設備コスト	装置・プロセスとの組合わせ：方法・プロセス	特開平6-291098	基板洗浄方法及び基板洗浄装置
			特開2001-7067	回転洗浄方法および洗浄装置
ウェット洗浄：活性剤添加	洗浄高度化：パーティクル除去	洗浄媒体：界面活性剤	特開平9-312276	基板の洗浄方法
	環境対応：安全性向上	装置・プロセスとの組合わせ：方法・プロセス	特開平8-148456	処理液による半導体処理方法及び半導体処理装置
	コスト低減：ランニングコスト	装置・プロセスとの組合わせ：方法・プロセス	特開平6-302574	洗浄方法
ウェット洗浄：その他	コスト低減：ランニングコスト	装置・プロセスとの組合わせ：方法・プロセス	特許3136606	ウエハの洗浄方法：槽投入前、槽取り出し後に多量の純水洗浄を行い、槽内での純水量を少なくした効率的洗浄方法。
			特許3208817	洗浄方法及び洗浄装置
ドライ洗浄：不活性ガス	洗浄高度化：パーティクル除去	ドライ洗浄技術：洗浄方法	特開平8-17774	ドライ洗浄装置及び洗浄方法
		ドライ洗浄技術：洗浄装置	特開平10-256231	ウエハ処理装置及びウエハ処理方法
			特開平10-309554	塵埃除去装置
		他の技術との組合わせ：洗浄以外と	特開平5-217983	低温処理装置および低温処理方法
			特開平9-321098	ワイヤボンディング装置及びワイヤボンディング方法
	洗浄高度化：有機物除去	ドライ洗浄技術：洗浄方法	特許2917327	被処理体の洗浄方法：表面に付着した有機系異物が凝固する温度以下に被処理体を冷却し、ガス吹き付けにより異物を除去する。
	コスト低減：ランニングコスト	他の技術との組合わせ：ウェット洗浄と	特開平8-8222	スピンプロセッサ
	コスト低減：設備コスト	他の技術との組合わせ：ウェット洗浄と	特開平7-297161	洗浄方法

表 2.6.3-1 ソニーの技術要素・課題・解決手段別保有特許 (3/4)

技術要素	課題	解決手段	特許番号	発明の名称：概要
ドライ洗浄：蒸気	洗浄高度化：有機物除去	他の技術との組合わせ：ドライ洗浄と	特開平10-22255	洗浄方法及び洗浄装置
	環境対応：処理容易化	ドライ洗浄技術：洗浄方法	特開平9-232274	半導体基板の表面処理方法および半導体基板の表面処理装置
ドライ洗浄：プラズマ	洗浄高度化：有機物除去	ドライ洗浄技術：洗浄方法	特開平8-288260	ヘリコン波プラズマ・アッシング方法
		他の技術との組合わせ：ウェット洗浄と	特開平6-21031	洗浄方法及びその洗浄装置
	洗浄高度化：金属除去	ドライ洗浄技術：洗浄媒体	特開平8-130206	Al系金属層のプラズマエッチング方法
			特開平8-274077	プラズマエッチング方法
	洗浄高度化：ハロゲン除去	ドライ洗浄技術：洗浄媒体	特開平8-222544	成膜処理方法
	洗浄高度化：その他	ドライ洗浄技術：洗浄方法	特開2000-138260	半導体装置の製造方法
			特開2001-118846	半導体装置の製造方法
		ドライ洗浄技術：洗浄装置	特開平8-203873	プラズマ処理装置および半導体装置の製造方法
		他の技術との組合わせ：ウェット洗浄と	特開平9-205089	TEOS膜の形成方法
ドライ洗浄：紫外線等	洗浄高度化：パーティクル除去	ドライ洗浄技術：洗浄装置	特開平6-275587	基板洗浄装置及び基板の製造方法
	洗浄高度化：有機物除去	ドライ洗浄技術：洗浄方法	特開平11-102867	半導体薄膜の形成方法およびプラスチック基板
		他の技術との組合わせ：ウェット洗浄と	特開平11-354514	クラスターツール装置及び成膜方法
	洗浄高度化：その他	ドライ洗浄技術：洗浄媒体	特開平11-135435	基板の表面処理方法、成膜方法、及び成膜装置
ドライ洗浄：その他	洗浄高度化：パーティクル除去	ドライ洗浄技術：洗浄方法	特開平6-102190	微細粒子検出方法及び微細粒子除去方法
	洗浄高度化：パーティクルおよび金属除去	他の技術との組合わせ：ウェット洗浄と	特開平10-199847	ウエハの洗浄方法
	洗浄高度化：有機物除去	ドライ洗浄技術：洗浄方法	特開平6-177088	アッシング方法及びアッシング装置
		他の技術との組合わせ：ウェット洗浄と	特開平9-213617	半導体製造装置及び半導体製造装置の洗浄方法
		他の技術との組合わせ：洗浄以外と	特開平10-64934	半導体装置の製造方法
	洗浄高度化：金属除去	ドライ洗浄技術：洗浄媒体	特許3191346	貼り合わせ基板の製造方法
		ドライ洗浄技術：洗浄方法	特開平11-121416	水素イオン注入によるウエハ浄化方法、及び、水素イオン注入によるAlSi配線形成方法

表 2.6.3-1 ソニーの技術要素・課題・解決手段別保有特許 (4/4)

技術要素	課題	解決手段	特許番号	発明の名称：概要
ドライ洗浄：その他	洗浄高度化：その他	ドライ洗浄技術：洗浄方法	特開平9-321006	半導体装置の製造方法
			特開平10-189499	半導体装置の製造方法
		他の技術との組合わせ：ウェット洗浄と	特開平5-243201	半導体装置の製造方法
			特開平8-45891	半導体装置の製造方法
		他の技術との組合わせ：洗浄以外と	特開平10-64908	半導体装置の配線形成方法及びスパッタ装置
	コスト低減：ランニングコスト	ドライ洗浄技術：洗浄方法	特開平9-321007	膜の形成方法
			特開2000-173932	反応炉の洗浄方法
		ドライ洗浄技術：洗浄装置	特開平5-309577	作業用移動テーブル付き作業装置
			特開2000-150442	洗浄装置
廃水処理	低・無害化：過酸化物、回収：硫酸	化学的処理：酸化還元電解等	特開平11-157812	硫酸／過酸化物混合液の利用方法
	回収・再利用：	装置・システム	特開平8-927	フィルター装置
排ガス処理	低・無害化	処理方法・装置：触媒接触	特開平7-275659	乾式排ガス処理装置、乾式排ガス処理方法及び半導体装置の製造方法
		処理方法・装置：湿式吸収	特開平10-290918	排気ガス処理装置
		処理方法・装置：加熱分解、湿式吸収	特開平11-57400	化学的堆積法を用いた半導体製造装置における排ガス処理装置
		処理方法・装置：乾式吸着吸収	特開平11-76742	排ガス処理装置および排ガス処理方法
			特開平11-114360	排ガス処理装置
		処理方法・装置：(触媒燃焼)	特開平11-342319	ガス処理装置

2.6.4 技術開発拠点と研究者

ソニーの半導体洗浄関連の技術開発拠点を、明細書の発明者住所および企業情報をもとに以下に示す。

本社：東京都品川区北品川6丁目7番35号
ソニー大分：大分県東国東郡国東町大字小原3319-2
ソニー国分：鹿児島県国分市野口北5番1号
ソニー長崎：長崎県諫早市津久葉町1883番43

図2.6.4-1にソニーの出願件数と発明者数の推移を示す。発明者数は明細書の発明者を年次毎にカウントしたものである。

出願件数、発明者数は最近少し減少傾向がみられる。

図2.6.4-1 ソニーの出願件数と発明者数の推移

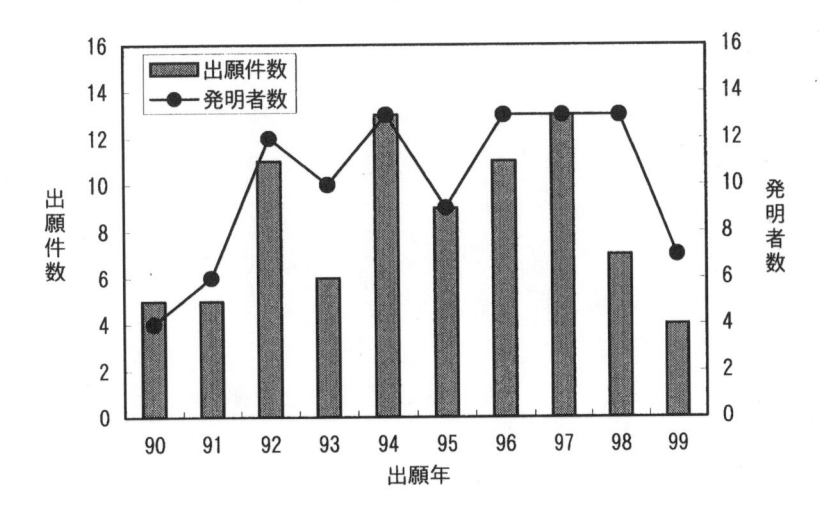

(対象特許は1991年1月1日から2001年8月31日までに公開の出願)

2.7 松下電器産業

松下電器産業の保有する出願のうち権利存続中または係属中の特許は、ウェット洗浄、ドライ洗浄および廃水処理、排ガス処理の全分野にわたり64件である。

2.7.1 企業の概要
表2.7.1-1に松下電器産業の企業概要を示す。

表2.7.1-1 松下電器産業の企業概要

1)	商号	松下電器産業株式会社
2)	設立年月日	1935（昭和10）年12月
3)	資本金	210,994（百万円）
4)	従業員	単独／44,951人、連結会社計／292,790人（平成13年3月31日現在）
5)	事業内容	映像・音響機器および家庭電化・住宅設備機器からなる民生分野、情報・通信機器および産業機器からなる産業分野、部品分野の生産・販売、サービス活動
6)	技術・資本提携関係	技術受入契約／テキサス・インスツルメンツ他20社、技術援助契約／ユニパック他212社、業務提携契約／クアンタム（松下寿電子工業）、合併契約／東レ
7)	事業所	本社／大阪府門真市、（部品分野事業の事業所）甲府工場／山梨県中巨摩郡、石川工場／石川県能美郡、魚津工場／富山県魚津市、草津工場／滋賀県草津市、半導体先行開発センター／大阪府守口市
8)	関連会社	部品分野事業の主要会社／松下電器産業、松下電子工業、日本ビクター、松下電子部品、松下冷機、松下電池工業、九州松下電器産業、マレーシア松下電子部品、シンガポール松下冷機、シンガポール松下部品
9)	業績推移	（百万円）　　売上高　　当期純利益　一株益（円） 連結97.3　　7,675,912　　137,853　　65.39 連結98.3　　7,890,662　　 99,347　　47.04 連結99.3　　7,640,119　　 24,246　　11.60 連結00.3　　7,299,387　　 99,709　　48.35 連結01.3　　7,681,561　　 41,500　　19.96
10)	主要製品	部品分野の主要製品／半導体、電子管、電子回路部品、プリント配線板、トランス、電源、コイル、コンデンサー、抵抗器、チューナー、スイッチ、スピーカー、セラミック応用部品、磁気ヘッド、液晶デバイス、モーター、マイクロモーター、コンプレッサー、各種乾電池、各種蓄電池、太陽電池、充電器、非鉄金属など
11)	主な取引先（注1）	仕入先／新日本製鐵、川崎製鉄、住友金属工業、販売先／直系販売会社、販売店
12)	技術移転窓口	IPRオペレーションカンパニーライセンスセンター

出典1：財務省印刷局発行、「有価証券報告書総覧（2001年）」
出典2：（注1）帝国データバンク　会社年鑑2002（2001年10月発行）

2.7.2 製品・技術例
表2.7.2-1に松下電器産業の関連製品例を示す。

表2.7.2-1 松下電器産業の関連製品例

分野	製品／技術	製品名／技術名	発表／発売元／時期	出典
ドライ洗浄：プラズマ	ドライエッチング装置	E620	—	http://www.panasonic.co.jp/med/products/semi/semicon.html
		E630	—	
		E640	—	
		E650	—	
		PC30B-HS/PC32P-M	九州松下電器	http://www.kme.panasonic.co.jp/fa/main/cobm.html

2.7.3 技術開発課題対応保有特許

図2.7.3-1に松下電器産業の1991年1月1日から2001年8月31日までの公開特許における技術要素別の出願構成比率を示す。ウェット、ドライ洗浄および廃水処理の3技術要素に出願しているが、そのうちドライ洗浄が74%と著しく多く、ウェット洗浄は23%である。

表2.7.3-1に松下電器産業の技術要素・課題・解決手段別保有特許を示す。松下電器産業の保有の出願のうち登録特許は16件、係属中の特許は48件である。保有特許のうち海外出願された特許は10件である。

技術要素別には、ドライ洗浄、ウェット洗浄および廃水処理に係わる出願はそれぞれ47件、16件、1件である。

また、ウェット洗浄およびドライ洗浄に係わる登録特許を主体に主要特許を選択し、発明の名称の後の：以下に概要を記載している。

図2.7.3-1 松下電器産業の技術要素別出願構成比率

（対象特許は1991年1月1日から2001年8月31日までに公開の出願）

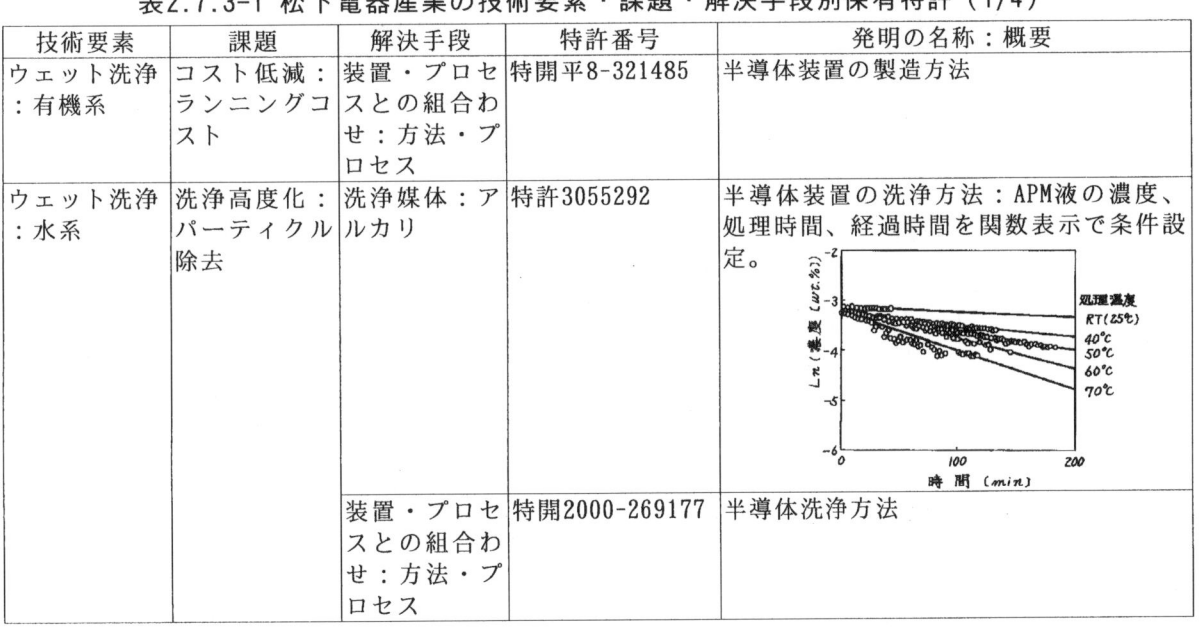

表2.7.3-1 松下電器産業の技術要素・課題・解決手段別保有特許（1/4）

技術要素	課題	解決手段	特許番号	発明の名称：概要
ウェット洗浄：有機系	コスト低減：ランニングコスト	装置・プロセスとの組合わせ：方法・プロセス	特開平8-321485	半導体装置の製造方法
ウェット洗浄：水系	洗浄高度化：パーティクル除去	洗浄媒体：アルカリ	特許3055292	半導体装置の洗浄方法：APM液の濃度、処理時間、経過時間を関数表示で条件設定。
		装置・プロセスとの組合わせ：方法・プロセス	特開2000-269177	半導体洗浄方法

表2.7.3-1 松下電器産業の技術要素・課題・解決手段別保有特許 (2/4)

技術要素	課題	解決手段	特許番号	発明の名称：概要
ウェット洗浄：水系	洗浄高度化：パーティクル除去	装置・プロセスとの組合わせ：方法・プロセス	特開2000-331978	電子デバイスの洗浄方法及びその製造方法
	洗浄高度化：有機物除去	装置・プロセスとの組合わせ：方法・プロセス	特許3200312	ドライエッチング方法：メタル膜の腐食を防止できるとともに、アッシング残渣が生じないドライエッチング方法。チオ硫酸Na水溶液でリンスし、次に純水リンスする。
			特開2001-230318	電子デバイスの製造方法
	洗浄高度化：金属除去	装置・プロセスとの組合わせ：方法・プロセス	特許2875503	半導体の処理方法：不活性ガス雰囲気下で炭酸ガスを含まない純水で洗浄し自然酸化膜を形成させない。
	洗浄高度化：ハロゲン除去	装置・プロセスとの組合わせ：方法・プロセス	特開平11-224877	基板処理方法
	洗浄高度化：その他	洗浄媒体：酸	特開平9-246255	半導体装置の表面処理液および半導体装置のウェット処理方法
	コスト低減：ランニングコスト	装置・プロセスとの組合わせ：方法・プロセス	特開平7-142435	シリコン基板の洗浄方法
			特開平8-17775	半導体装置の洗浄方法
			特開平9-69509	半導体ウェーハの洗浄・エッチング・乾燥装置及びその使用方法
			特開平10-79365	半導体装置の洗浄方法
	コスト低減：設備コスト	装置・プロセスとの組合わせ：方法・プロセス	特開2001-35824	基板洗浄方法および基板洗浄装置
ウェット洗浄：活性剤添加	洗浄高度化：パーティクル除去	装置・プロセスとの組合わせ：方法・プロセス	特開平10-79366	半導体装置の洗浄方法
ウェット洗浄：その他	洗浄高度化：有機物除去	洗浄媒体：超臨界洗浄	特開2000-357686	異物除去方法，膜形成方法，半導体装置及び膜形成装置
ドライ洗浄：蒸気	コスト低減：ランニングコスト	ドライ洗浄技術：洗浄装置	特開平7-335607	基板洗浄方法および基板洗浄装置
ドライ洗浄：プラズマ	洗浄高度化：パーティクルおよび有機物除去	ドライ洗浄技術：洗浄方法	特開平8-339969	半導体装置の製造方法
	洗浄高度化：有機物および金属除去	ドライ洗浄技術：洗浄方法	特開平10-284451	ワークのプラズマクリーニング装置およびプラズマクリーニング方法
	洗浄高度化：有機物除去	ドライ洗浄技術：洗浄方法	特許3171015	クリーニング方法及びクリーニング装置
		ドライ洗浄技術：洗浄装置	特開平9-148291	プラズマクリーニング装置及びプラズマクリーニング方法
			特許2828066	基板のプラズマクリーニング装置
		他の技術との組合わせ：洗浄以外と	特許2827558	ワイヤボンディング装置およびワイヤボンディング方法

表2.7.3-1 松下電器産業の技術要素・課題・解決手段別保有特許（3/4）

技術要素	課題	解決手段	特許番号	発明の名称：概要
ドライ洗浄：プラズマ	洗浄高度化：その他	ドライ洗浄技術：洗浄方法	特開平11-67872	基板のプラズマクリーニング方法
			特開2001-196360	ワークのプラズマ処理方法
		ドライ洗浄技術：洗浄装置	特開平7-283199	プラズマクリーニング装置及び電子部品製造方法
			特許3042325	基板のプラズマクリーニング装置
			特開平8-250295	励起原子線源
			特開平10-107062	プラズマクリーニング装置、プラズマクリーニング方法及び回路モジュールの製造方法
			特開平10-321677	テープ状ワークのプラズマクリーニング装置
			特開2000-178769	プラズマ処理装置
			特開2000-340546	プラズマ処理装置およびプラズマ処理方法
	コスト低減：ランニングコスト	ドライ洗浄技術：洗浄方法	特開平11-16865	基板のプラズマクリーニング方法
			特開平11-26917	基板のプラズマクリーニング装置およびプラズマクリーニング方法ならびに電子部品実装用基板
			特開平11-54487	電子部品のプラズマクリーニング装置及びプラズマクリーニング方法
		ドライ洗浄技術：洗浄装置	特許2921067	プラズマクリーニング装置：酸化膜を水素含有ガスのプラズマで除去する装置で、被清掃体の移載が完了したら開口部が自動的に確実に閉塞される構造とし多数個の処理を作業性よく行う。
			特許2924141	ワイヤボンディングの前工程における基板のプラズマクリーニング装置
			特許3149503	基板のプラズマクリーニング装置
			特許3099525	基板のプラズマクリーニング装置
			特開平7-135191	基板のプラズマクリーニング装置及び方法
			特許2781545	半導体製造装置
			特開平10-50755	ワイヤボンディング装置及びワイヤボンディング方法
			特許3196657	表面処理装置及び表面処理方法
			特開平10-163177	基板のプラズマクリーニング装置およびプラズマクリーニング方法
			特許3201302	基板のプラズマクリーニング装置
			特開平10-233379	基板のプラズマクリーニング装置
			特開平10-242097	基板のプラズマクリーニング装置
			特開平10-247598	プラズマ源及びこれを用いたイオン源並びにプラズマ処理装置
			特開平10-302998	ワークのプラズマ処理装置およびプラズマ処理方法
			特開平11-26439	基板のプラズマクリーニング装置
			特開平11-54586	電子部品のプラズマ処理装置及びプラズマ処理方法

表2.7.3-1 松下電器産業の技術要素・課題・解決手段別保有特許 (4/4)

技術要素	課題	解決手段	特許番号	発明の名称：概要
ドライ洗浄：プラズマ	コスト低減：ランニングコスト	ドライ洗浄技術：洗浄装置	特開平11-54464	電子部品のプラズマクリーニング装置およびプラズマクリーニング方法
		他の技術との組合わせ：ウェット洗浄と	特公平7-87189	半導体装置の製造方法
ドライ洗浄：紫外線等	洗浄高度化：パーティクルおよび有機物除去	他の技術との組合わせ：ウェット洗浄と	特開2000-315672	半導体基板の洗浄方法および洗浄装置
	洗浄高度化：有機物除去	ドライ洗浄技術：洗浄方法	特開平9-237772	基板の清浄化処理方法
	洗浄高度化：有機物および金属除去	ドライ洗浄技術：洗浄方法	特開平9-260323	半導体基板の洗浄方法および半導体基板の洗浄装置
	洗浄高度化：その他	ドライ洗浄技術：洗浄媒体	特許3201547	炭化珪素のエッチング方法：600℃以上の加熱と、不活性ガスまたは反応性ガス雰囲気中での所定の波長の紫外線照射により炭化ケイ素を除去する。
		ドライ洗浄技術：洗浄方法	特開2000-216129	膜表面浄化方法及びその装置
		他の技術との組合わせ：洗浄以外と	特開2000-31226	半導体装置の製造装置及びその製造方法
ドライ洗浄：その他	洗浄高度化：パーティクル除去	ドライ洗浄技術：洗浄装置	特開平9-64000	ドライ洗浄装置
	洗浄高度化：有機物除去	ドライ洗浄技術：洗浄方法	特開平11-224872	シリコンの表面処理方法
	洗浄高度化：その他	ドライ洗浄技術：洗浄媒体	特開平9-283479	半導体基板の洗浄方法および半導体基板の洗浄装置
		他の技術との組合わせ：洗浄以外と	特開平8-250478	半導体装置の製造方法
廃水処理	低・無害化：有機物	物理的処理：濾過、濃縮	特開平8-281295	フォトレジスト含有廃液の処理方法

2.7.4 技術開発拠点と研究者

松下電器産業(グループ)の半導体洗浄関連の技術開発拠点を明細書および企業情報をもとに以下に示す。

本社：大阪府門真市大字門真1006番地
松下電子工業：大阪府高槻市幸町1番1号
松下技研：神奈川県川崎市多摩区東三田3丁目10番1号
松下寿電子産業：香川県寿町2丁目10号

図2.7.4-1に松下電器産業(グループ)の出願件数と発明者数の推移を示す。発明者数は明細書の発明者を年次毎にカウントしたものである。発明者数は最近減少傾向にある。

図2.7.4-1 松下電器産業の出願件数と発明者数の推移

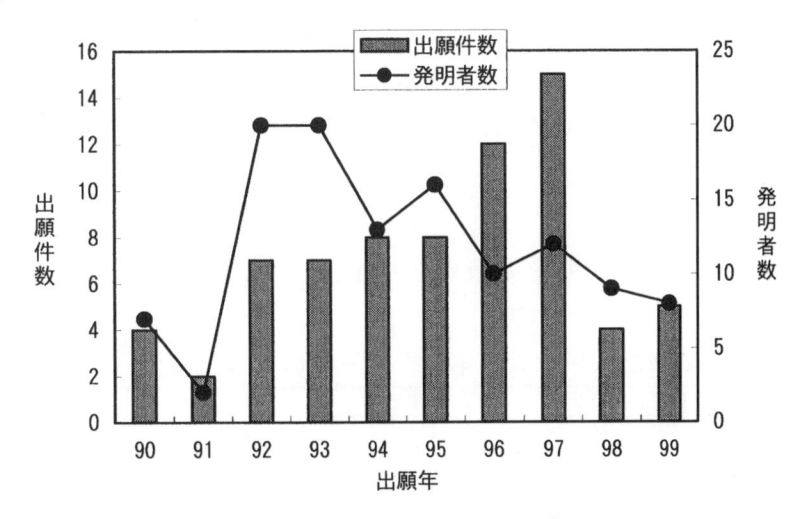

(対象特許は1991年1月1日から2001年8月31日までに公開の出願)

2.8 大日本スクリーン

　大日本スクリーン製造の保有する出願のうち権利存続中または係属中の特許は、ウェット洗浄とドライ洗浄を中心に70件である。

2.8.1 企業の概要
　表2.8.1-1に大日本スクリーンの企業概要を示す。

表2.8.1-1 大日本スクリーンの企業概要

1)	商号	大日本スクリーン製造株式会社
2)	設立年月日（注1）	1943（昭和18）年10月11日
3)	資本金	36,544（百万円）
4)	従業員	単独／3,017人、連結会社計／4,715人（平成13年3月31日現在）
5)	事業内容	電子工業用機器および画像情報処理機器の製造・販売を主な内容とし、それらに関連する研究およびサービスなどの事業活動
6)	技術・資本提携関係	経営上の重要な契約等／該当事項なし
7)	事業所（主要）	本社／京都市上京区、洛西事業所／京都市伏見区、久世事業所／京都市南区、彦根地区事業所／滋賀県彦根市、野洲事業所／滋賀県野洲郡、多賀事業所／滋賀県犬上郡、久御山事業所／京都府久世郡、東京支店および管轄営業所／東京都豊島区他、大阪支社および管轄営業所／大阪市北区他、福岡支店および管轄営業所／福岡市博多区他、名古屋支店および管轄営業所／名古屋市西区他
8)	関連会社（主要）	電子工業用機器の連結・関連会社／ディ・エス・ティ・マイクロニクス、ディ・エス・テック東京、ディ・エス・テック関西、サーク、レーザーソリューションズ、ディエス技研、データ・テクノ、DNS KOREA、DNS ELECTRONICS, LLC、DAINIPPON SCREEN(DEUTSCHLAND)、DAINIPPON SCREEN(U.K)、DAINIPPON SCREEN SINGAPORE、DAINIPPON SCREEN (CHINA)、DAINIPPON SCREEN (TAIWAN)、DAINIPPON SCREEN (KOREA)
9)	業績推移	（百万円）　売上高　経常利益　当期純利益　一株益（円） 連結97.3　223,907　13,610　9,325　56.75 連結98.3　221,746　6,039　4,002　23.38 連結99.3　147,602　△21,981　△26,083　△149.89 連結00.3　174,812　△7,424　△7,028　△40.00 連結01.3　242,726　21,450　17,805　97.20
10)	主要製品	電子工業用機器事業区分の主要製品／半導体製造装置、液晶など薄膜部品製造装置、プリント配線板製造装置、ブラウン管用マスク、保守、点検
11)	主な取引先（注2）	仕入先／カンセツ、大日本科研、入江製作所、ウメトク、竹菱電機、日本シーエムアイ、日本機材、ミヤタコーポレーション、販売先／ソニー、日本電気、富士通、富士写真フィルム、東芝、セイコーエプソン、シャープ、日本フィリップス、凸版印刷、大日本印刷
12)	技術移転窓口	－

出典1：財務省印刷局発行、「有価証券報告書総覧（2001年）」
出典2：（注1）帝国データバンク　会社年鑑2002（2001年10月発行）
出典3：（注2）帝国データバンク　会社年鑑2001（2000年10月発行）

　大日本スクリーンは、昨年12月に米国アッシュランド・スペシャリティーケミカルと技術提携し半導体ウェーハに付着したポリマー除去技術を共同開発すると発表した（日経産業新聞2000年12月6日）。また、最近、大日本スクリーンが米国アッシュランド・スペシャリティーケミカル、神戸製鋼所と超臨界プロセスを用いたポストエッチングプロセス開発について提携することが明らかになった（出典：化学工業日報2001年12月12日）。

2.8.2 製品・技術例

表2.8.2-1に大日本スクリーンのウェット洗浄関連製品例を示す。

表2.8.2-1 大日本スクリーンのウェット洗浄関連製品例

分野	製品/技術	製品名/技術名	発表/発売元/時期	出典
ウェット洗浄：水系	スピンスクラバ	SS-W80A-J	−	http://www.screen.co.jp/eed/Semi_Product/SS-W80A-J_J.html
	両面スクラバ	SS-W60A-AR, SS-W80A-AR	−	http://www.screen.co.jp/eed/Semi_Product/SS-W60_80A_AR/SS-W60_80A-AR_J.html
		SS-80BW-AR	−	http://www.screen.co.jp/eed/Semi_Product/SS-W80BW_AR/SS-W80BW-AR_J.html
	スピンスクラバ	SS-3000	−	http://www.screen.co.jp/eed/Semi_Product/SS-3000/SS-3000_J.html
	SC-1洗浄	SC-1ユニット	−	http://www.screen.co.jp/eed/Semi_Product/SC-1/Sc-1_J.html
	ウェットステーション	WS-820C	−	http://www.screen.co.jp/eed/Semi_Product/WS-820C/WS-820C_J.html
		FS-820L	−	http://www.screen.co.jp/eed/Semi_Product/FS-820L/FS-820L_J.html
		FL-820L	−	http://www.screen.co.jp/eed/Semi_Product/FL-820L/FL-820L_J.html
		FC-821L	−	http://www.screen.co.jp/eed/Semi_Product/FC-821L/FC-821L_J.html
		FC-3000	−	http://www.screen.co.jp/eed/Semi_Product/FC-3000/FC-3000_J.html
	枚葉式スピン洗浄装置	SP-W813	−	http://www.screen.co.jp/eed/Semi_Product/SP-W813/SP-W813_J.html
		MP-2000	−	http://www.screen.co.jp/eed/Semi_Product/MP-2000/MP-2000_J.html
		MP-3000	−	http://www.screen.co.jp/eed/Semi_Product/MP-3000/MP-3000_J.html
	CMP後洗浄装置	SP-W813-AS	−	http://www.screen.co.jp/eed/Semi_Product/SP-W813-AS/SP-W813-AS_J.html
		AS-2000	−	http://www.screen.co.jp/eed/Semi_Product/AS-2000/AS-2000_J.html
	枚葉式ポリマー除去装置	SR-8040	−	http://www.screen.co.jp/eed/Semi_Product/SR-8040/SR-8040_J.html
		SR-2000	−	http://www.screen.co.jp/eed/Semi_Product/SR-2000/SR-2000_J.html
		SR-3000	−	http://www.screen.co.jp/eed/Semi_Product/SR-3000/SR-3000_J.html

2.8.3 技術開発課題対応保有特許

図 2.8.3-1、-2 および-3 に大日本スクリーンの 1991 年 1 月 1 日から 2001 年 8 月 31 日までの公開特許における要素要素別の出願構成比率およびウェット洗浄とドライ洗浄の技術要素と課題の分布を示す。ウェット、ドライ洗浄および廃水処理の 3 技術要素に出願しているが、ドライ洗浄が 70%と多く、次にウェット洗浄が 28%である。

ウェット洗浄の水系分野でコスト低減の設備コスト課題が多いことおよびドライ洗浄の不活性ガス分野でその他（酸化膜など）の洗浄高度化課題が多いことが特徴的である。

表 2.8.3-1 に大日本スクリーンの技術要素・課題・解決手段別保有特許を示す。大日本スクリーンの保有の出願のうち登録特許は 23 件、係属中の特許は 47 件である。保有特許のうち海外出願された特許は 12 件である。

技術要素別にはドライ洗浄、ウェット洗浄および廃水処理に係わる出願はそれぞれ 51 件、21 件、1 件である（重複を含む）。

また、ウェット洗浄およびドライ洗浄に係わる登録特許を主体に主要特許を選択し、発明の名称の後の：以下に概要を記載している。

図2.8.3-1 大日本スクリーンの要素要素別出願構成比率

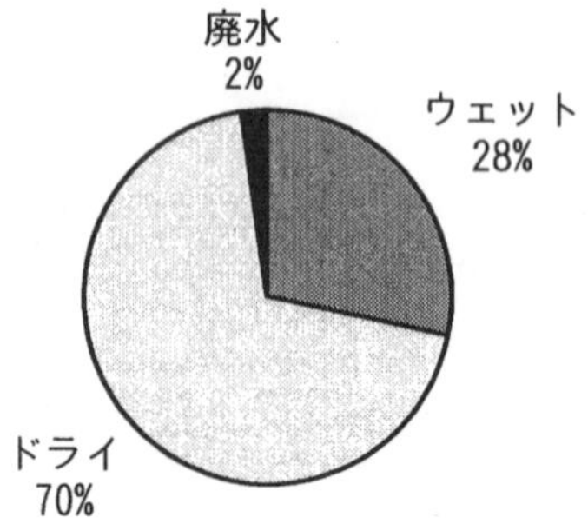

廃水 2%
ウェット 28%
ドライ 70%

（対象特許は1991年1月1日から2001年8月31日までに公開の出願）

図2.8.3-2 大日本スクリーンのウェット洗浄の要素技術と課題の分布

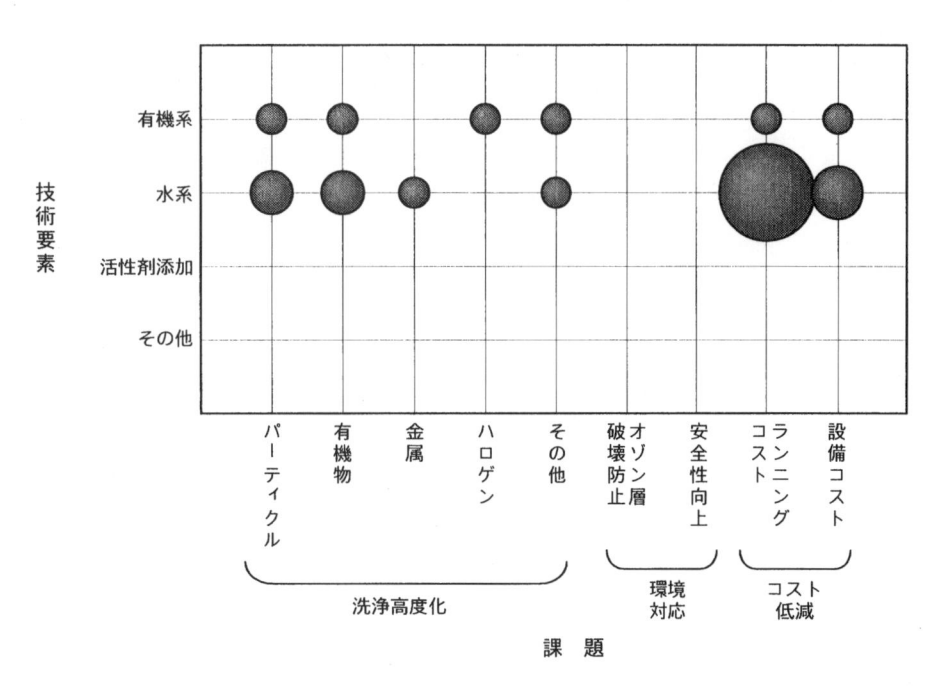

（対象特許は1991年1月1日から2001年8月31日までに公開の出願）

図2.8.3-3 大日本スクリーンのドライ洗浄の要素技術と課題の分布

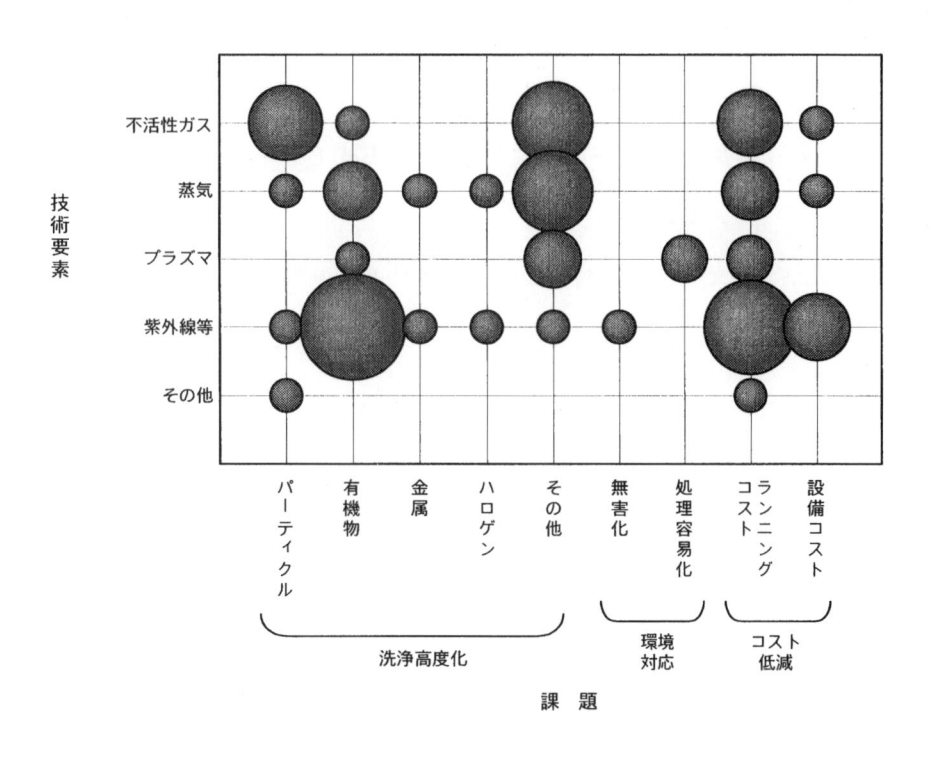

（対象特許は1991年1月1日から2001年8月31日までに公開の出願）

表2.8.3-1 大日本スクリーン製造の技術要素・課題・解決策別保有特許（1/5）

技術要素	課題	解決手段	特許番号	発明の名称：概要
ウェット洗浄：有機系	洗浄高度化：パーティクル除去	装置・プロセスとの組合わせ：方法・プロセス	特開平6-326073	基板の洗浄・乾燥処理方法並びにその処理装置
	洗浄高度化：有機物除去	装置・プロセスとの組合わせ：装置	特開平9-10705	回転式基板処理装置
	洗浄高度化：ハロゲン除去	洗浄媒体：含酸素炭化水素	特公平7-48482	酸化膜等の被膜除去処理後における基板表面の洗浄方法：エッチング後の基板表面の残存ハロゲンを1価低級アルコールで洗浄除去。
	洗浄高度化：その他	洗浄媒体：含酸素炭化水素	特許2632293	シリコン自然酸化膜の選択的除去方法：4％以下の無水フッ化水素含有アルコールでシリコン自然酸化膜を選択的に除去する。
	コスト低減：ランニングコスト	装置・プロセスとの組合わせ：装置	特許2859078	基板端縁洗浄装置：溶剤吐出手段、溶剤・溶解物排出手段を持つ基板の洗浄装置。短時間で効率的。
	コスト低減：設備コスト	装置・プロセスとの組合わせ：方法・プロセス	特開2001-129498	基板処理方法
ウェット洗浄：水系	洗浄高度化：パーティクル除去	装置・プロセスとの組合わせ：方法・プロセス	特開平10-172941	基板洗浄方法及びその装置
	洗浄高度化：有機物除去	装置・プロセスとの組合わせ：方法・プロセス	特開2000-12500	基板処理方法及びその装置
			特開2000-164552	基板処理装置および基板処理方法
	洗浄高度化：金属除去	装置・プロセスとの組合わせ：方法・プロセス	特開2000-164552	基板処理装置および基板処理方法
	コスト低減：ランニングコスト	装置・プロセスとの組合わせ：装置	特開平10-22247	電解イオン水洗浄装置
			特開平11-330041	エッチング液による基板処理装置
			特開2000-208466	基板処理方法および基板処理装置
			特開2000-301085	基板処理装置および基板処理方法
		装置・プロセスとの組合わせ：方法・プロセス	特許3142195	薬液供給装置
			特開平9-1093	基板洗浄方法およびそれに使用する基板洗浄装置
			特開平11-239768	電解イオン水による洗浄方法及び洗浄装置
			特開平11-312658	基板洗浄方法および基板洗浄装置
			特開2001-185527	基板処理方法および基板処理装置
	コスト低減：設備コスト	装置・プロセスとの組合わせ：装置	特開平8-141526	基板処理装置およびそれに用いられる処理槽
			特開平10-22249	電解イオン水洗浄装置
			特開2000-286220	基板処理装置

表2.8.3-1 大日本スクリーン製造の課題別保有特許の概要 (2/5)

技術要素	課題	解決手段	特許番号	発明の名称：概要
ドライ洗浄：不活性ガス	洗浄高度化：パーティクル除去	ドライ洗浄技術：洗浄装置	特開平7-326598	基板処理装置
			特開平9-45649	基板の表面処理装置
		他の技術との組合わせ：ウェット洗浄と	特開平8-316190	基板処理装置
	洗浄高度化：その他	ドライ洗浄技術：洗浄方法	特許2583152	基板回転式表面処理方法
		ドライ洗浄技術：洗浄装置	特公平7-44168	基板回転式表面処理装置
		他の技術との組合わせ：ウェット洗浄	特開平9-306884	基板処理方法および基板処理装置
	コスト低減：ランニングコスト	他の技術との組合わせ：ウェット洗浄と	特許3074089	基板処理装置
		他の技術との組合わせ：ウェット洗浄と	特許3035450	基板の洗浄処理方法：洗浄用薬液の供給と不活性ガスの吹き付けを短時間で交互に繰り返すことにより処理時間を短縮し薬液使用量を低減させる。
			特開平10-41261	基板処理装置および方法
			特開2000-77375	基板処理方法および基板処理装置
	コスト低減：設備コスト	他の技術との組合わせ：ウェット洗浄と	特開平9-162147	基板処理装置
ドライ洗浄：蒸気	洗浄高度化：パーティクルおよび有機物除去	他の技術との組合わせ：ウェット洗浄と	特許2915205	基板表面処理装置および基板表面処理方法：反応性ガス供給と純水供給、それらの排出の構成により各種汚染物を除去する。
	洗浄高度化：有機物およびその他除去	他の技術との組合わせ：ドライ洗浄と	特許3133054	基板の洗浄処理方法及び洗浄処理装置：オゾン供給、プラズマ照射または紫外線照射のいずれかで有機物を分解除去し、フッ化水素含有蒸気供給でシリコン酸化膜をエッチングする。

表 2.8.3-1 大日本スクリーン製造の技術要素・課題・解決策別保有特許（3/5）

技術要素	課題	解決手段	特許番号	発明の名称：概要
ドライ洗浄：蒸気	洗浄高度化：有機物および金属除去	他の技術との組合わせ：ウェット洗浄と	特許2571304	基板の表面処理方法および装置：酸含有蒸気に紫外線を照射しながら基板表面へ供給した後、純水で洗浄して有機物や重金属を除去する。
	洗浄高度化：ハロゲン除去	ドライ洗浄技術：洗浄媒体	特公平7-48482	酸化膜等の被膜除去処理後における基板表面の洗浄方法：ハロゲン化物で基板表面の被膜を除去後、さらに無水の低級かつ1価のアルコール蒸気を供給して残存するハロゲン化物を除去する。
ドライ洗浄：蒸気	洗浄高度化：その他	ドライ洗浄技術：洗浄媒体	特公平7-48481	シリコン層上の被膜除去方法：無水フッ化水素とアルコールにさらして基板のシリコン層表面に形成された自然酸化膜を除去する。
			特公平6-103685	基板の洗浄処理方法および装置：洗浄処理液を沸騰点未満の温度で蒸発させた蒸気を露点を越える温度で基板に供給して洗浄することにより、蒸気中のエアロゾルをなくしてコロイダルシリカの生成を防ぐ。
			特公平6-9195	基板の表面処理方法
			特公平8-8231	絶縁膜の選択的除去方法：フッ化水素と水を含む混合蒸気よりも高い所定温度範囲に基板の表面温度を保持して所望の絶縁膜だけを選択的に除去する。
		他の技術との組合わせ：ドライ洗浄と	特許2580373	基板の表面処理方法：イオンエッチングされた基板表面を酸素と四フッ化炭素を含むプラズマにさらし、その後フッ化水素酸の蒸気でシリコン酸化膜や損傷層を除去する。
	コスト低減：ランニングコスト	ドライ洗浄技術：洗浄装置	特許2882963	基板処理用蒸気発生装置
		他の技術との組合わせ：ウェット洗浄と	特開平9-199471	基板処理装置および基板処理方法
	コスト低減：設備コスト	ドライ洗浄技術：洗浄装置	特許2552014	基板用洗浄処理装置：処理液貯留部、蒸気発生部、基板保持手段、蒸気供給部の配置や温度調節手段により装置をコンパクト化しシールを簡略化する。
ドライ洗浄：プラズマ	洗浄高度化：有機物およびその他除去	他の技術との組合わせ：ドライ洗浄と	特許3133054	基板の洗浄処理方法及び洗浄処理装置：オゾン供給、プラズマ照射または紫外線照射のいずれかで有機物を分解除去し、フッ化水素含有蒸気供給でシリコン酸化膜をエッチングする。
	洗浄高度化：その他	ドライ洗浄技術：洗浄装置	特開平8-330286	プラズマ処理装置

表2.8.3-1 大日本スクリーン製造の技術要素・課題・解決策別保有特許（4/5）

技術要素	課題	解決手段	特許番号	発明の名称：概要
ドライ洗浄：プラズマ	洗浄高度化：その他	他の技術との組合わせ：ドライ洗浄と	特許2580373	基板の表面処理方法：イオンエッチングされた基板表面を酸素と四フッ化炭素を含むプラズマにさらし、その後フッ化水素酸の蒸気でシリコン酸化膜や損傷層を除去する。
	環境対応：処理容易化	ドライ洗浄技術：洗浄装置	特開平11-186158	基板処理装置
			特開平11-186159	基板処理装置
	コスト低減：ランニングコスト	ドライ洗浄技術：洗浄装置	特許3096953	プラズマアッシング装置
			特開平11-186240	基板処理装置
ドライ洗浄：紫外線等	洗浄高度化：パーティクルおよび有機物除去	他の技術との組合わせ：ドライ洗浄と	特開平10-209097	基板洗浄方法及び装置
	洗浄高度化：有機物および金属除去	ドライ洗浄技術：洗浄媒体	特許2524869	基板の表面処理方法および装置：オゾンまたは酸素に酸含有蒸気または一酸化窒素または二酸化窒素を混合し、紫外線等で活性化してレジストとレジスト中の金属不純物を除去する。
	洗浄高度化：有機物除去	ドライ洗浄技術：洗浄装置	特開平7-183263	紫外線照射装置
			特開平9-92634	基板処理装置
			特開平9-199459	基板処理装置
			特開平11-40642	基板処理装置および方法
		他の技術との組合わせ：ウェット洗浄と	特開2000-12500	基板処理方法及びその装置
	洗浄高度化：有機物およびその他除去	他の技術との組合わせ：ドライ洗浄と	特許3133054	基板の洗浄処理方法及び洗浄処理装置：オゾン供給、プラズマ照射または紫外線照射のいずれかで有機物を分解除去し、フッ化水素含有蒸気供給でシリコン酸化膜をエッチングする。
	洗浄高度化：ハロゲン除去	ドライ洗浄技術：洗浄方法	特開平7-335602	基板の表面処理方法及び表面処理装置
	環境対応：無害化	ドライ洗浄技術：洗浄装置	特許3027686	紫外線照射装置
	コスト低減：ランニングコスト	ドライ洗浄技術：洗浄装置	特許3138372	基板処理装置：紫外線照射手段と基板の相対距離の制御手段や紫外線照射の点灯制御手段を備え、基板処理工程全体のタクトが変化しても適量の紫外線エネルギーを与える。
			特開平9-22889	基板処理装置
			特開平9-36077	基板処理装置
			特開平9-74079	基板処理装置
			特開平9-82672	基板処理装置および基板処理方法
			特開平9-82673	基板処理装置
			特開平9-148290	基板への紫外線照射装置及び基板処理システム
			特開平9-66270	基板処理装置
	コスト低減：設備コスト	ドライ洗浄技術：洗浄装置	特許2871395	基板処理装置
			特開平9-199460	基板処理装置
		他の技術との組合わせ：ウェット洗浄と	特開平9-199458	基板処理装置
			特開2000-31239	基板処理装置

表2.8.3-1 大日本スクリーン製造の技術要素・課題・解決策別保有特許（5/5）

技術要素	課題	解決手段	特許番号	発明の名称：概要
ドライ洗浄：その他	洗浄高度化：パーティクル除去	他の技術との組合わせ：ウェット洗浄と	特開平8-197265	基板のレーザ洗浄装置およびこれを用いた基板洗浄装置
	コスト低減：ランニングコスト	ドライ洗浄技術：洗浄装置	特開2000-286220	基板処理装置
廃水処理	低・無害化：（オゾン）	化学的処理：酸化還元電解等、装置・システム	特開2001-179268	基板処理装置

2.8.4 技術開発拠点と研究者

大日本スクリーン製造の半導体洗浄関連の技術開発拠点を明細書および企業情報をもとに以下に示す。

本社：京都府上京区堀川通寺之内上ル４丁目天神北町１番地

彦根事業所：滋賀県彦根市高宮町480番地-1

野洲事業所：滋賀県野洲郡野洲町大字上字口ノ川原2426番地

洛西事業所：京都府京都市伏見区羽束師石川町322番地

図2.8.4-1に大日本スクリーンの出願件数と発明者数の推移を示す。発明者数は明細書の発明者を年次毎にカウントしたものである。

出願件数および発明者ともに、1995年以降減少傾向にある。

図2.8.4-1 大日本スクリーンの出願件数と発明者数の推移

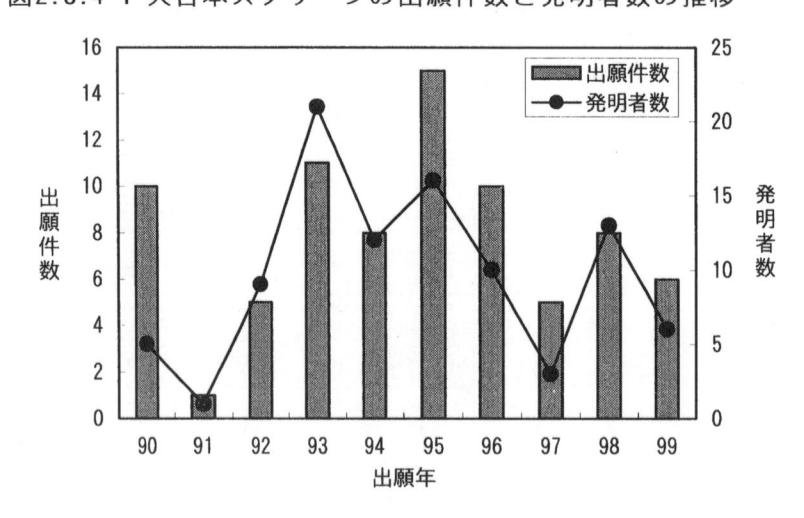

（対象特許は1991年１月１日から2001年８月31日までに公開の出願）

2.9 三菱電機

三菱電機の保有する出願のうち権利存続中または係属中の特許は、ウェット洗浄、ドライ洗浄および廃水処理の分野にわたり33件である。

2.9.1 企業の概要
表2.9.1-1に三菱電機の企業概要を示す。

表2.9.1-1 三菱電機の企業概要

1)	商号	三菱電機株式会社
2)	設立年月日（注1）	1921（大正10）年1月15日
3)	資本金	175,820（百万円）
4)	従業員	単独／40,906人、連結会社計／116,715人（平成13年3月31日現在）
5)	事業内容	重電システム、産業メカトロニクス、情報通信システム、電子デバイス、家庭電器、その他の6セグメントに関係する事業
6)	技術・資本提携関係	技術導入契約／ラムバス社、インクリメント・ピー、ソニー、ルーセント・テクノロジーズ・ジー・アール・エル、ユニシス、レイセオン、インターナショナル・レクティファイア、コーニンクレッカ・フィリップス・エレクトロニック、相互技術援助契約／ロバート・ボッシュ、モトローラ、テキサス・インスツルメンツ、三星電子、インターナショナル・ビジネス・マシーンズ、ルーセント・テクノロジーズ・ジー・アール・エル、技術供与契約／エムペグ・エルエー、上海三菱電梯、パワーチップ・セミコンダクタ
7)	事業所	本社／東京都千代田区、電力・産業システム事業所／神戸市兵庫区他、系統変電・交通システム事業所／兵庫県尼崎市他、名古屋製作所／名古屋市、姫路製作所／兵庫県姫路市、通信機製作所 通信システム統括事業部 移動電信統括事業部／兵庫県尼崎市、鎌倉製作所／神奈川県鎌倉市、京都製作所 映像表示デバイス製作所／京都府長岡京市、北伊丹地区事業所／兵庫県伊丹市、熊本工場／熊本県西合志町、西条工場／愛媛県西条市、静岡製作所／静岡県静岡市
8)	関連会社	電子デバイス事業の関係会社／三菱電機熊本セミコンダクタ、アドバンスト・ディスプレイ、三菱電機長野セミコンダクタ、三菱電機メテックス、三菱ディスプレイ・デバイス・アメリカ、三菱四通集成電路、三菱セミコンダクタ・ヨーロッパ、NEC三菱電機、ビジュアルシステムズ、オプトレックス、パワーレックス、三菱電機セミコンダクタシステム、福菱セミコンエンジニアリング
9)	業績推移	（百万円）　売上高　　当期純利益　　一株益（円） 連結97.3　3,725,192　　8,523　　3.97 連結98.3　3,901,344　△99,242　△46.22 連結99.3　3,794,063　△40,633　△18.92 連結00.3　3,774,230　24,833　11.57 連結01.3　4,129,493　124,786　58.12
10)	主要製品	電子デバイス事業の主要製品／メモリーIC、ロジックIC、ディスプレイモニター、ブラウン管、プラズマディスプレイ、液晶表示装置、プリント基板、その他、
11)	主な取引先（注1）	仕入先／セイコーエプソン、三菱商事、三菱電機熊本セミコンダクタ、三菱電機エンジニアリング、フジクラ、メルコマテリアルサプライ、販売先／電子会社、三菱重工業、三菱エレクトリック・ヨーロッパ、三菱エレクトロニクス・アメリカ、三菱商事
12)	技術移転窓口	－

出典1：財務省印刷局発行、「有価証券報告書総覧（2001年）」

出典2：（注1）帝国データバンク　会社年鑑2002（2001年10月発行）

2.9.2 製品・技術例

表2.9.2-1に三菱電機の関連製品・技術例を示す。

表2.9.2-1 三菱電機の関連製品・技術例

分野	製品／技術	製品名／技術名	発表／発売元／時期	出典
ウェット洗浄：水系	オゾン水製造装置	クリーンオゾン水製造装置(OW1020)	—	三菱電機技報 Vol.74,No.1,pp.30(2000)
	ジェットスクラバー	M（ミスト）ジェットスクラバー	—	三菱電機技報 Vol.71,No.3,pp.317(1997)
ドライ洗浄：プラズマ	エッチング装置	ポリシリコンエッチング装置の性能向上	—	三菱電機技報 Vol.75,No.10,pp.21(2001)

2.9.3 技術開発課題対応保有特許

図2.9.3-1、-2に三菱電機の1991年1月1日から2001年8月31日までの公開特許における技術要素別の出願構成比率およびドライ洗浄の技術要素と課題の分布を示す。

ウェット、ドライ洗浄および廃水処理の3技術要素で出願しているが、そのうちドライ、ウェット洗浄が各々56％、41％と多い。

ドライ洗浄では、不活性ガスのパーティクル洗浄高度化とプラズマのランニングコスト低減課題での出願が多い。

表2.9.3-1に三菱電機の技術要素・課題・解決手段別保有特許を示す。三菱電機の保有の出願のうち登録特許は7件、係属中の特許は26件である。保有特許のうち海外出願された特許は13件である。

技術要素別には、ドライ洗浄、ウェット洗浄および廃水処理に係わる出願はそれぞれ18件、13件、2件である。

また、ウェット洗浄およびドライ洗浄に係わる登録特許を主体に主要特許を選択し、発明の名称の後の：以下に概要を記載している。

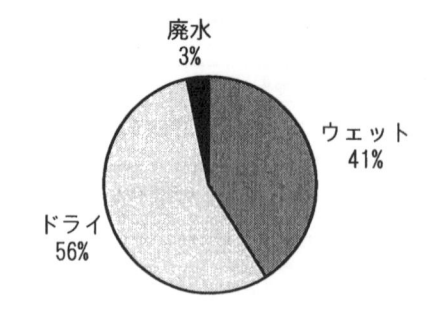

図2.9.3-1 三菱電機の技術要素別出願構成比率

廃水 3%
ウェット 41%
ドライ 56%

（対象特許は1991年1月1日から2001年8月31日までに公開の出願）

図 2.9.3-2 三菱電機のドライ洗浄の要素技術と課題の分布

（対象特許は1991年1月1日から2001年8月31日までに公開の出願）

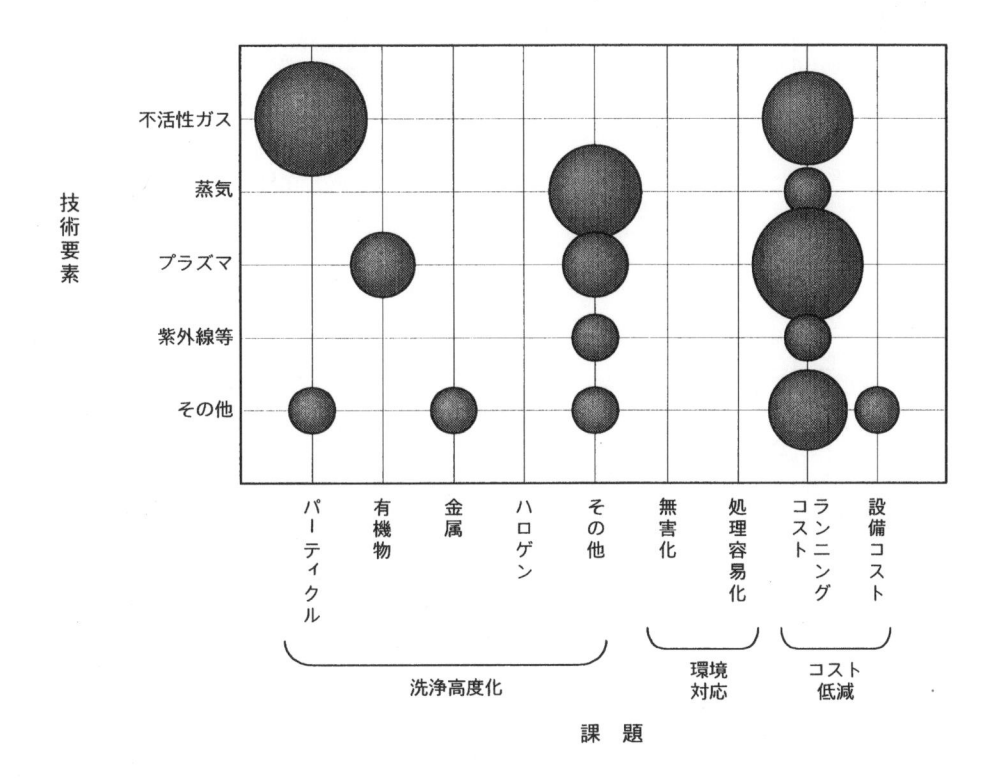

表2.9.3-1 三菱電機の技術要素・課題・解決手段別保有特許（1/4）

技術要素	課題	解決手段	特許番号	発明の名称：概要
ウェット洗浄：有機系	コスト低減：ランニングコスト	装置・プロセスとの組合わせ：方法・プロセス	特開平8-222574	半導体装置の製造方法
ウェット洗浄：水系	洗浄高度化：パーティクル除去	装置・プロセスとの組合わせ：方法・プロセス	特開平11-195632	塩酸過水を用いた洗浄方法
			特開平11-307498	シリコンウェハの洗浄方法、洗浄装置、洗浄されてなるシリコンウェハおよび洗浄されてなる半導体素子
			特開平11-233476	半導体基板の処理方法
			特開2000-188292	半導体装置および製造方法

表2.9.3-1 三菱電機の技術要素・課題・解決手段別保有特許 (2/4)

技術要素	課題	解決手段	特許番号	発明の名称：概要
ウェット洗浄：水系	洗浄高度化：有機物除去	装置・プロセスとの組合わせ：方法・プロセス	特許3016301	洗浄方法：基板を斜めに浸漬し、紫外線を照射してオゾンをバブリングさせて洗浄。
	洗浄高度化：金属除去	装置・プロセスとの組合わせ：方法・プロセス	特開平11-307498	シリコンウェハの洗浄方法、洗浄装置、洗浄されてなるシリコンウェハおよび洗浄されてなる半導体素子
	コスト低減：ランニングコスト	装置・プロセスとの組合わせ：方法・プロセス	特開平8-162425	半導体集積回路装置の製造方法および製造装置
			特開平11-297656	半導体装置の製造方法、リンス液、及び半導体基板洗浄液
ウェット洗浄：活性剤添加	洗浄高度化：パーティクル除去	装置・プロセスとの組合わせ：方法・プロセス	特開平8-144075	メタル上の異物の除去方法およびその装置
	洗浄高度化：有機物除去	洗浄媒体：界面活性剤	特開平9-321250	半導体装置の製造方法およびその製造装置
			特開2001-107081	半導体装置用洗浄剤および半導体装置の製造方法
	コスト低減：ランニングコスト	装置・プロセスとの組合わせ：装置	特開平7-245282	ウエハ洗浄装置
		装置・プロセスとの組合わせ：方法・プロセス	特開平9-219384	洗浄方法および洗浄装置
ドライ洗浄：不活性ガス	洗浄高度化：パーティクル除去	ドライ洗浄技術：洗浄装置	特開平8-8219	半導体装置の載置用ボードのクリーニング方法、およびそのクリーニング装置
	コスト低減：ランニングコスト	ドライ洗浄技術：洗浄方法	特開2001-77071	半導体製造装置のガスクリーニング方法
		他の技術との組合わせ：ウェット洗浄と	特許2696024	ウェット処理装置及びその制御方法
ドライ洗浄：蒸気	洗浄高度化：その他	ドライ洗浄技術：洗浄媒体	特許2896268	半導体基板の表面処理装置及びその制御方法
	コスト低減：ランニングコスト	ドライ洗浄技術：洗浄方法	特開平8-236497	半導体ウエハの洗浄・乾燥方法およびその装置
ドライ洗浄：プラズマ	洗浄高度化：有機物除去	ドライ洗浄技術：洗浄方法	特開平10-340857	半導体装置の製造方法及び半導体製造装置

表2.9.3-1 三菱電機の技術要素・課題・解決手段別保有特許（3/4）

技術要素	課題	解決手段	特許番号	発明の名称：概要
ドライ洗浄：プラズマ	洗浄高度化：その他	他の技術との組合わせ：ドライ洗浄と	特許2814021	半導体基板表面の処理方法：フッ素を含むガスのプラズマで酸化膜を除去し、その際の損傷層とフロロカーボン層を再度プラズマエッチングし、さらに吸着したフッ素原子を減圧下の紫外線照射で除去する。
	コスト低減：ランニングコスト	ドライ洗浄技術：洗浄装置	特開平7-230954	プラズマ処理装置及びプラズマ処理装置におけるクリーニング方法
			特開平8-51098	半導体処理装置
			特開平10-270418	半導体製造装置
		他の技術との組合わせ：ウェット洗浄と	特開平10-233389	半導体処理装置およびそのクリーニング方法ならびに半導体装置の製造方法
ドライ洗浄：紫外線等	洗浄高度化：その他	他の技術との組合わせ：ドライ洗浄と	特許2814021	半導体基板表面の処理方法：フッ素を含むガスのプラズマで酸化膜を除去し、その際の損傷層とフロロカーボン層を再度プラズマエッチングし、さらに吸着したフッ素原子を減圧下の紫外線照射で除去する。
	コスト低減：ランニングコスト	ドライ洗浄技術：洗浄装置	特開2001-77011	半導体製造装置、その洗浄方法、および光源ユニット
ドライ洗浄：その他	洗浄高度化：パーティクル除去	ドライ洗浄技術：洗浄方法	特開平11-212249	フォトマスクの洗浄装置
	洗浄高度化：有機物除去	ドライ洗浄技術：洗浄方法	特公平8-8243	表面クリーニング装置及びその方法：ヘリウムガスを励起し、磁場でヘリウムイオンと電子を加速してそれらの密度が低くなった部分から吸気してヘリウムのメタステーブルを分離し、被処理物にさらしてクリーニングする。
	洗浄高度化：その他	ドライ洗浄技術：洗浄方法	特開平11-67702	半導体電極の清浄方法及び清浄装置
	コスト低減：ランニングコスト	ドライ洗浄技術：洗浄方法	特許2934298	配管システム洗浄方法
			特開平8-181116	ドライエッチング方法及びドライエッチング装置

139

表2.9.3-1 三菱電機の技術要素・課題・解決手段別保有特許（4/4）

技術要素	課題	解決手段	特許番号	発明の名称：概要
ドライ洗浄：その他	コスト低減：設備コスト	他の技術との組合わせ：ウェット洗浄と	特許3110218	半導体洗浄装置及び方法、ウエハカセット、専用グローブ並びにウエハ受け治具
廃水処理	低・無害化：（オゾン）	化学的処理：酸化還元電解等、装置・システム	特開2001-179268	基板処理装置
	回収・再利用：（排水）	装置・システム	特開平8-173951	洗浄装置からの排水の再利用のための方法及び装置

2.9.4 技術開発拠点と研究者

三菱電機の半導体洗浄関連の技術開発拠点を明細書および企業情報をもとに以下に示す。
本社：東京都千代田区丸ノ内2丁目2番3号
エル・エス・アイ研究所：兵庫県伊丹市瑞原4丁目1番地
北伊丹製作所：兵庫県伊丹市瑞原4丁目1番地
熊本製作所：熊本県菊池郡西合志町御代志997
材料デバイス研究所：兵庫県尼崎市塚口町8丁目1番1号
生産技術研究所：兵庫県尼崎市塚口町8丁目1番1号
中央研究所：兵庫県尼崎市塚口町8丁目1番1号
福岡製作所：福岡県福岡市西区今宿東1丁目1番1号
ユー・エル・エス・アイ開発研究所：兵庫県伊丹市瑞原4丁目1番地
菱電セミコンダクタシステムエンジニアリング：兵庫県伊丹市瑞原4丁目1番地
三菱電機熊本セミコンダクタ：熊本県菊池郡大津町大字高尾野272-10

図2.9.4-1に三菱電機の出願件数と発明者数の推移を示す。発明者数は明細書の発明者を年次毎にカウントしたものである。出願件数、発明者数ともに減少傾向にある。

図2.9.4-1 三菱電機の出願件数と発明者数の推移

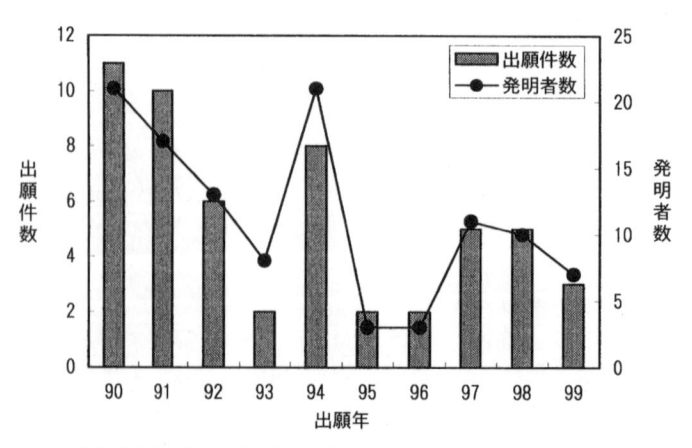

（対象特許は1991年1月1日から2001年8月31日までに公開の出願）

2.10 オルガノ

オルガノの保有する出願のうち権利存続中または係属中の特許は、廃水処理とウェット洗浄を中心に52件である。

2.10.1 企業の概要
表2.10.1-1にオルガノの企業概要を示す。

表2.10.1-1 オルガノの企業概要

1)	商号	オルガノ株式会社
2)	設立年月日（注1）	1946（昭和21）年5月1日
3)	資本金	8,225（百万円）
4)	従業員	単独／782人、連結会社計／1,525人（平成13年3月31日現在）
5)	事業内容	水処理装置事業、薬品事業
6)	技術・資本提携関係	技術援助および販売権を受けている契約／ザ・グレイバー、ローム・アンド・ハース・ジャパン、ジェネラル・アトミックス、ノース・イースト・エンバイロメンタル・プロダクツ、 技術援助および販売権を与えている契約／武田薬品
7)	事業所	本社／東京都江東区、本郷別館／東京都文京区、総合研究所／埼玉県戸田市、つくば工場／茨城県つくば市、幸手工場／埼玉県幸手市、いわき工場／福島県いわき市、長崎事業所／長崎県諫早市、
8)	関連会社	（関係会社）連結子会社／北海道オルガノ商事、東北オルガノ商事、東京オルガノ商事、中部オルガノ商事、関西オルガノ商事、九州オルガノ商事、オルガノプラントサービス、オルガノ（アジア）SDN.BHD.、その他2社 持分法適用関連会社／環境テクノ、東北電機鉄工、 その他の関係会社／東ソー
9)	業績推移	（百万円）　売上高　経常利益　当期純利益　一株益（円） 連結97.3　　85,103　　3,190　　1,694　　29.25 連結98.3　　79,626　　1,907　　1,253　　21.63 連結99.3　　72,478　　1,616　　　599　　10.35 連結00.3　　69,387　　1,614　　　536　　 9.27 連結01.3　　88,704　　5,048　△237　△4.09
10)	主要製品	水処理装置事業の主要製品／超純水装置、復水脱塩装置、上下水道設備、排水処理装置、純水処理装置、純水装置、標準型水処理装置、その他各種水処理装置、土壌浄化システム、水処理装置の維持管理、 薬品事業の主要製品／イオン交換樹脂、活性炭、凝集剤、缶内処理剤、冷却水処理剤、食品添加剤、その他各種水処理薬品、
11)	主な取引先（注1）	仕入先／オルガノプラントサービス、ローム・アンド・ハース・ジャパン、環境テクノ、荻原製作所、旭有機材工業、武田薬品工業、日東電工、旭化成、東レ、東芝プラント建設、販売先／富士通リース、東京オルガノ商事、武田薬品工業、九州オルガノ商事、関西オルガノ商事、東京電力、ソニー・コンピュータエンタテインメント、九州日本電気、千代田工販、NECアメンブランテスク
12)	技術移転窓口	法務特許部

出典：財務省印刷局発行、「有価証券報告書総覧（2001年）」

出典2：（注1）帝国データバンク　会社年鑑2002（2001年10月発行）

オルガノは、オランダのDHVウォーター社から技術導入し2000年冬にフッ酸廃液用流動床式晶析装置「エコクリスタ」を市場導入した（出典：化学工業日報2001年12月27日）。

2.10.2 製品・技術例

表2.10.2-1にオルガノの関連製品例を示す。

表2.10.2-1 オルガノの関連製品例

分野	製品	製品名	発売時期	出典
ウェット洗浄：水系	純水製造装置（イオン交換）	高機能2床3塔式純水装置ストラダ-G	－	http://www.organo.co.jp/kiki/seihin/junsui/senjyo.htm
		全自動形純水装置（混床式）AMC形	－	http://www.organo.co.jp/kiki/seihin/junsui/senjyo.htm
		全自動形純水装置（混床式）MBA形	－	http://www.organo.co.jp/kiki/seihin/junsui/senjyo.htm
		高純度対応2床式純水装置メガサーク	－	http://www.organo.co.jp/kiki/seihin/junsui/senjyo.htm
	純水製造装置（RO膜＋イオン交換）	キャビネット形超純水製造装置「ピューリックFPCシリーズ」	－	平成13年有価証券報告書総覧 http://www.organo.co.jp/kiki/seihin/junsui/senjyo.htm
		高機能新型EDI（電気脱塩装置）スタック「D2EDI」	－	平成13年有価証券報告書総覧
	純水製造装置（RO膜）	オスモクリアーシリーズ	－	http://www.organo.co.jp/kiki/seihin/junsui/senjyo.htm
	洗浄用機能水製造装置	酸還王シリーズ		「超機能水製造装置"酸還王"」カタログ（1998.11）
環境配慮：廃水処理（低・無害化）	超臨界水酸化	超臨界水酸化システム	－	「超臨界水酸化システム」カタログ（1998.10）
環境配慮：廃水処理（回収）	フッ酸回収装置	エコクリスタ	2000年	化学工業日報2001年12月27日
		新システム	2001年12月	化学工業日報2001年12月27日
	テトラアルキルアンモニウムヒドロオキシド回収装置		－	アンケート調査

2.10.3 技術開発課題対応保有特許

図2.10.3-1、-2にオルガノの1991年1月1日から2001年8月31日までの公開特許における技術要素別の出願構成比率および廃水処理対象と技術課題・解決手段の分布を示す。

ウェット洗浄と廃水処理の技術要素に出願しているが、そのうち廃水処理が85％と著しく多い。廃水処理ではほとんどの対象物に対する低無害化に出願しており、回収・再利用課題では純水の出願が多い。

表2.10.3-1にオルガノの技術要素・課題・解決手段別保有特許を示す。オルガノの保有の出願のうち登録特許は11件、係属中の特許は41件である。保有特許のうち海外出願された特許は8件である。

技術要素別には、廃水処理およびウェット洗浄に係わる出願はそれぞれ44件、8件である。

また、ウェット洗浄および廃水処理に係わる登録特許を主体に主要特許を選択し、発明の名称の後の：以下に概要を記載している。

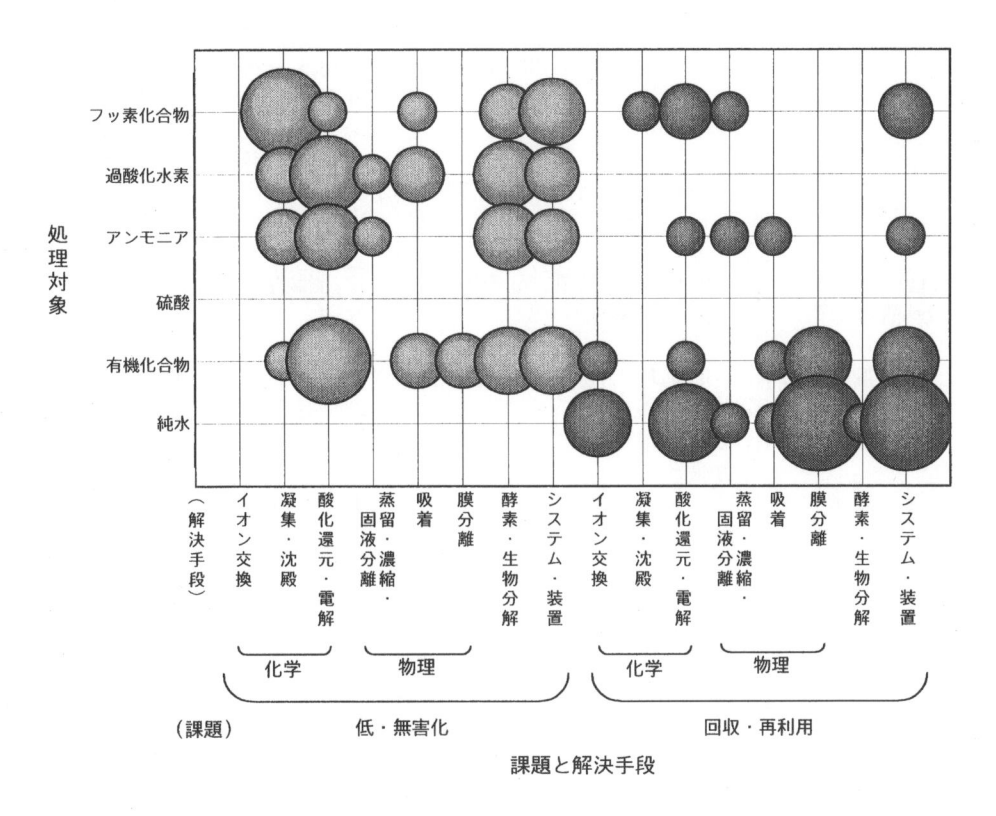

図2.10.3-1 オルガノの技術要素別出願構成比率

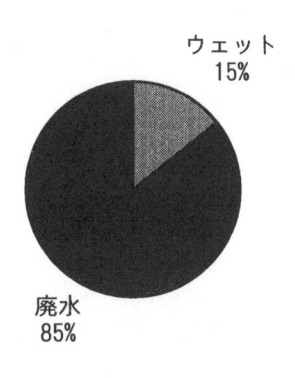

（対象特許は1991年1月1日から2001年8月31日までに公開の出願）

図2.10.3-2 オルガノの廃水処理対象と課題技術・解決手段の分布

（対象特許は1991年1月1日から2000年8月31日までに公開の出願）

表 2.10.3-1 オルガノの技術要素・課題・解決手段別保有特許（1/4）

技術要素	課題	解決手段	特許番号	発明の名称：概要
ウェット洗浄：水系	洗浄高度化：パーティクル除去	洗浄媒体：電解水	特開平8-126873	電子部品等の洗浄方法及び装置
	洗浄高度化：パーティクル除去	装置・プロセスとの組合わせ：方法・プロセス	特開平10-64867	電子部品部材類の洗浄方法及び洗浄装置：超純水に水素ガスを溶解した洗浄水。負の酸化還元電位を有する洗浄水としたことで、微粒子の再付着を防止した。廃水処理も軽減される。
	洗浄高度化：その他	装置・プロセスとの組合わせ：方法・プロセス	特開平10-128253	電子部品部材類の洗浄方法及び洗浄装置
	コスト低減：ランニングコスト	装置・プロセスとの組合わせ：方法・プロセス	特開平9-19661	電子部品等の洗浄方法及び装置
			特開平10-128254	電子部品部材類の洗浄方法及び洗浄装置
			特開2000-290693	電子部品部材類の洗浄方法
			特開2001-149873	洗浄装置
ウェット洗浄：活性剤添加	コスト低減：ランニングコスト	装置・プロセスとの組合わせ：方法・プロセス	特許3198899	ウェット処理方法：界面活性剤を添加した電解水で洗浄後、オゾン水で洗浄する。超音波併用、ノズル噴射にも適用。
廃水処理	低・無害化：（シリコン）	化学的処理：酸化、物理的処理：膜分離	特許3043199	再利用水を得るための回収水の処理方法及び装置：フッ化カルシウムとして分離、シリカをイオン化し、固液分離しカタラーゼで過酸化水素を分解。
	低・無害化：（オゾン）	化学的処理：酸化還元電解等	特開平9-267087	オゾン水排水の処理方法及び処理システム
	低・無害化：過酸化水素	化学的処理：酸化還元電解等	特許3095600	粒状活性炭充填塔による過酸化水素の除去方法
	低・無害化：（窒素含有物）	化学的処理：酸化、凝集・沈澱、酵素・生物他	特開平10-202293	窒素含有排水の生物学的硝化方法およびその装置
	低・無害化：有機化合物	化学的処理：酸化還元電解等	特開平10-174984	水中の有機物除去装置
		化学的処理：酸化、イオン交換、物理的処理：膜処理	特開平10-244280	水中の有機物除去装置
		化学的処理：酸化還元電解等、物理的処理：膜分離	特開平10-202296	超純水製造装置

表 2.10.3-1 オルガノの技術要素・課題・解決手段別保有特許 (2/4)

技術要素	課題	解決手段	特許番号	発明の名称：概要
廃水処理	低・無害化：有機化合物	化学的処理：酸化還元電解等、物理的処理：（紫外線）	特開平11-99394	水中の有機物除去方法：洗浄廃水中の有機物を過酸化水素およびまたはオゾンで分解した後、ペルオキシド基を含むイオウ化合物で分解し有機物を除去する（紫外線、加熱を併用）。
		化学的処理：酸化還元電解等	特開平11-290878	TOC成分除去の制御方法：使用超純水中の有機物をオゾンと過酸化水素の供給量を制御し発生するヒロキシラジカルで分解する。
			特開平11-221583	TMAH廃液の超臨界水酸化処理方法：エッチングレジストの洗浄剤（テトラメチルアンモニウムハイドロオキサイド）を含む廃液を酸素またはH_2O_2を用いて超臨界水酸化処理。
		化学的処理：イオン交換体	特開平10-85741	フォトレジスト現像廃液の処理方法
		物理的処理：膜分離、酵素・生物・他	特開平10-202294	フォトレジスト現像廃液の処理方法：フォトレジスト廃液、テトラアルキルアンモニウムイオン含有廃液を様々な化学、物理処理の組み合わせ処理後生物処理しTOCを低減する。
		物理的処理：膜分離	特開平11-42479	排水処理方法：レジスト剥離液（モノエタノールアミン、ジメチルスルホキシド）廃液を逆浸透膜処理しpH調整し効率的処理をする。
		物理的処理：吸着	特開2001-25602	活性炭処理装置における活性炭の交換方法
		物理的処理：（紫外線）	特開平10-135173	シリコンウエハ洗浄装置
	低・無害化：過酸化水素	化学的処理：酸化還元電解等	特開平10-314760	過酸化水素除去装置及び過酸化水素含有排水の処理方法
	低・無害化：フッ素化合物、過酸化水素	化学的処理：凝集・沈澱、酵素生物他	特許2947675	フッ素イオン及び過酸化水素を含有する排水の処理方法
	低・無害化：フッ素化合物	化学的処理：凝集・沈澱、物理的処理：蒸留・濃縮・固液分離	特許2991588	カルシウム化合物含有汚泥の脱水方法
		装置・システム	特許3085624	フッ素含有排水の処理方法および処理装置
	低・無害化：（ポリリン酸）	化学的処理：凝集・沈殿	特許3196531	ポリリン酸含有水の処理方法
	低・無害化：フッ素化合物、再利用：シリコン	化学的処理：凝集・沈殿	特開平10-286577	フッ素含有排水及び研磨排水の処理装置及びその方法：カルシウム化合物によるフッ素処理後水と研磨排水を混合して効率的に晶析する。
	低・無害化：（シリコン）	化学的処理：凝集・沈殿	特開平11-267693	シリコンウエハ研磨排水の処理方法

表 2.10.3-1 オルガノの技術要素・課題・解決手段別保有特許 (3/4)

技術要素	課題	解決手段	特許番号	発明の名称:概要
廃水処理	低・無害化:有機化合物、アンモニア(イオン、塩)	物理的処理:蒸留・濃縮・固液分離、(超臨界)	特開平11-77089	廃水の処理法:濃縮と超臨界水反応を利用し効率的な廃水処理を行う。
	回収・再利用:フッ素化合物	化学的処理:酸化還元電解等、凝集・沈殿	特開2001-121160	排水処理方法及び装置
		化学的処理:酸化還元電解等、酵素・生物・他	特開2001-121189	排水処理方法及び装置
		化学的処理:電解、物理的処理:蒸留・濃縮・固液分離	特開2001-113284	排水処理方法及び装置:フッ素イオンを含有する排水の処理において、物理的処理を駆使して、薬剤の使用を最小限にする方法。
	回収・再利用:有機化合物	化学的処理:(界面活性効果)	特開2000-138150	フォトレジスト現像廃液からの現像液の回収再利用方法及び装置
		化学的処理:イオン交換、酸化還元電解等	特開平11-190907	フォトレジスト現像廃液の再生処理方法
		物理的処理:膜分離	特許3164968	テトラアルキルアンモニウムヒドロオキシド含有廃液の処理方法及び装置:テトラアルキルアンモニウムヒドロオキシド含有廃液を電気透析で分離し回収。
	回収・再利用:有機化合物	物理的処理:膜分離	特開平11-192481	フォトレジスト現像廃液の再生処理方法及び装置:フォトレジスト現像廃液をナノフィルター(NF)処理し透過液中のテトラアルキルアンモニウムを電気透析および または電気分解(イオン交換樹脂)で回収。
	回収・再利用	物理的処理:膜分離、装置・システム	特開2000-155426	フォトレジスト現像廃液からの再生現像液の回収再利用装置

表 2.10.3-1 オルガノの技術要素・課題・解決手段別保有特許 (4/4)

技術要素	課題	解決手段	特許番号	発明の名称：概要
廃水処理	回収・再利用	物理的処理：吸着（ゲル濾過）	特開平11-142380	フォトレジスト現像廃液の再生処理方法：RO、蒸発、電気透析などで濃縮後、アルカリ現像液（テトラアルキルアンモニウム）をクロマト分離法（ゲル濾過）にてフォトレジスト現像廃液から分離回収。
	回収・再利用：（シリコン）	化学的処理：イオン交換	特開2000-153166	混床式イオン交換装置の再生方法
	回収・再利用：アンモニア（イオン、塩）	物理的処理：蒸留・濃縮・固液分離、化学的処理：酸化還元電解等	特開平11-290870	アンモニアー過酸化水素混合廃液の処理装置及びこれを用いる処理方法
	回収・再利用：有機化合物、（塩化物）	物理的処理：（紫外線）	特開平9-103777	塩化物イオン含有排水中の有機物の分解除去方法
	回収・再利用：純水	化学的処理：イオン交換、物理的処理：膜分離	特開平11-192480	アルカリ系シリカ研磨排水の回収処理装置
		化学的処理：	特開平11-239792	純水製造方法
		物理的処理：（紫外線）	特許2772363	半導体製造工程における排水の回収方法
		物理的処理：膜分離	特開平8-71593	水処理方法
			特許3202887	排水回収方法：逆浸透膜で脱塩後、電気式脱イオン水製造装置で処理後濃縮、脱塩して純水を回収。
	回収・再利用：純水	酵素・生物・他、物理的処理：膜分離	特許3107950	生物処理装置、及び同装置を用いた水処理方法：純水を回収するために、生物処理を行った後で膜分離をする水処理の装置。
		装置・システム	特開平9-192643	超純水製造装置
			特開2001-170630	純水製造装置
			特開平9-38671	水処理方法及び水処理装置

2.10.4 技術開発拠点と研究者

オルガノの半導体洗浄関連の技術開発拠点を明細書および企業情報をもとに以下に示す。
本社：東京都文京区本郷5丁目5番16号
総合研究所：埼玉県戸田市岸1丁目4番9号

　図2.10.4-1にオルガノの出願件数と発明者数の推移を示す。発明者数は明細書の発明者を年次毎にカウントしたものである。

図2.10.4-1 オルガノの出願件数と発明者数の推移

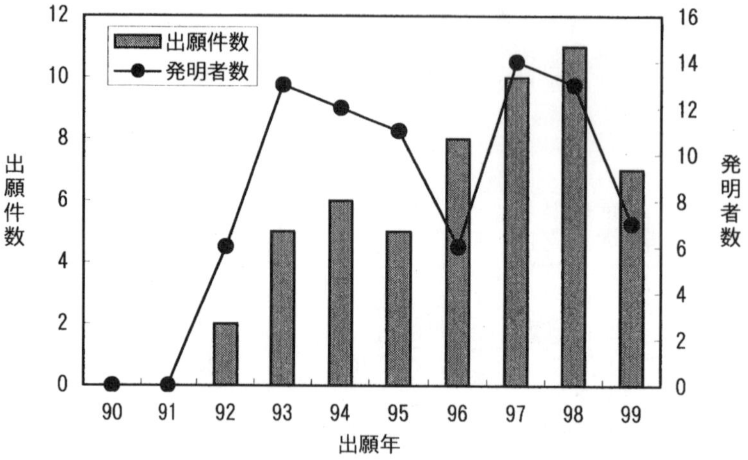

（対象特許は1991年1月1日から2001年8月31日までに公開の出願）

2.11 三菱マテリアルシリコン

　三菱マテリアルシリコンの保有する出願のうち権利存続中または係属中の特許は、ウェット洗浄を中心に28件である。

2.11.1 企業の概要
　図2.11.1-1に三菱マテリアルシリコンの企業概要を示す。

図2.11.1-1 三菱マテリアルシリコンの企業概要

1)	商号（注2）	三菱マテリアルシリコン株式会社
2)	設立年月日（注2）	1964（昭和39）年3月
3)	資本金（注2）	18,000（百万円）
4)	従業員（注2）	1,605人
5)	事業内容（注2）	半導体用高純度シリコンウェハ製造
6)	技術・資本提携関係	－
7)	事業所（注2）	本社／東京都、事業所／東京都、兵庫県生野町、米沢市、千歳市
8)	関連会社（注1）	子会社、関係会社／シルプレス、シルケース、水俣電子、シリコンユナイテッド、マニュファクチュアリング、海外ネットワーク／台湾駐在事務所、米根三菱シリコン、エムシル・インドネシア
9)	業績推移（注2）	（百万円）　売上高　　当期純利益 連結99.3　　47,662　△ 3,541 連結00.3　　55,446　　　232 連結01.3　　69,076　　　 －
10)	主要製品（注1）	単結晶インゴット、ポリッシュト・ウェハ、水素アニール・ウェハ、埋込み層付エピタキシャル・ウェハ、SOIウェハ、再生ウェハ、各種ウェハ仕様
11)	主な取引先（注2）	仕入先／三菱マテリアル、日本カーボン、昭和電工、三菱マテリアルクォーツ、三菱科学、販売先／三菱電機、ソニー、富士通、三菱マテリアルポリシリコン、松下電子工業、三星電子、三洋電機
12)	技術移転窓口	－

出典1：財務省印刷局発行、「有価証券報告書総覧（2001年）」

出典2：（注1）http://wwwmsil.mmc.co.jp/

出典3：（注2）帝国データバンク　会社年鑑2002（2001年10月発行）

注）三菱マテリアルシリコンは、2002年2月1日にシリコンユナイテッドマニュファクチュアリングと

　　合併し、同時に住友金属工業のシリコン部門を統合し、三菱住友シリコンとなっている。

2.11.2 製品・技術例

表2.11.2-1に三菱マテリルシリコンの半導体ウェーハの製品例を示す。

表2.11.2-1 三菱マテリルシリコンの半導体ウェーハの製品例

分野	製品／技術	製品名／技術名	発表／発売元／時期	出典
半導体の製造	ウェーハ	ポリッシュト・ウェーハ(PW)	—	http://wwwmsil.mmc.co.jp/products/products001.html
		水素アニール・ウェーハ	—	
		エピタキシャル・ウェーハ(EW)	—	
		埋め込み層付エピタキシャル・ウェーハ(JIW)	—	
		SOIウェーハ	—	
		貼り合わせウェーハ(DBW)	—	
		誘導体分離ウェーハ(DIW)	—	
		SIMOXウェーハ	—	
		再生ウェーハ(RPW)	—	

2.11.3 技術開発課題対応保有特許

図 2.11.3-1 と-2 に三菱マテリアルシリコンの 1991 年 1 月 1 日から 2001 年 8 月 31 日までの公開特許における要素技術別の出願構成比率およびウェット洗浄の技術要素と課題の分布を示す。ウェット、ドライ洗浄の2技術要素に出願しているが、そのうちウェット洗浄が 94％と圧倒的に多い。ウェット洗浄では水系でのランニングコスト低減課題の出願が多い。

表 2.11.3-1 に三菱マテリアルシリコンの技術要素・課題・解決手段別保有特許を示す。三菱マテリアルシリコンの保有の出願のうち登録特許は8件、係属中の特許は 20 件である。保有特許のうち海外出願された特許は4件である。

技術要素別には、ウェット洗浄およびドライ洗浄に係わる出願はそれぞれ 26 件、2件である。

また、ウェット洗浄に係わる登録特許を主体に主要特許を選択し、発明の名称の後の：以下に概要を記載している。

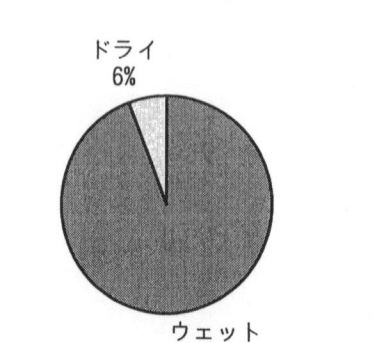

図2.11.3-1 三菱マテリアルシリコンの要素技術別出願構成比率

ドライ 6%
ウェット 94%

（対象特許は1991年1月1日から2001年8月31日までに公開の出願）

図2.11.3-2 三菱マテリアルシリコンのウェット洗浄の要素技術と課題の分布

（対象特許は1991年1月1日から2000年8月31日までに公開の出願）

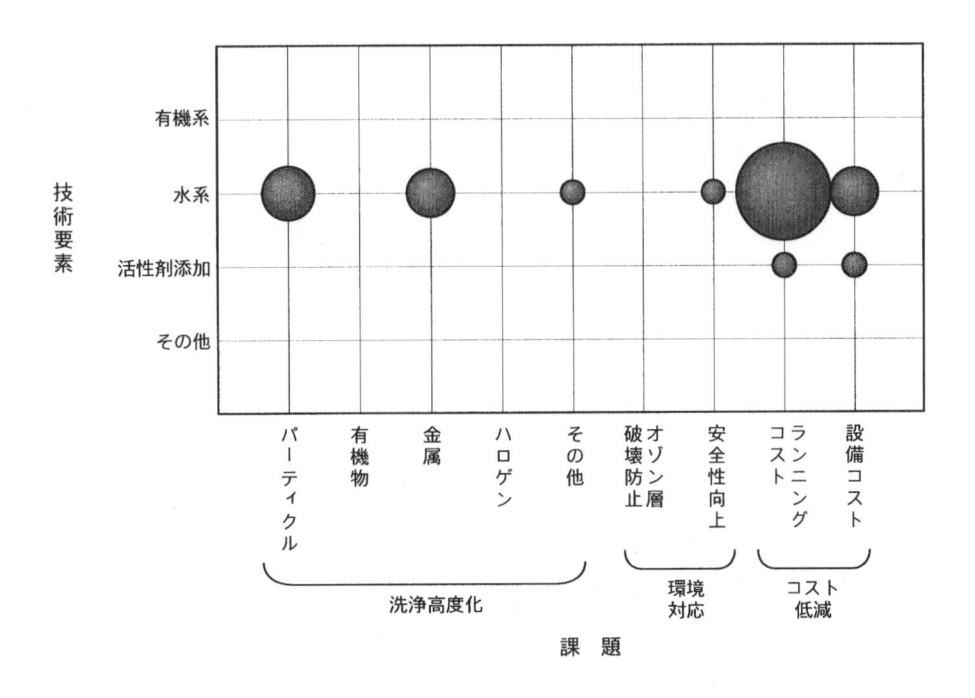

表2.11.3-1 三菱マテリアルシリコンの技術要素・課題・解決手段別保有特許(1/2)

技術要素	課題	解決手段	特許番号	発明の名称：概要
ウェット洗浄：水系	洗浄高度化：パーティクル除去	洗浄媒体：その他	特許2644052	半導体ウエーハの洗浄方法：パーティクル付着防止のため、純水にアルカリ金属の塩化物を添加し、炭酸ガスで比抵抗値を調整した洗浄水を使用。ウエーハの帯電防止でパーティクル付着防止。
			特開平10-261607	半導体基板の洗浄液及びその洗浄方法
		装置・プロセスとの組合わせ：方法・プロセス	特開2000-12494	溶液による半導体基板の処理方法
			特開2000-49133	半導体基板を洗浄する方法
	洗浄高度化：金属除去	洗浄媒体：酸	特開2001-68444	半導体基板への金属の吸着を抑制した半導体基板用処理液及びこの処理液の調製方法並びにこれを用いた半導体基板の処理方法
		洗浄媒体：アルカリ	特許2893492	シリコンウェーハの洗浄方法：Al,Feイオンを添加したAPMで洗浄。Ni,Cuのウェハへの吸着を抑制。
	洗浄高度化：その他	装置・プロセスとの組合わせ：方法・プロセス	特許2689007	シリコンウエーハおよびその製造方法

表 2.11.3-1 三菱マテリアルシリコンの技術要素・課題・解決手段別保有特許(2/2)

技術要素	課題	解決手段	特許番号	発明の名称：概要
ウェット洗浄：水系	コスト低減：ランニングコスト	洗浄媒体：酸	特開2000-243737	半導体ウェーハのリンス液
			特開2000-243736	半導体ウェーハのリンス方法
		洗浄媒体：アルカリ	特許2749938	半導体ウエーハの洗浄方法：アンモニア、過酸化水素の水溶液に対する純水の体積比を90〜99.7％に特定した金属不純物洗浄液。
			特許2893493	シリコンウェーハの洗浄方法：APM洗浄において金属不純物吸着フィルターにて10（好ましくは1）ppt以下に精製して循環使用する洗浄法。廃液処理を容易にする。
		装置・プロセスとの組合わせ：方法・プロセス	特許2688293	ウェーハの表面洗浄方法：APM洗浄後希薄塩酸洗浄することで金属、パーティクル除去精度が向上する。希塩酸中の微粒子は除去してリサイクル使用する。
			特開平6-236867	ウェーハエッチングの前処理方法
			特開平8-17776	シリコンウエーハの洗浄方法
			特開平10-308373	シリコンウエーハおよびその洗浄方法
			特開2000-49132	半導体基板の洗浄方法
			特開2000-277473	シリコンウエーハの洗浄方法
			特開2000-138198	半導体基板の洗浄方法
			特開2001-28359	半導体ウェーハの洗浄方法
			特開2001-68445	半導体基板表面のウェット処理方法及びその処理液
			特開2001-185521	半導体基板の洗浄方法
	コスト低減：設備コスト	装置・プロセスとの組合わせ：方法・プロセス	特許2863415	半導体ウェーハのエッチングの後処理方法：混酸エッチングの後、水洗の前にフッ酸洗浄を行う。残留Alや酸化物除去に適する。小型化。
			特開平10-209100	半導体基板の洗浄方法
			特開平11-274128	半導体基板の洗浄液及びその洗浄方法
			特開平11-274129	半導体基板の洗浄方法
ウェット洗浄：活性剤添加	コスト低減：設備コスト	装置・プロセスとの組合わせ：方法・プロセス	特開平10-209099	半導体基板の洗浄方法
ドライ洗浄：不活性ガス	洗浄高度化：パーティクル除去	他の技術との組合わせ：洗浄以外と	特許3036366	半導体シリコンウェハの処理方法
ドライ洗浄：その他	コスト低減：ランニングコスト	ドライ洗浄技術：洗浄方法	特開2000-35424	シリコン基板中の不純物分析方法及びその気相分解用装置

2.11.4 技術開発拠点と研究者

　三菱マテリルシリコンの半導体洗浄関連の技術開発拠点（前身も含む）を明細書および企業情報をもとに以下に示す。

本社：東京都千代田区大手町1丁目5番1号
日本シリコン（三菱マテリアルシリコン）：東京都千代田区岩本町3丁目8番16号
三菱金属（三菱マテリアル）中央研究所：埼玉県大宮市北袋町1丁目297番地
三菱マテリアル中央研究所：埼玉県大宮市北袋町1丁目297番地
三菱マテリアル：東京都千代田区岩本町3丁目8番16号
三菱マテリアル総合研究所：埼玉県大宮市北袋町1丁目297番地
三菱マテリアルシリコン研究センター：埼玉県大宮市北袋町1丁目297番地
三菱マテリアルシリコンプロセス部：千葉県野田市三ヶ尾金町314

　図2.11.4-1に三菱マテリアルシリコンの出願件数と発明者数の推移を示す。発明者数は明細書の発明者を年次毎にカウントしたものである。発明者数は約10名前後のようだが、最近、出願件数は増加傾向にある。

図2.11.4-1 三菱マテリアルシリコンの出願件数と発明者数

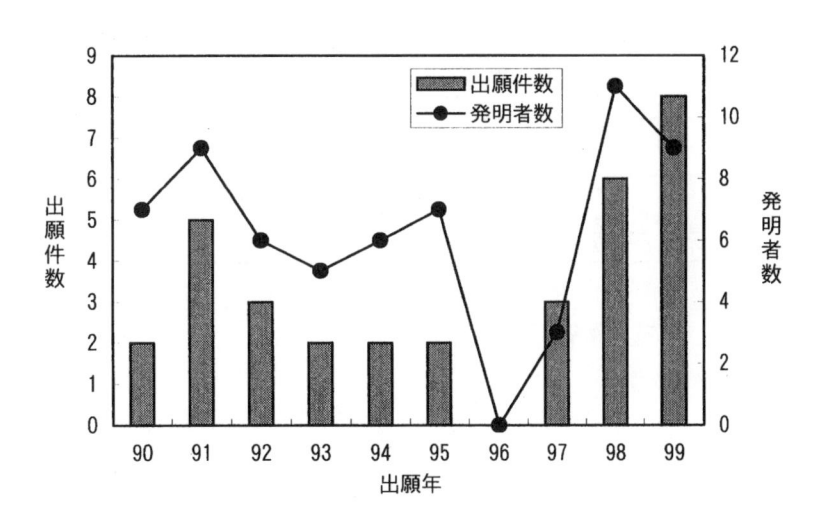

（対象特許は1991年1月1日から2001年8月31日までに公開の出願）

2.12 三菱瓦斯化学

　三菱瓦斯化学の保有する出願のうち権利存続中または係属中の特許は、ウェット洗浄、ドライ洗浄および廃水処理を中心に30件である。

2.12.1 企業の概要
表2.12.1-1に三菱瓦斯化学の企業概要を示す。

表2.12.1-1 三菱瓦斯化学の企業概要

1)	商号	三菱瓦斯株式会社
2)	設立年月日（注1）	1951（昭和26）年4月
3)	資本金	41,970（百万円）
4)	従業員	単独／2,853人、連結会社計／5,072人（平成13年3月31日現在）
5)	事業内容	化学品事業、機能製品事業、その他事業の事業区分
6)	技術・資本提携関係	技術供与契約関係／P.T.PEROKSIDA INDONESIA PRATAMA他5社、技術導入契約関係／日輝ユニバーサル、
7)	事業所	本社／東京都千代田区、東京工場／東京都葛飾区、新潟工場／新潟県新潟市、水島工場／岡山県倉敷市、四日市工場／三重県四日市市、大阪工場／大阪府豊中市、鹿島工場／茨城県鹿島郡、山北工場／神奈川県足柄市、総合研究所／茨城県つくば市、平塚研究所／神奈川県平塚市、
8)	関連会社	機能製品事業の主な関連会社／日本サーキット工業、エレクトロテクノ、ダイヤエレクトロニクス、ダイヤテック、三永純化株、MGC PURE CHEMICALS AMERICA、THAI POLYCETAL、東洋化学、富士成化、東京商会、フォトクリスタル、JSP、日本ユピカ、三菱エンジニアリングプラスチックス、韓国エンジニアリングプラスチックス、その他24社
9)	業績推移	（百万円）　売上高　経常利益　当期純利益　一株益（円） 連結97.3　330,219　15,620　11,184　22.36 連結98.3　311,433　14,911　6,346　12.73 連結99.3　286,471　10,444　6,754　13.55 連結00.3　289,531　7,332　4,172　8.40 連結01.3　323,075　13,633　7,285　15.07
10)	主要製品	機能製品事業の主要製品／エンジニアリングプラスチックス、プリント配線板用材料、プリント配線基板、電子工業用薬品類、脱酸素剤「エージレス」など
11)	主な取引先（注1）	仕入先／伊藤忠、三菱商事、大日本インキ化学工業、販売先／三菱商事、伊藤忠、オー・ジー
12)	技術移転窓口	知的財産グループ

出典1：財務省印刷局発行、「有価証券報告書総覧（2001年）」

出典2：（注1）帝国データバンク　会社年鑑2002（2001年10月発行）

2.12.2 製品・技術例

表2.12.2-1に三菱瓦斯化学の関連製品・技術例を示す。

表2.12.2-1 三菱瓦斯化学の関連製品・技術例

分野	製品／技術	製品名／技術名	発表／発売元／時期	出典
ウェット洗浄：水系	洗浄剤・エッチング剤・研磨剤	超純過酸化水素	—	http://www.mgc.co.jp/zigyoubu/muki/elm.shtml
		超純アンモニア水	—	http://www.mgc.co.jp/zigyoubu/muki/elm.shtml
		C20,C30(エッチングのポリマー除去用)	—	http://www.mgc.co.jp/zigyoubu/muki/elm.shtml
		R10(フォトレジスト用剥離液)	—	http://www.mgc.co.jp/zigyoubu/muki/elm.shtml
		化学研磨液	—	http://www.mgc.co.jp/zigyoubu/muki/eigyou2.shtml

2.12.3 技術開発課題対応保有特許

図 2.12.3-1 と-2 に三菱瓦斯化学の 1991 年 1 月 1 日から 2001 年 8 月 31 日までの公開特許における技術要素別の出願構成比率およびウェット洗浄の技術要素と課題の分布を示す。ウェット、ドライ洗浄、および廃水処理の3技術要素に出願しているが、そのうちウェット洗浄が 91％と圧倒的に多い。ウェット洗浄では水系での有機物の洗浄高度化課題の出願が多い。

表 2.12.3-1 に三菱瓦斯化学の技術要素・課題・解決手段別保有特許を示す。三菱瓦斯化学の保有の出願のうち登録特許は5件、係属中の特許は 25 件である。保有特許のうち海外出願された特許は11件である。

技術要素別には、ウェット洗浄、廃水処理およびドライ洗浄に係わる出願はそれぞれ28件、2件、1件である（重複を含む）。

また、ウェット洗浄に係わる登録特許を主体に主要特許を選択し、発明の名称の後の：以下に概要を記載している。

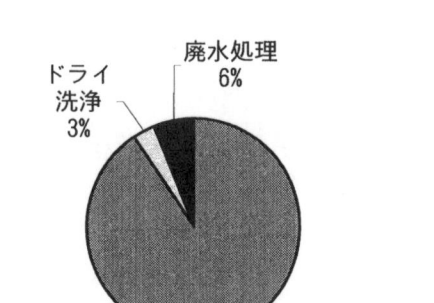

図2.12.3-1 三菱瓦斯化学の技術要素別出願構成比率

（対象特許は1991年1月1日から2001年8月31日までに公開の出願）

図2.12.3-2 三菱瓦斯化学のウェット洗浄の要素技術と課題の分布

（対象特許は1991年1月1日から2001年8月31日までに公開の出願）

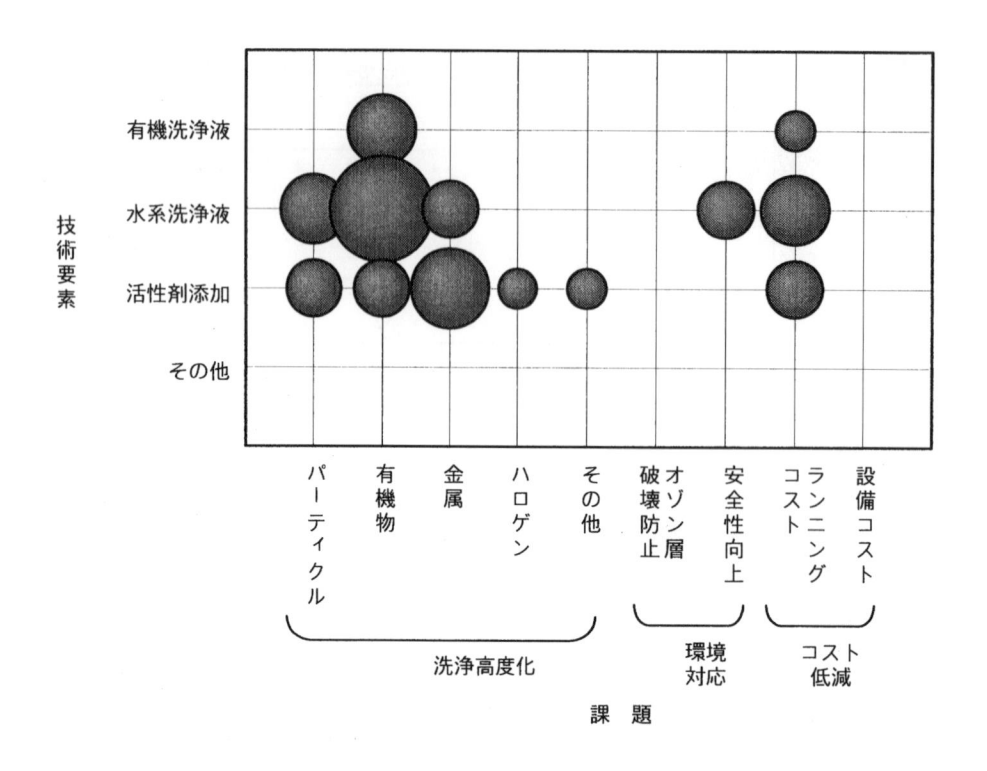

表2.12.3-1 三菱瓦斯化学の技術要素・課題・解決手段別保有特許（1/3）

技術要素	課題	解決手段	特許番号	発明の名称：概要
ウェット洗浄：有機系	洗浄高度化：有機物除去	洗浄媒体：含酸素炭化水素	特開平10-256210	半導体回路用洗浄剤及びそれを用いた半導体回路の製造方法
			特開2001-181684	エッジビードリムーバ
		洗浄媒体：その他	特開平11-67632	半導体装置用洗浄剤
	コスト低減：ランニングコスト	装置・プロセスとの組合わせ：方法・プロセス	特開平8-222574	半導体装置の製造方法
ウェット洗浄：水系	洗浄高度化：パーティクル除去	洗浄媒体：アルカリ	特開平11-283953	半導体ウエハの洗浄液及びその洗浄方法
		装置・プロセスとの組合わせ：方法・プロセス	特開平8-124890	凹状構造空間への液体の充填方法
			特開平9-74080	半導体基板のオゾン洗浄方法
	洗浄高度化：有機物除去	洗浄媒体：酸	特開平11-67703	半導体素子製造用洗浄液及びこれを用いた半導体素子の製造方法
		洗浄媒体：オゾン水	特開平8-124888	半導体基板のオゾン洗浄方法
		洗浄媒体：その他	特開平9-283481	半導体回路用洗浄液及び半導体回路の製造方法

表2.12.3-1 三菱瓦斯化学の技術要素・課題・解決手段別保有特許（2/3）

技術要素	課題	解決手段	特許番号	発明の名称：概要
ウェット洗浄：水系	洗浄高度化：有機物除去	洗浄媒体：その他	特開平9-330981	半導体装置の製造方法
			特開平10-55993	半導体素子製造用洗浄液及びそれを用いた半導体素子の製造方法
			特開平10-289891	半導体回路用洗浄剤及びそれを用いた半導体回路の製造方法
		装置・プロセスとの組合わせ：方法・プロセス	特開平9-64001	半導体基板の洗浄方法
	洗浄高度化：金属除去	装置・プロセスとの組合わせ：方法・プロセス	特開平9-74080	半導体基板のオゾン洗浄方法
	環境対応：安全性向上	洗浄媒体：アルカリ	特開平7-247498	半導体装置用洗浄剤及び配線パターンの形成方法
	コスト低減：ランニングコスト	装置・プロセスとの組合わせ：方法・プロセス	特許2977868	表面処理剤の液管理方法
		装置・プロセスとの組合わせ：方法・プロセス	特開平9-213704	半導体装置の製造方法
ウェット洗浄：活性剤添加	洗浄高度化：パーティクル除去	洗浄媒体：界面活性剤	特許3169024	シリコンウエハーおよび半導体素子洗浄液：1％以上の過酸化水素を含む酸、アルカリ洗浄水溶液に5〜500ppmの非イオン性界面活性剤を添加したウェーハ用洗浄液。
		洗浄媒体：その他	特開2000-252250	半導体基板洗浄液およびそれを用いた半導体基板の洗浄方法
	洗浄高度化：有機物除去	洗浄媒体：界面活性剤	特開平9-321250	半導体装置の製造方法およびその製造装置
			特開平11-323394	半導体素子製造用洗浄剤及びそれを用いた半導体素子の製造方法
	洗浄高度化：金属除去	洗浄媒体：キレート剤	特許3075290	半導体基板の洗浄液：2つ以上のスルホン酸基を有するキレート剤を添加したアンモニア過水（APM）による洗浄で、汚染物の基板表面への付着を抑制。
			特開平5-259140	半導体基板の洗浄液
			特開2000-208467	半導体基板洗浄液およびそれを用いた半導体基板の洗浄方法
	洗浄高度化：ハロゲン除去	洗浄媒体：その他	特許2906590	アルミニウム配線半導体基板の表面処理剤：四級アンモニウム水酸化物と、糖類または糖アルコールとを含有する水溶液を用いることにより、アルミニウムの腐食を充分に抑制し、かつ基板上の塩素を完全に除去できるようにする。$\begin{Bmatrix} R_1 \\ R_2-N-R \\ R_3 \end{Bmatrix}^+ OH^-$
	洗浄高度化：その他	洗浄媒体：その他	特許3183310	半導体基板の洗浄液：エチレングリコール等有機低分子多価アルコール添加。濡れ性よく、洗浄効率向上。添加剤の残留なし。

表2.12.3-1 三菱瓦斯化学の技術要素・課題・解決手段別保有特許（3/3）

技術要素	課題	解決手段	特許番号	発明の名称：概要
ウェット洗浄 活性剤添加	コスト低減：ランニングコスト	洗浄媒体：界面活性剤	特開平5-335294	半導体基板洗浄液
		洗浄媒体：その他	特開平7-201794	半導体装置洗浄剤および半導体装置の製造方法
ドライ洗浄：その他	洗浄高度化：その他	他の技術との組合わせ：ウェット洗浄と	特開平9-74080	半導体基板のオゾン洗浄方法
廃水処理	低・無害化：過酸化水素	酵素・生物・他	特開平8-132063	過酸化水素含有排水の処理方法
		化学的処理：酸化還元電解等	特開平8-141578	排水の処理方法

2.12.4 技術開発拠点と研究者

三菱瓦斯化学の半導体洗浄関連の技術開発拠点を明細書および企業情報をもとに以下に示す。

本社：東京都千代田区丸ノ内2丁目5番2号
総合研究所：茨城県つくば市和台22番地
新潟研究所：新潟県新潟市太夫浜字新割182番地
東京研究所：東京都葛飾区新宿6丁目1番1号

図2.12.4-1に三菱瓦斯化学の出願件数と発明者数の推移を示す。発明者数は明細書の発明者を年次毎にカウントしたものである。年平均して数件の出願であるが、発明者数の変動は大きい。

図2.12.4-1 三菱瓦斯化学の出願件数と発明者数

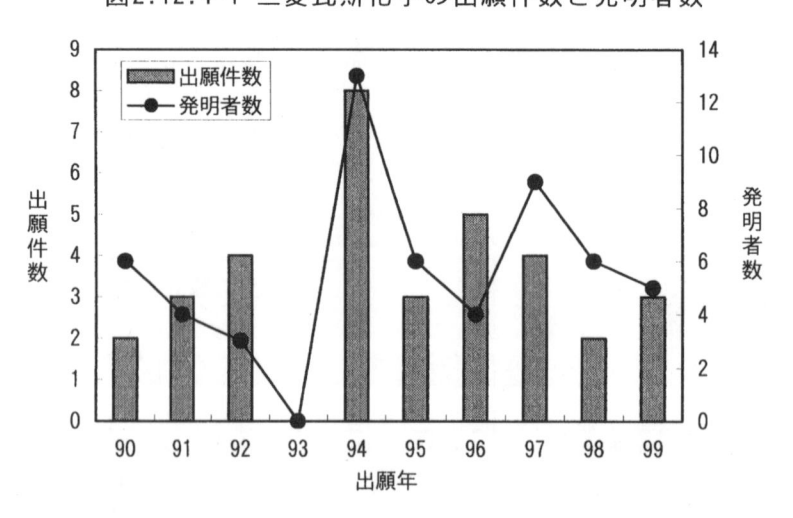

（対象特許は1991年1月1日から2001年8月31日までに公開の出願）

2.13 旭硝子

旭硝子の保有する出願のうち権利存続中または係属中の特許は、ウェット洗浄を中心に8件である。

2.13.1 企業の概要

表2.13.1-1に旭硝子の企業概要を示す。

表2.13.1-1 旭硝子の企業概要

1)	商号	旭硝子株式会社
2)	設立年月日（注1）	1950（昭和25）年6月1日
3)	資本金	90,472（百万円）
4)	従業員	単独／7,275人、連結会社計／48,809[6,044]人（平成13年3月31日現在） [ ]内は平均臨時従業員数で外数
5)	事業内容	ガラス事業、電子・ディスプレイ事業、化学事業、その他事業での製品の製造、販売
6)	技術・資本提携関係	技術援助契約など／デュポン、アサヒマス板硝子、タイ旭硝子、パシフィクスグラス、アサヒマス・ケミカル、サイアム旭テクノグラス、フロートグラス・インディア、
7)	事業所	本社／東京都、関西工場／兵庫県尼崎市および大阪府福島区、北九州工場／北九州市、京阪工場／横浜市、高砂工場／兵庫県高砂市、千葉工場／千葉県市原市、船橋工場／千葉県船橋市、愛知工場／愛知県知多郡、鹿島工場／茨城県鹿島郡、相模事業所／神奈川県愛甲郡、中央研究所／横浜市、
8)	関連会社	（関係会社）電子・ディスプレイ事業の主要な連結子会社／オプトレックス、旭テクノビジョン（シンガポール）、パシフィックグラス（台湾）、旭硝子ファインテクノ、化学事業の主要連結子会社／旭硝子エンジニアリング、伊勢化学工業、セイミケミカル、アサヒマス・ケミカル（インドネシア）、旭硝子フロロポリマーズ、旭硝子フロロポリマーズUSA（米国）、旭硝子フロロポリマーズUK（イギリス）
9)	業績推移	（百万円）　売上高　経常利益　当期純利益　一株益（円） 連結97.3　1,337,293　50,188　24,167　20.56 連結98.3　1,346,727　56,782　20,361　17.33 連結99.3　1,280,989　28,183　5,098　4.34 連結00.3　1,257,052　40,563　13,164　11.20 連結01.3　1,312,829　98,026　24,724　21.04
10)	主要製品	ガラス事業の主要製品／板ガラス、加工ガラス、建築用材料、電子・ディスプレイ事業の主要製品／フラットパネルディスプレイ用ガラス、カラーブラウン管用ガラスバルブ、ガラスフリット・ペースト、半導体製造装置用部剤、合成石英製品、プリント配線板、オプトエレクトロニクス用部材、化学事業の主要製品／ソーダ灰、苛性ソーダ、塩素製品、カリ製品、肥料、フッ素樹脂、イオン交換膜などの製造、販売、その他／耐火煉瓦、耐火材料などの販売
11)	主な取引先（注2）	仕入先／エナジー物流サービス、旭硝子エンジニアリング、エイ・ジー・シー・アシックス、三菱商事、トステム、販売先／三菱商事、本田技研工業、三菱自動車工業、東芝、トヨタ自動車
12)	技術移転窓口	－

出典1：財務省印刷局発行、「有価証券報告書総覧（2001年）」

出典2：（注1）http://www.agc.go.jp/

出典1：（注2）帝国データバンク　会社年鑑2002（2001年10月発行）

2.13.2 製品・技術例

表2.13.2-1に旭硝子の関連製品例を示す。

表2.13.2-1 旭硝子の関連製品例

分野	製品/技術	製品名/技術名	発表/発売元/時期	出典
ウェット洗浄：有機系	フロン代替洗浄剤	アサヒクリン AK-225,AK-225AES,AK-225T,AK-225DW,AK-225DW/DH	—	http://www.agc.co.jp/kagaku/gas/solvents/ak225.htm

2.13.3 技術開発課題対応保有特許

図2.13.3-1と-2に旭硝子の1991年1月1日から2001年8月31日までの公開特許における要素技術別の出願構成比率およびウェット洗浄の技術要素と課題の分布を示す。出願はすべてウェット洗浄である。旭硝子はオゾン層破壊防止の代替フロンの開発に出願が集中している。

表2.13.3-1に旭硝子の技術要素・課題・解決手段別保有特許を示す。旭硝子の保有の出願のうち登録特許は5件、係属中の特許は3件である。保有特許のうち海外出願された特許は1件である。

技術要素としては、すべてウェット洗浄である。

また、ウェット洗浄に係わる登録特許を主体に主要特許を選択し、発明の名称の後の：以下に概要を記載している。

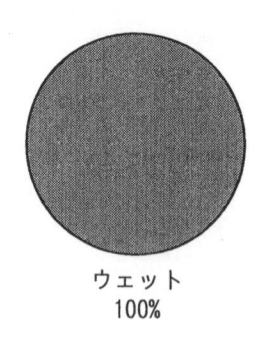

図2.13.3-1 旭硝子のウェット洗浄の要素技術と課題の分布

ウェット
100%

（対象特許は1991年1月1日から2001年8月31日までに公開の出願）

図2.13.3-2 旭硝子のウェット洗浄の要素技術と課題の分布

（対象特許は1991年1月1日から2001年8月31日までに公開の出願）

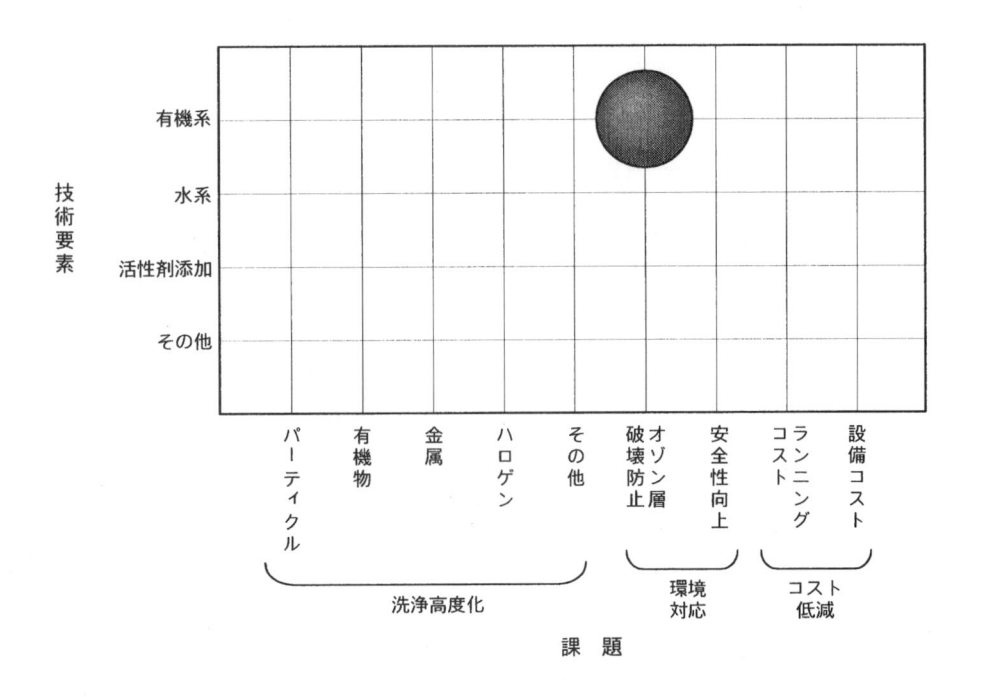

表2.13.3-1 旭硝子の技術要素・課題・解決手段別保有特許

技術要素	課題	解決手段	特許番号	発明の名称：概要
ウェット洗浄：有機系	環境対応：オゾン層破壊防止	洗浄媒体：フッ素系	特許2737260	フッ素化炭化水素系共沸及び擬共沸組成物：1,1,2-トリクロロ-2,2-ジフルオロエタンとトリクロロエチレンとを特定割合で含有する代替フロン。
			特許2751428	3,3-ジクロロ-1,1,1,2,2-ペンタフルオロプロパン系組成物：炭素数3〜6のHCFC系の組成物。
			特許2737261	フッ素化炭化水素系組成物：3,3-ジクロロ-1,1,1,2,2-ペンタフルオロプロパン（HCFC）とメタノールまたはエタノールとの共沸組成物。安定剤入り。
			特許2763083	フッ素系洗浄溶剤組成物：フッ素化アルコール（炭素数3〜6のHCFC系）及び該フッ素化アルコールとHCFCとの組成物。経時変化が少なく安定な洗浄溶剤。
			特許2651652	フッ素化アルコール系洗浄剤：洗浄能力が高く、特に蒸気洗浄乾燥法に適用した場合、洗浄乾燥時間を短縮できるフッ素化アルコール（HFC系）洗浄剤。
			特開平8-67644	混合溶剤組成物
			特開平8-67897	改良された溶剤組成物
			特開平9-53097	溶剤組成物

2.13.4 技術開発拠点と研究者

旭硝子（関連会社を含む）の半導体洗浄関連の技術開発拠点を、明細書および企業情報をもとに以下に示す。

千葉工場：千葉県千葉市原市五井海岸10番地
中央研究所：神奈川県横浜市神奈川区羽沢町1150番地
エイ・ジー・テクノロジー：神奈川県横浜市神奈川区羽沢町松原1160番地

図2.13.4-1に旭硝子の出願件数と発明者数の推移を示す。発明者数は明細書の発明者を年次毎にカウントしたものである。

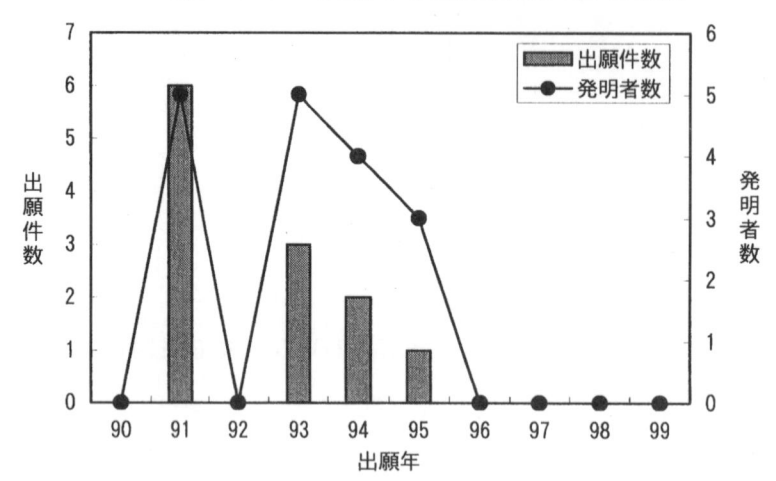

図2.13.4-1 旭硝子の出願件数と発明者数

（対象特許は1991年1月1日から2001年8月31日までに公開の出願）

2.14 東京エレクトロン

東京エレクトロンの保有する出願のうち権利存続中または係属中の特許は、ドライ洗浄とウェット洗浄を中心に50件である。

2.14.1 企業の概要
表2.14.1-1に東京エレクトロンの企業概要を示す。

表2.14.1-1 東京エレクトロンの企業概要

1)	商号	東京エレクトロン株式会社
2)	設立年月日（注1）	1963（昭和38）年11月11日
3)	資本金	285,638（百万円）
4)	従業員	単独／1,239人、連結会社計／10,236人（平成13年3月31日現在）
5)	事業内容	半導体製造装置、コンピュータ・ネットワーク、電子部品などの産業用エレクトロニクス製品の製造・販売
6)	技術・資本提携関係	技術援助等を受けている契約／ラム・リサーチ、バリアン・セミコンダクター・イクイップメント・アソシエイツ
7)	事業所	本社／東京都港区、府中テクノロジーセンター／東京都府中市、関西テクノロジーセンター／兵庫県尼崎市、大阪支社／大阪市淀川区、山梨事業所／山梨県韮崎市、九州支社／熊本県菊池郡、東北事業所／岩手県江刺市、佐賀地区／佐賀県鳥栖市、菊陽地区／熊本県菊池郡、合志地区／熊本県菊池郡、宮城地区／宮城県宮城郡
8)	関連会社	（関係会社）連結子会社／東京エレクトロン東北、東京エレクトロン山梨、東京エレクトロン九州、東京エレクトロン宮城、東京エレクトロンイー・イー、東京エレクトロンエフイー、東京エレクトロン札幌、東京エレクトロンデバイス、東京エレクトロンリース、東京エレクトロンロジスティクス、東京エレクトロンエージェンシー、TOKYO ELECTRON AMERICA、TOKYO ELECTRON OREGON、TOKYO ELECTRON TEXAS、TOKYO ELECTRON MASSACHUSETTS、TOKYO ELECTRON PHOENIX LABORATORIES、TOKYO ELECTRON ARIZONA、TOKYO ELECTRON KOREA、TOKYO ELECTRON TAIWAN、TOKYO ELECTRON EUROPE、その他10社
9)	業績推移	（百万円）　売上高　経常利益　当期純利益　一株益（円） 連結97.3　　432,784　　54,433　　29,974　　200.17 連結98.3　　455,584　　57,376　　30,009　　174.68 連結99.3　　313,820　　 6,200　　 1,865　　 10.70 連結00.3　　440,729　　33,838　　19,847　　113.53 連結01.3　　723,885　119,223　　62,011　　353.76
10)	主要製品	半導体製造装置、コンピュータ・ネットワーク、電子部品
11)	主な取引先（注1）	仕入先／東京エレクトロンAT、東京エレクトロン九州、東京エレクトロン東北、販売先／三星、UMC、富士通、TSMC、東芝
12)	技術移転窓口	知的財産部

出典1：財務省印刷局発行、「有価証券報告書総覧（2001年）」

出典2：（注1）帝国データバンク　会社年鑑2002（2001年10月発行）

2.14.2 製品・技術例

表2.14.2-1に東京エレクトロンの関連製品例を示す。

表2.14.2-1 東京エレクトロンの関連製品例

分野	製品／技術	製品名／技術名	発表／発売元／時期	出典
ウェット洗浄：水系	キャリアレス洗浄装置	UW200Z/UW300Z	東京エレクトロン九州	http://www.tel.co.jp/j/products/j/uw300z.html
	キャリアレス有機洗浄装置	PR200Z/PR300Z	東京エレクトロン九州	http://www.tel.co.jp/j/products/j/ns/pr300z.html
	スクラバーシステム	TEL NS300	東京エレクトロン九州	http://www.tel.co.jp/j/products/j/ns/ns300z.html
	スピンスクラバ	SSシリーズ	東京エレクトロン九州	http://www.tel.co.jp/j/products/j/ns/ss.html
ドライ洗浄：プラズマ	Alドライエッチング	ME-450Ⅱ	1992年	TEL NEWS Vol.49(September,1998)
		ME-500	1995年	TEL NEWS Vol.49(September,1998)
		ME-600	1995年	TEL NEWS Vol.49(September,1998)
		ME-700	1997年	TEL NEWS Vol.49(September,1998)

2.14.3 技術開発課題対応保有特許

図2.14.3-1と-2に東京エレクトロンの1991年1月1日から2001年8月31日まの公開特許における技術要素別の出願構成比率およびドライ洗浄の技術要素と課題の分布を示す。ウェット、ドライ洗浄および排ガス処理の3技術要素に出願しているが、そのうちドライ洗浄が84%と著しく多い。ドライ洗浄ではその他（三フッ化塩素や有機化合物など）によるランニングコスト低減の出願が多い。

表2.14.3-1に東京エレクトロンの技術要素・課題・解決手段別保有特許を示す。東京エレクトロンの保有の出願のうち登録特許は20件、係属中の特許は30件である。保有特許のうち海外出願された特許は26件と多い。

技術要素別には、ドライ洗浄、ウェット洗浄および排ガス処理が44件、7件、1件である（重複を含む）。

また、ウェット洗浄およびドライ洗浄に係わる登録特許を主体に主要特許を選択し、発明の名称の後の：以下に概要を記載している。

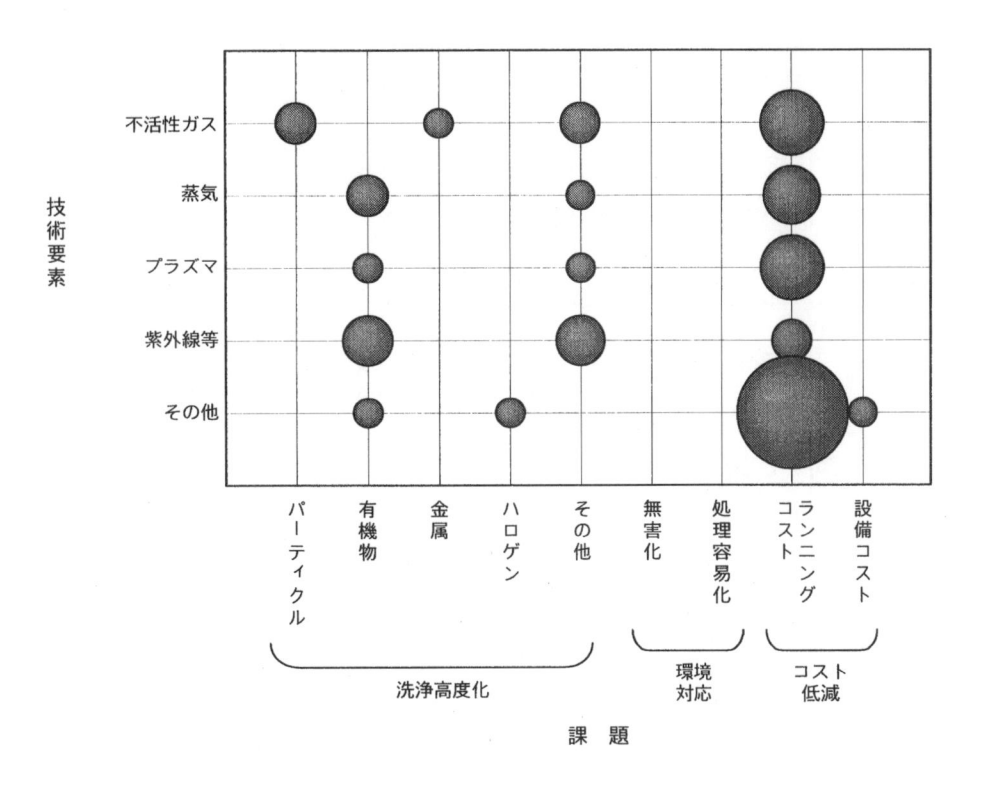

図 2.14.3-1 東京エレクトロンの技術要素別出願構成比率

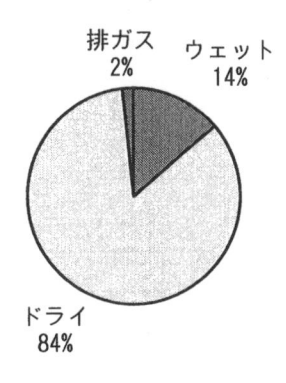

排ガス 2%
ウェット 14%
ドライ 84%

（対象特許は 1991 年 1 月 1 日から 2001 年 8 月 31 日までに公開の出願）

図 2.14.3-2 東京エレクトロンのドライ洗浄の要素技術と課題の分布

技術要素: 不活性ガス、蒸気、プラズマ、紫外線等、その他
課題: パーティクル、有機物、金属、ハロゲン、その他（洗浄高度化）／無害化、処理容易化（環境対応）／ランニングコスト、設備コスト（コスト低減）

（対象特許は 1991 年 1 月 1 日から 2001 年 8 月 31 日までに公開の出願）

表 2.14.3-1 東京エレクトロンの技術要素・課題・解決手段別保有特許 (1/3)

技術要素	課題	解決手段	特許番号	発明の名称：概要
ウェット洗浄：有機系	コスト低減：ランニングコスト	装置・プロセスとの組合わせ：方法・プロセス	特開平10-209143	基板端面の洗浄方法および洗浄装置
ウェット洗浄：水系	洗浄高度化：パーティクル除去	装置・プロセスとの組合わせ：方法・プロセス	特開平8-316183	洗浄方法及びその装置
			特開平11-26412	洗浄方法及び洗浄装置
	コスト低減：ランニングコスト	装置・プロセスとの組合わせ：方法・プロセス	特開平10-178010	成膜方法
			特開2001-110772	基板処理方法及び基板処理装置
ウェット洗浄：活性剤添加	洗浄高度化：金属除去	洗浄媒体：その他	特開平9-251969	研磨処理後の洗浄用洗浄液及び研磨処理方法
ウェット洗浄：その他	コスト低減：ランニングコスト	装置・プロセスとの組合わせ：装置	特許3057163	洗浄方法及び洗浄装置：ハウジング内をウェーハが移動する洗浄で、粒子を混入した洗浄処理液を使用し、ウェーハの損傷を防止することができる洗浄装置。
ドライ洗浄：不活性ガス	洗浄高度化：パーティクル除去	ドライ洗浄技術：洗浄装置	特開平9-153531	クリーン度の高い検査装置
	洗浄高度化：金属除去	他の技術との組合わせ：ウェット洗浄と	特開2001-203181	基板処理方法および基板処理装置
	洗浄高度化：その他	他の技術との組合わせ：ウェット洗浄と	特許3162702	処理装置
			特開平8-64571	半導体処理システムにおける洗浄装置
	コスト低減：ランニングコスト	ドライ洗浄技術：洗浄媒体	特許3058909	クリーニング方法
		ドライ洗浄技術：洗浄方法	特開平7-193021	熱処理装置及びそのクリーニング方法
		ドライ洗浄技術：洗浄装置	特許3183575	処理装置および処理方法
			特開平7-331445	処理装置及び該処理装置に用いられるカバー体の洗浄方法
ドライ洗浄：蒸気	洗浄高度化：有機物除去	ドライ洗浄技術：洗浄方法	特開2001-110772	基板処理方法及び基板処理装置
			特開2001-210614	基板処理方法及び基板処理装置
	洗浄高度化：その他	ドライ洗浄技術：洗浄装置	特許3188956	成膜処理装置
	コスト低減：ランニングコスト	ドライ洗浄技術：洗浄媒体	特開平8-115886	処理装置及びドライクリーニング方法
		ドライ洗浄技術：洗浄方法	特許3118737	被処理体の処理方法
			特開平11-154026	ガス系の制御方法及びその装置
		ドライ洗浄技術：洗浄装置	特開平10-125649	蒸気発生装置および該装置の処理液排出方法

表 2.14.3-1 東京エレクトロンの技術要素・課題・解決手段別保有特許（2/3）

技術要素	課題	解決手段	特許番号	発明の名称：概要
ドライ洗浄：プラズマ	洗浄高度化：有機物除去	ドライ洗浄技術：洗浄方法	特開平 8-162443	エッチング方法
	洗浄高度化：その他	ドライ洗浄技術：洗浄方法	特開平 10-335316	表面処理方法及びその装置
	コスト低減：ランニングコスト	ドライ洗浄技術：洗浄媒体	特許 3175117	ドライクリーニング方法
			特開平 10-317142	クリーニング方法
		ドライ洗浄技術：洗浄方法	特開 2001-85415	基板の改良されたプラズマ処理のための装置および方法
		ドライ洗浄技術：洗浄装置	特許 3208008	処理装置
		他の技術との組合わせ：洗浄以外と	特開平 10-163280	検査方法及び検査装置
ドライ洗浄：紫外線等	洗浄高度化：有機物除去	ドライ洗浄技術：洗浄方法	特許 3166065	処理装置及び処理方法：被処理体と紫外線照射手段を相対的に水平方向に揺動し、発生するオゾンを有効に利用して有機物を分解除去する。
			特開平 11-214291	処理装置および処理方法
		他の技術との組合わせ：洗浄以外と	特開平 10-178010	成膜方法
	洗浄高度化：その他	ドライ洗浄技術：洗浄方法	特許 2920850	半導体の表面処理方法及びその装置：真空紫外線光の照射で表面に結合する原子・分子の結合を切断し、不活性ガスイオンの照射で浮遊電位にて原子・分子を除去する。
		ドライ洗浄技術：洗浄装置	特許 2860509	自然酸化膜除去装置
	コスト低減：ランニングコスト	ドライ洗浄技術：洗浄装置	特開 2001-104776	処理装置及び処理方法
ドライ洗浄：その他	洗浄高度化：有機物除去	ドライ洗浄技術：洗浄方法	特開平 7-201843	SOG 膜の形成方法及びオゾン処理装置
	洗浄高度化：ハロゲン除去	ドライ洗浄技術：洗浄方法	特開 2000-124195	表面処理方法及びその装置
	コスト低減：ランニングコスト	ドライ洗浄技術：洗浄方法	特許 3047248	クリーニング方法
			特許 3140068	クリーニング方法
			特開平 6-151396	クリーニング方法
			特許 3107275	半導体製造装置及び半導体製造装置のクリーニング方法
			特開平 9-143740	処理ガス供給系のクリーニング方法

表 2.14.3-1 東京エレクトロンの技術要素・課題・解決手段別保有特許（3/3）

技術要素	課題	解決手段	特許番号	発明の名称：概要
ドライ洗浄：その他	コスト低減：ランニングコスト	ドライ洗浄技術：洗浄方法	特開平9-186107	処理ガス供給装置のクリーニング方法
			特開2001-185489	クリーニング方法
		ドライ洗浄技術：洗浄装置	特許2829450	処理装置
			特許2794354	処理装置
			特許2893148	処理装置
			特許2794355	処理装置
			特許3004165	処理装置
			特許3131601	熱処理装置及び熱処理方法
	コスト低減：設備コスト	他の技術との組合わせ：ウェット洗浄と	特開2001-176833	基板処理装置
排ガス処理	低・無害化	処理方法・装置：（混入物除去）	特開平8-290050	混入物の除去装置、これを用いた処理装置の真空排気系及びそのメンテナンス方法

2.14.4 技術開発拠点と研究者

東京エレクトロンの半導体洗浄関連の技術開発拠点を、明細書の発明者住所および企業情報をもとに以下に示す。

本社：東京都港区5丁目3番6号
総合研究所：山梨県韮崎市穂坂町三ッ沢650番地
東京エレクトロン府中テクノロジーセンター：東京都府中市住吉町2丁目30番地7
東京エレクトロンエフイー：東京都府中市住吉町2丁目1030番地－7
東京エレクトロン九州：熊本県菊池郡菊陽町津久礼2655番地
東京エレクトロン九州熊本事業所：熊本県菊池郡菊陽町津久礼2655番地
東京エレクトロン九州佐賀事業所：佐賀県鳥栖市西新町1375番地
東京エレクトロン九州山梨事業所：山梨県韮崎市穂坂町三ッ沢650番地
東京エレクトロン佐賀：佐賀県鳥栖市西新町1375番地
東京エレクトロン東北相模事業所：神奈川県津久井郡城山町屋1丁目2番41号
東京エレクトロン山梨：山梨県韮崎市藤井町北下条2381番地1
東京エレクトロン九州大津事業所：熊本県菊池郡大津町大字高尾野字平城272-4
東京エレクトロンアリゾナ：アメリカ合衆国アリゾナ州
東京エレクトロン九州プロセス開発センター：山梨県韮崎市穂坂町三ッ沢650
テル相模：神奈川県津久井郡城山町川尻字本郷3210
テル・エンジニアリング：山梨県韮崎市藤井町北下条2381番地-1

図2.14.4-1に東京エレクトロンの出願件数と発明者数の推移を示す。発明者数は明細書の発明者を年次毎にカウントしたものである。

図2.14.4-1 東京エレクトロンの出願件数と発明者数

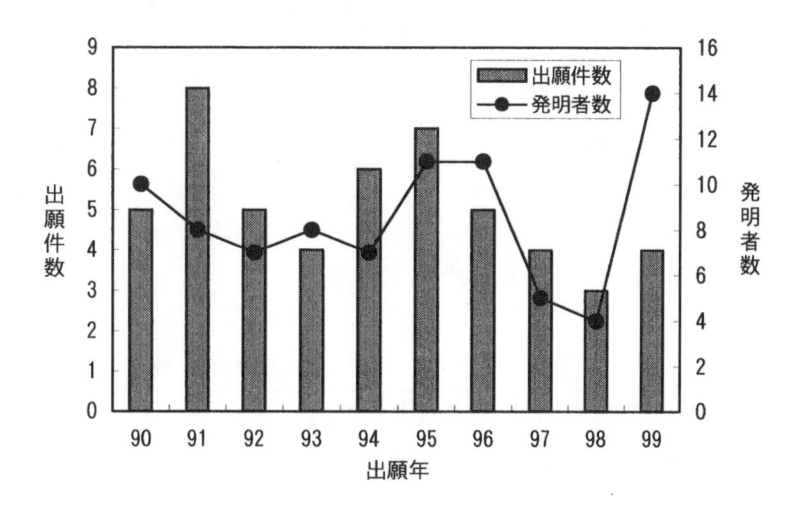

(対象特許は1991年1月1日から2001年8月31日までに公開の出願)

2.15 セイコーエプソン

セイコーエプソンの保有する出願のうち権利存続中または係属中の特許は、ドラ洗浄、ウェット洗浄および排ガス処理を中心に36件である。

2.15.1 企業の概要

表2.15.1-1にセイコーエプソンの企業概要を示す。

表2.15.1-1 セイコーエプソンの企業概要

1)	商号（注1）	セイコーエプソン株式会社
2)	設立年月日（注1）	1942（昭和17）年5月1日
3)	資本金（注1）	12,531（百万円）
4)	従業員（注1）	13,358人
5)	事業内容（注1）	情報機器、電子デバイス関係、精密機器など製造
6)	技術・資本提携関係	―
7)	事業所（注1）	本社／長野県諏訪市、本店／東京都新宿区、広丘事業所／長野県塩尻市、富士見事業所／長野県諏訪郡、諏訪南事業所／長野県諏訪郡、塩尻事業所／長野県塩尻市、松本南事業所／長野県松本市、伊那事業所／長野県上伊那郡、村井事業所／長野県松本市、島内事業所／長野県松本市、日野事業所／東京都日野市、豊科事業所／長野県南安曇郡、松島事業所／長野県上伊那郡、酒田事業所／山形県酒田市、岡谷事業所／長野県岡谷市、高木事業所／長野県諏訪郡、松本事業所／長野県松本市、神林事業所／長野県松本市、島内事業所梓橋工場／長野県南安曇郡、岡谷第二工場／長野県岡谷市
8)	関連会社（注2）	EPSONグループ会社数122社（国内42社、海外80社）（2001年3月期） 国内関係会社／エプソン販売、エプソンダイレクト、エー・アイソフト、エプソンサービス、エプソンオーエーサプライ、長野エプソンシステム、東北エプソン、インジェックス、アトミックス、エプソン鳩ケ谷、セイコーエプソンコンタクトレンズ、セイコーレンズサービスセンター、テクノクリエイティブズ、エプソンソフト開発センター、エプソンロジスティクス、エプソンミズベ （海外関係会社）／地域統括U.S.Epson、Epson Europe B.V.、Epson(China)
9)	業績推移（注1）	（百万円）売上高　　当期利益 99.3　　824,700　　27,100 00.3　　903,500　　12,900 01.3　1,068,000　　28,300
10)	主要製品	―
11)	主な取引先（注1）	販売先／セイコー、エプソン販売、大手家電メーカー、海外販売現地法人
12)	技術移転窓口	知的財産室

出典1：財務省印刷局発行、「有価証券報告書総覧（2001年）」
出典2：（注1）帝国データバンク 会社年鑑2002（2001年10月発行）
出典3：（注2）http://www.epson.co.jp/

セイコーエプソンはエッチング工程で使用するリン酸を再生するシステムを日曹エンジニアリングと共同開発した（出典：日本経済新聞2000年4月28日）。

2.15.2 製品・技術例

表2.15.2-1にセイコーエプソンの関連技術例を示す。

表2.15.2-1 セイコーエプソンの関連技術例

分野	製品／技術	製品名／技術名	発表／発売元／時期	出典
廃水処理：回収	リン酸（エッチング液）	クローズドシステム	1999年	http://www.spson.co.jp/osirase/2000/000427.htm

2.15.3 技術開発課題対応保有特許

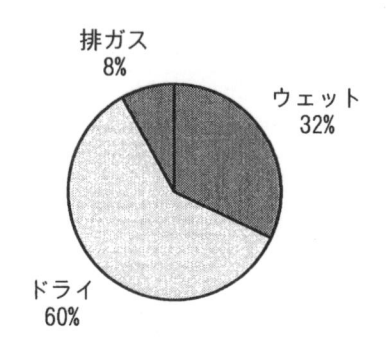

図2.15.3-1と-2にセイコーエプソンの1991年1月1日から2001年8月31日までの公開特許における技術要素別の出願構成比率およびドライ洗浄の技術要素と課題の分布を示す。ウェット、ドライ洗浄および排ガス処理の3技術要素に出願しているが、ドライ、ウェット洗浄が各々60％、32％と多い。ドライ洗浄では、プラズマでのランニングコスト低減と有機物の洗浄高度化課題の出願が多い。

表2.15.3-1にセイコーエプソンの技術要素・課題・解決手段別保有特許を示す。セイコーエプソンの保有の出願のうち登録特許は1件、係属中の特許は35件である。保有特許のうち海外出願された特許は5件である。

技術要素別には、ドライ洗浄、ウェット洗浄および排ガス処理が21件、13件、4件である（重複を含む）。

また、ウェット洗浄に係わる登録特許を主要特許と選択し、発明の名称の後の：以下に概要を記載している。

図2.15.3-1 セイコーエプソンの技術要素別出願構成比率

排ガス 8%
ウェット 32%
ドライ 60%

（対象特許は1991年1月1日から2001年8月31日までに公開の出願）

図2.15.3-2 セイコーエプソンのドライ洗浄の要素技術と課題の分布

(対象特許は1991年1月1日から2001年8月31日までに公開の出願)

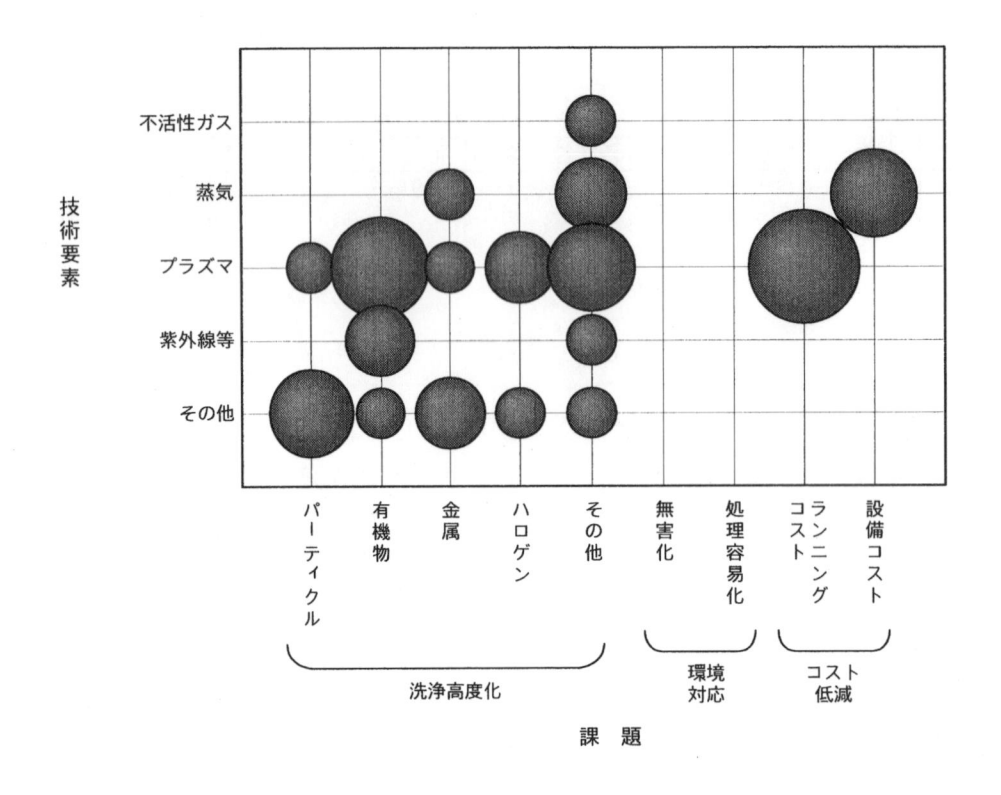

表2.15.3-1 セイコーエプソンの技術要素・課題・解決手段別保有特許（1/3）

技術要素	課題	解決手段	特許番号	発明の名称：概要
ウェット洗浄：有機系	洗浄高度化：パーティクル除去	装置・プロセスとの組合わせ：方法・プロセス	特開平11-260776	半導体製造装置
ウェット洗浄：水系	洗浄高度化：パーティクル除去	装置・プロセスとの組合わせ：方法・プロセス	特許3151864	半導体装置の製造方法：自然酸化膜の一定速度でのエッチングと表面を親水性にする洗浄法。パーティクルの付着と表面汚染がない。
			特開平9-115869	半導体装置の製造方法及び半導体装置

表 2.15.3-1 セイコーエプソンの技術要素・課題・解決手段別保有特許 (2/3)

技術要素	課題	解決手段	特許番号	発明の名称：概要
ウェット洗浄：水系	洗浄高度化：パーティクル除去	装置・プロセスとの組合わせ：方法・プロセス	特開2000-68512	半導体装置の製造方法
	洗浄高度化：有機物除去	装置・プロセスとの組合わせ：方法・プロセス	特開2001-196348	有機物の分解方法、および半導体素子の製造方法
	環境対応：安全性向上	洗浄媒体：酸	特開2001-168077	サイドウォール除去剤、サイドウォールの除去方法および半導体素子の製造方法
	コスト低減：ランニングコスト	装置・プロセスとの組合わせ：装置	特開2000-294533	洗浄装置及び洗浄方法
			特開2000-294534	洗浄装置及び洗浄方法
		装置・プロセスとの組合わせ：方法・プロセス	特開平4-92422	半導体装置の製造方法
			特開平11-26413	半導体装置の製造方法
			特開2000-150475	レジストマスクの除去方法、トランジスタ並びに液晶パネルの製造方法、およびレジストマスク除去装置
			特開2001-79502	オゾン水洗浄方法及び装置
			特開2001-156049	有機物剥離装置及び有機物剥離方法
ドライ洗浄：蒸気	洗浄高度化：その他	ドライ洗浄技術：洗浄方法	特開平9-237773	表面処理方法および表面処理装置
		他の技術との組合わせ：ウェット洗浄と	特開2000-68512	半導体装置の製造方法
	コスト低減：設備コスト	ドライ洗浄技術：洗浄方法	特開2000-91193	表面処理方法及び装置
			特開2000-100686	レジスト除去洗浄方法及び装置
			特開2000-100764	金属イオンの除去洗浄方法及び装置
ドライ洗浄：プラズマ	洗浄高度化：パーティクルおよび有機物除去	ドライ洗浄技術：洗浄方法	特開平10-189515	基板周縁の不要物除去方法およびその装置
	洗浄高度化：有機物除去	ドライ洗浄技術：洗浄方法	特開平8-279494	基板周縁の不要物除去方法及び装置並びにそれを用いた塗布方法
		他の技術との組合わせ：ウェット洗浄と	特開2000-150475	レジストマスクの除去方法、トランジスタ並びに液晶パネルの製造方法、およびレジストマスク除去装置
	洗浄高度化：ハロゲン除去	ドライ洗浄技術：洗浄方法	特開平11-121523	電子部品の実装方法、チップの実装方法及び半導体パッケージ
	洗浄高度化：その他	ドライ洗浄技術：洗浄方法	特開平9-205272	表面処理方法及びその装置
			特開平11-209866	フッ化水素ガスによる表面処理方法および表面処理装置
		他の技術との組合わせ：洗浄以外と	特開平10-22313	半導体装置の製造方法および製造装置
	コスト低減：ランニングコスト	ドライ洗浄技術：洗浄媒体	特開平11-317387	表面処理方法および装置
		ドライ洗浄技術：洗浄方法	特開平8-327959	ウエハ及び基板の処理装置及び処理方法、ウエハ及び基板の移載装置
			特開平9-298189	プラズマ処理方法及びプラズマ処理装置
			特開平10-275698	大気圧プラズマ生成方法および装置並びに表面処理方法
			特開平11-209867	表面処理方法および装置

表2.15.3-1 セイコーエプソンの技術要素・課題・解決手段別保有特許 (3/3)

技術要素	課題	解決手段	特許番号	発明の名称：概要
ドライ洗浄：紫外線等	洗浄高度化：その他	ドライ洗浄技術：洗浄装置	特開2001-176865	処理装置及び処理方法
ドライ洗浄：その他	洗浄高度化：パーティクル除去	他の技術との組合わせ：ウェット洗浄と	特開平11-162922	半導体装置の製造方法
	洗浄高度化：有機物除去	ドライ洗浄技術：洗浄方法	特開平6-190269	ドライ洗浄方法およびその装置
	洗浄高度化：ハロゲン除去	ドライ洗浄技術：洗浄方法	特開平3-148122	半導体装置の製造方法
排ガス処理	低・無害化	処理方法・装置：(放電)	特開平11-156156	ハロゲン系ガスの処理方法、処理装置および反応処理装置並びに半導体装置
		処理方法・装置：加熱	特開2000-70662	除害装置及びその除害方法
		処理方法・装置：(冷却)	特開2000-353668	気相成分除去装置
		処理方法・装置：加熱酸化	特開2001-829	排ガス除害装置及びそれを備えた処理装置

2.15.4 技術開発拠点と研究者

　セイコーエプソンの半導体洗浄関連の技術開発拠点を、明細書の発明者住所および企業情報をもとに以下に示す。
　長野県諏訪市大和3丁目3番5号

　図2.15.4-1にセイコーエプソンの出願件数と発明者数の推移を示す。発明者数は明細書の発明者を年次毎にカウントしたものである。2年ほどブランクの時期があったが、最近は出願件数、発明者数ともに増えている。

図2.15.4-1 セイコーエプソンの出願件数と発明者数

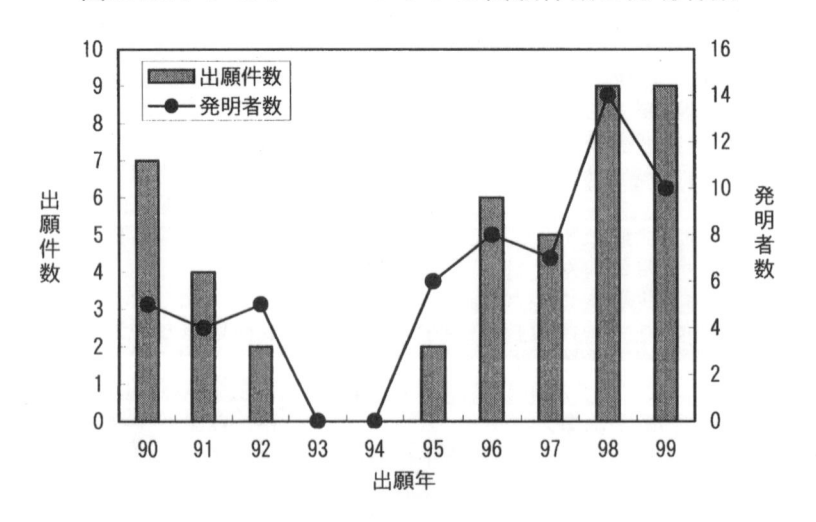

（対象特許は1991年1月1日から2001年8月31日までに公開の出願）

2.16 アプライドマテリアルズ

アプライドマテリアルズの保有する出願のうち権利存続中または係属中の特許は、ドライ洗浄中心に27件である。

2.16.1 企業の概要

表2.16.1-1にアプライドマテリアルズの企業概要を示す。アプライドマテリアルズは米国カルフォルニア州に本社を持つ半導体製造装置のグローバル企業である。

表2.16.1-1 アプライドマテリアルズの企業概要

1)	商号	APPLIED MATERIALS
2)	設立年月日（注1）	1967年
3)	資本金（注1-2）	$2,942,171,000
4)	従業員（注1）	Regular employees／19,220人(2000年)
5)	事業内容（注1-2）	半導体製造装置の開発、製造、販売、保守・サービス
6)	技術・資本提携関係	－
7)	事業所（注1）	Headquarters／SantaClara,CA、RESEARCH,DEVELOPMENT AND MANUFACTURING CENTERS／hayward,california,USA、Mountain View,California,USA、Santa Clara,California,USA、Portland,Maine,USA 他、SALES AND SERVICE OFFICE／France、Germany、Israel、Italy、Japan、Korea、Malaysia、People's Republic of China、Republic of Singapore、Taiwan,Republic of China、The Netherlands、United Kingdom、United States of America
8)	関連会社（注1）	China／Applied Materials China Tianjin、Applied Materials China、United Kingdom／Applied Materials、France／Applied Materials France S.A.R.L.、Applied Materials S.A.R.L、Applied Materials, European Conversion Center、Germany／Etec, An Applied Materials Company、Applied Materials、Ireland／Applied Materials Ireland、Italy／Applied Materials Italy Srl、Netherlands／Applied Materials Europe BV、Japan／Applied Materials Japan、Korea／Applied Materials Korea、Singapore／Applied Materials South East Asia、Malaysia／Applied Materials South East Asia、Taiwan／Applied Materials Taiwan、United State／Applied Materials、Elec, An Applied Materials Company
9)	業績推移（注1）	(Dollars in housands, except per share amounts) 　　Net sales　Gross margin　Net income 88　4,330,014　2,016,313　　277,669 99　5,096,302　2,419,219　　747,675 00　9,564,412　4,855,728　2,063,552
10)	主要製品（注1-2）	特に、エピタキシャル成長装置、エッチング装置、CVD装置、PVD装置、イオン注入装置、CMP装置、検査・測定装置
11)	主な取引先	－
12)	技術移転窓口	－

出典1：（注1）http://www.appliedmaterials.com/

出典2：（注2）http://www.appliedmaterials.co.jp/amat/guide.htm

2.16.2 製品・技術例

表2.16.2-1にアプライドマテリアルズの関連製品例を示す。

表2.16.2-1 アプライドマテリアルズの関連製品例

分野	製品/技術	製品名/技術名	発表/発売元/時期	出典
ウェット洗浄：水系	枚葉式マルチチャンバー装置	Presion5000シリーズ	-	http://www.appliedmaterias.co.jp/products/index2.htm
	CVD装置	PECVD,HDP-CVD,CVD LOW K,SACVD	-	http://appliedmaterials.com/products/ism_dielectric.html
	CMP装置	Mirra Mesa system	-	http://appliedmaterials.com/products/mirramesa.html
ドライ洗浄：プラズマ	エッチング装置	DPS II Centura 300 system	2001年3月	http://www.siliconstrategies.com/printableArticle
環境配慮：排ガス処理	ガス分解装置（プラズマ）	Pegasys II	-	http://appliedmaterials.com/products/environmental.html

2.16.3 技術開発課題対応保有特許

図2.16.3-1と-2にアプライドマテリアルズの1991年1月1日から2001年8月31日までの公開特許における技術要素別の出願構成比率およびドライ洗浄の技術要素と課題の分布を示す。ドライ洗浄、ウェット洗浄、排ガス処理の3技術要素に出願しているが、そのうちドライ洗浄が79%と圧倒的に多い。ドライ洗浄ではプラズマでのランニングコスト低減とその他の洗浄高度化課題の出願が多い。

表2.16.3-1にアプライドマテリアルズの技術要素・課題・解決手段別保有特許を示す。アプライドマテリアルズの保有の出願のうち登録特許は1件、係属中の特許は26件である。

技術要素別には、ドライ洗浄および排ガス処理が22件、3件である。

また、ドライ洗浄に係わる登録特許を主要特許と選択し、発明の名称の後の：以下に概要を記載している。

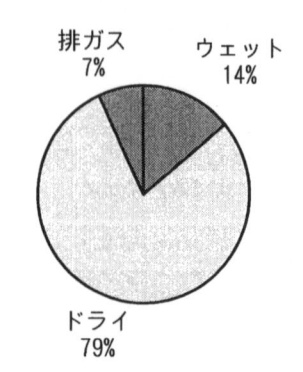

図2.18.3-1 シャープの技術要素別出願構成比率

排ガス 7%
ウェット 14%
ドライ 79%

（対象特許は1991年1月1日から2001年8月31日までに公開の出願）

図 2.16.3-2 アプライドマテリアルズのドライ洗浄の要素技術と課題の分布

(対象特許は 19991 年 1 月 1 日から 2001 年 8 月 31 日までに公開の出願)

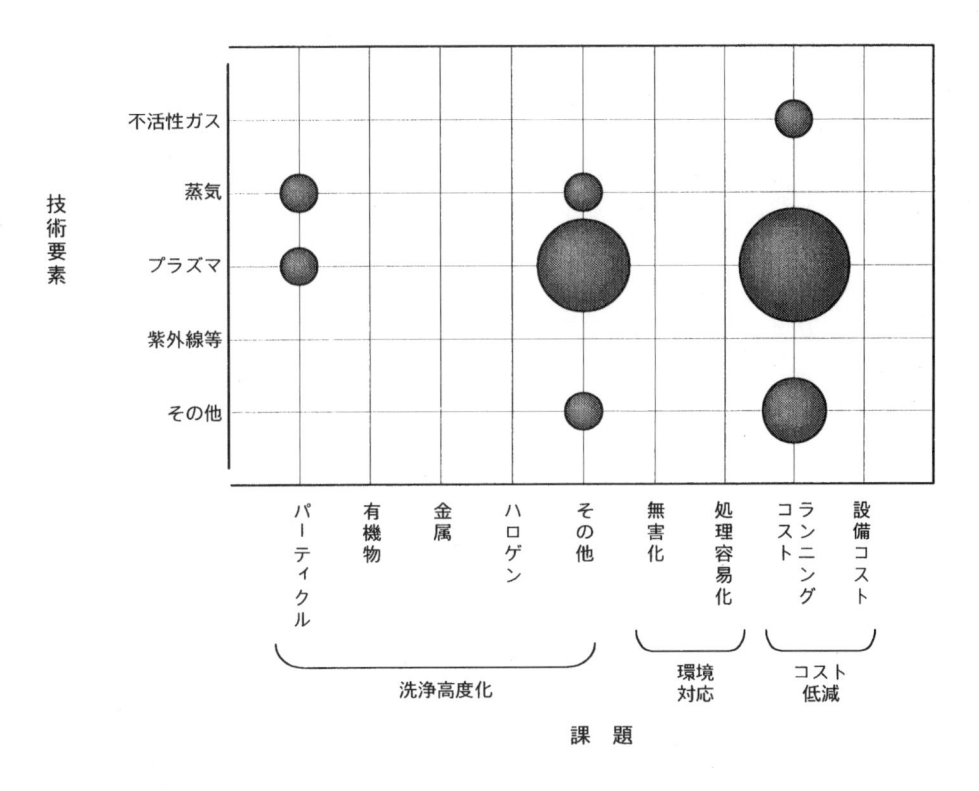

表 2.16.3-1 アプライドマテリアルズの技術要素・課題・解決手段別保有特許 (1/2)

技術要素	課題	解決手段	特許番号	発明の名称：概要
ウェット洗浄：水系	コスト低減：ランニングコスト	装置・プロセスとの組合わせ：方法・プロセス	特開2001-156029	少ない欠陥のための後CuCMP
ウェット洗浄：活性剤添加	洗浄高度化：パーティクル除去	装置・プロセスとの組合わせ：方法・プロセス	特開2001-185523	疎水性ウエーハを洗浄／乾燥する方法および装置
	洗浄高度化：その他	装置・プロセスとの組合わせ：方法・プロセス	特開2001-230230	欠陥低減のための平坦化された銅のクリーニング
ドライ洗浄：不活性ガス	コスト低減：ランニングコスト	ドライ洗浄技術：洗浄媒体	特開平10-72672	非プラズマ式チャンバクリーニング法
ドライ洗浄：蒸気	洗浄高度化：その他	ドライ洗浄技術：洗浄装置	特開平8-82402	液体の澱みを最小にして乾燥蒸気を発生させる方法および装置
ドライ洗浄：プラズマ	洗浄高度化：パーティクル除去	ドライ洗浄技術：洗浄方法	特開平8-64573	プラズマリアクタ内の静電チャックの洗浄

表 2.16.3-1 アプライドマテリアルズの技術要素・課題・解決手段別保有特許 (2/2)

技術要素	課題	解決手段	特許番号	発明の名称：概要
ドライ洗浄：プラズマ	洗浄高度化：その他	ドライ洗浄技術：洗浄方法	特開平8-55829	高圧プラズマ処理方法および装置
			特開平10-178004	基板処理系において表面を洗浄する方法及び装置
			特開2001-102367	遠隔プラズマ源を用いる被膜除去
			特開2001-168075	基板誘電層プレクリーニング方法
			特開2001-203194	低κ誘電体に対する損傷を最小にする金属プラグの事前清浄化方法
		ドライ洗浄技術：洗浄装置	特開平9-232294	プロセスガスのフォーカシング装置及び方法
	コスト低減：ランニングコスト	ドライ洗浄技術：洗浄媒体	特開平9-232299	CVD装置のインシチュウクリーニング
			特開平9-186143	プラズマチャンバ表面から副生成物をクリーニングするための方法及び装置
		ドライ洗浄技術：洗浄方法	特開平8-81790	プラズマ不活性カバー及びそれを使用するプラズマ洗浄方法及び装置
			特開平8-321491	ウエハ清浄化スパッタリングプロセス
			特開平9-172004	エッチング方法
		ドライ洗浄技術：洗浄装置	特開平9-232292	半導体ウエーハ製造用プラズマ処理装置
			特開平9-237778	セルフクリーニング式プラズマ処理リアクタ
			特開平9-181057	半導体ウェハの処理中にクリーニングするためのクリーニング用電極を備えるRFプラズマ反応装置
			特許3150957	自己洗浄真空処理反応装置：間隔変更可能に設けられたガス注入マニホルド電極とウェハ支持電極を備え、広域の場合は低い圧力で大きな電極間隔にし、局部の場合は高い圧力で小さい電極間隔にする。反応装置のハードウェアに対して腐食性が少なく、無毒性のガスで反応装置を効果的に洗浄できる。
ドライ洗浄：その他	洗浄高度化：その他	ドライ洗浄技術：洗浄媒体	特開平7-165410	シリコン表面からの自然酸化物のインシチュウ清浄化法
	コスト低減：ランニングコスト	ドライ洗浄技術：洗浄方法	特開平3-130368	半導体ウエーハプロセス装置の洗浄方法
			特開平7-78808	コールドウォールCVDシステムにおける低温エッチング
			特開2000-353683	加速プラズマ洗浄
排ガス処理	低・無害化	処理方法・装置：加熱酸化分解	特開2000-323414	基板処理装置
		処理方法・装置：(誘導加熱分解)	特開2000-317265	排ガス処理装置及び基板処理装置

2.16.4 技術開発拠点と研究者

アプライドマテリアルズの半導体洗浄関連の技術開発拠点を、明細書および企業情報をもとに以下に示す。

本社：アメリカ合衆国カリフォルニア州サンタクララ

アプライドマテリアルズジャパンテクノロジーセンター：
　　　　　千葉県成田市新泉14-3　野毛平工業団地内

図2.16.4-1にアプライドマテリアルズの出願件数と発明者数の推移を示す。発明者数は明細書の発明者を年次毎にカウントしたものである。

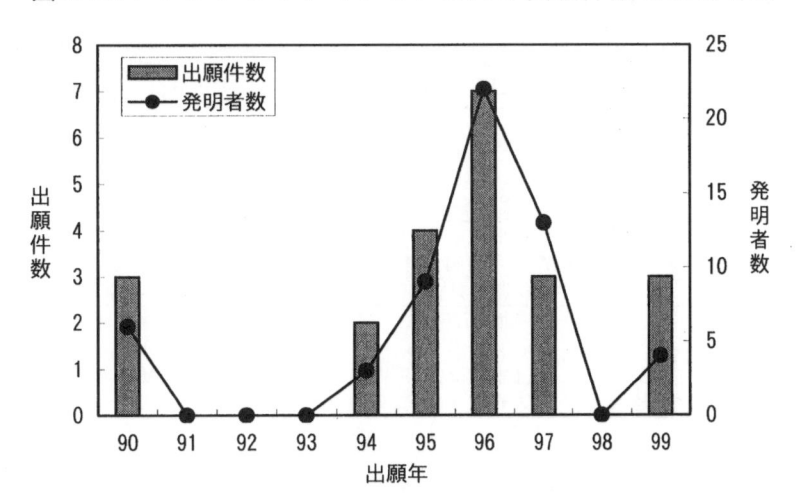

図2.16.4-1 アプライドマテリアルズの出願件数と発明者数

（対象特許は1991年1月1日から2001年8月31日までに公開の出願）

2.17 住友重機械工業

　住友重機械工業の保有する出願のうち権利存続中または係属中の特許は 20 件であり、すべてドライ洗浄に係わる出願である。

2.17.1 企業の概要
　表2.17.1-1に住友重機械工業の企業概要を示す。

表2.17.1-1 住友重機械工業の企業概要

1)	商号	住友重機械工業株式会社
2)	設立年月日	1934（昭和9）年11月
3)	資本金	30,871（百万円）
4)	従業員	単独／4,699人、連結会社計／12,411人（2001年3月31日現在）
5)	事業内容	機械、船舶鉄構・機械、標準・量産機械、建設機械、環境・プラントその他
6)	技術・資本提携関係	主要技術導入契約／スルザー・ケムテック・リミテッド、グルップ・ウーデ・ゲー・エム・ベー・ハーなど全15社と、連結子会社である新日本造機が2社と主要技術導入契約 主要技術輸出契約／三星重工業など全4社
7)	事業所	本社／東京都品川区、千葉製造所／千葉市、田無製造所／東京都西東京市、横須賀製作所／神奈川県横須賀市、名古屋製造所／愛知県大府市、岡山製造所／岡山県倉敷市、新居浜製造所／愛知県新浜市、平塚事業所／神奈川県平塚市
8)	関連会社	（関係会社）環境・プラントその他の事業の主な連結子会社／住重環境エンジニアリング、イズミフードマシナリ、テイトウェル、）環境・プラントその他の事業の主な関連会社／日本スピンドル製造、標準・量産機械の事業の半導体製造装置の主な関連会社／住友イートンノバ その他
9)	業績推移	（百万円）　売上高　経常利益　当期純利益　一株益（円） 連結97.3　　606,537　12,392　　5,923　　10.06 連結98.3　　556,785　 8,516　　4,612　　 7.83 連結99.3　　554,487　△2,198　△12,297　△20.88 連結00.3　　566,668　 5,467　△ 6,328　△10.74 連結01.3　　513,753　 1,595　△28,611　△48.60
10)	主要製品	標準・量産機械事業の主要製品／減・変速機、プラスチック加工機械、レーザ機器、防衛装備品、極低温冷水機器、超精密位置決め装置、半導体製造装置、環境・プラントその他の主要製品／大気汚染防止装置、水処理装置・都市ごみ焼却設備、産業廃棄物処理設備、自家発電設備、化学プラント向けプロセス装置、食品機械、各ソフトウェア
11)	主な取引先（注1）	仕入先／住友商事、伊藤忠商事、三菱商事、丸紅、NTT、販売先／北越製紙、三井物産、アサヒビール、住友金属工業、大王製紙
12)	技術移転窓口	知的財産部

出典1：財務省印刷局発行、「有価証券報告書総覧（2001年）」
出典2：（注1）帝国データバンク 会社年鑑 2002（2001年10月発行）

2.17.2 製品・技術例
　表2.17.2-1に住友重機械工業の関連製品例を示す。

表2.17.2-1 住友重機械工業の関連製品例

分野	製品／技術	製品名／技術名	発表／発売元／時期	出典
ドライ洗浄：不活性ガス	ウェーハ洗浄装置	アルゴンウェーハ洗浄装置「C-eArjet」	1999年4月	http://www.shi.co.jp/finance/prellys/p_99/argon.html

2.17.3 技術開発課題対応保有特許

図2.17.3-1と-2に住友重機械工業の1991年1月1日から2001年8月31日までの公開特許における技術要素別の出願構成比率およびドライ洗浄の技術要素と課題の分布を示す。出願はすべてドライ洗浄である。不活性ガスでのパーティクルの洗浄高度化課題の出願が多い。

表 2.17.3-1 に住友重機械工業の技術要素・課題・解決手段別保有特許を示す。住友重機械工業の保有の出願のうち登録特許は6件、係属中の特許は 14 件である。保有特許のうち海外出願された特許は7件である。

ドライ洗浄に係わる登録特許を主要特許とし、発明の名称の後の：以下に概要を記載している。

図 2.17.3-1 住友重機械工業の技術要素別出願構成比率

（対象特許は 1991 年 1 月 1 日から 2001 年 8 月 31 日までに公開の出願）

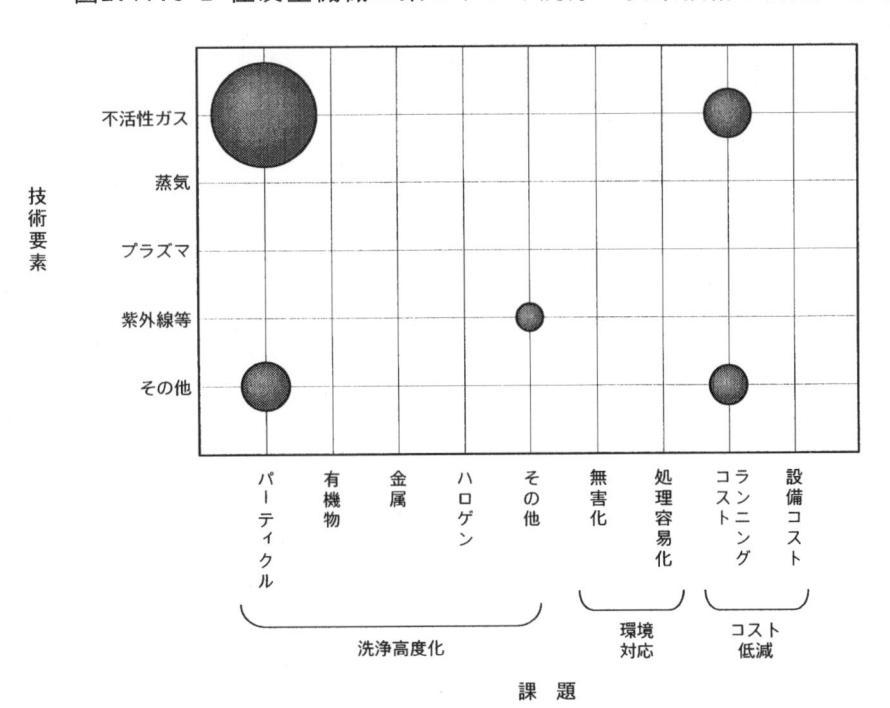

図2.17.3-2 住友重機械工業のドライ洗浄の要素技術と課題の分布

（対象特許は 1991 年 1 月 1 日から 2001 年 8 月 31 日までに公開の出願）

表 2.17.3-1 住友重機械工業の技術要素・課題・解決手段別保有特許 (1/2)

技術要素	課題	解決手段	特許番号	発明の名称：概要
ドライ洗浄：不活性ガス	洗浄高度化：パーティクル除去	ドライ洗浄技術：洗浄媒体	特許2828859	洗浄方法および洗浄装置：アルゴン微粒子を複数のノズルで相対的に移動させながら吹き付けて全表面を洗浄する。
			特許2828867	洗浄方法および洗浄装置：粒子径の異なるアルゴン微粒子を吹き付けて、大きな汚染物から微細な溝中の汚染物まで除去する。
			特開平6-283489	洗浄方法および洗浄装置

表2.17.3-1 住友重機械工業の技術要素・課題・解決手段別保有特許（2/2）

技術要素	課題	解決手段	特許番号	発明の名称：概要
ドライ洗浄：不活性ガス	洗浄高度化：パーティクル除去	ドライ洗浄技術：洗浄媒体	特許3201549	洗浄方法および洗浄装置：アルゴン微粒子を相対移動で複数の方向から吹き付けて凹凸のパターンがある被洗浄物表面を洗浄する。
			特許2828876	表面洗浄方法及び装置：冷却量を制御してアルゴン微粒子の量を制御し被洗浄物表面に与えるダメージを抑えて洗浄する。
			特許2828891	表面洗浄方法および表面洗浄装置
			特許2837826	洗浄装置及び洗浄方法：被洗浄物とノズルの間に遮蔽板を配置して、アルゴン微粒子を含むガス流の一部の流束を遮断することにより洗浄効果を向上する。
			特開平8-298252	エアロゾル表面処理
			特開平8-321480	表面の処理
			特開平11-165139	表面洗浄方法及び装置
			特開平11-186206	表面洗浄装置
		ドライ洗浄技術：洗浄装置	特開2000-260850	真空ロボットの取付装置
	コスト低減：ランニングコスト	ドライ洗浄技術：洗浄装置	特開平11-226531	表面洗浄装置
			特開2000-252249	ウエハ洗浄方法及び装置
ドライ洗浄：紫外線等	洗浄高度化：その他	ドライ洗浄技術：洗浄方法	特開2000-197987	バイアホールクリーニング方法
ドライ洗浄：その他	洗浄高度化：パーティクル除去	ドライ洗浄技術：洗浄方法	特開2000-262996	エアロゾル洗浄装置
			特開2000-262997	エアロゾル洗浄装置
		ドライ洗浄技術：洗浄装置	特開2000-262999	エアロゾル洗浄装置
	コスト低減：ランニングコスト	ドライ洗浄技術：洗浄方法	特開2000-262995	エアロゾル洗浄装置、及び、これを用いた多段階洗浄方法
		ドライ洗浄技術：洗浄装置	特開2000-262998	エアロゾル洗浄装置

2.17.4 技術開発拠点と研究者

住友重機械工業の半導体洗浄関連の技術開発拠点を、明細書の発明者住所および企業情報をもとに以下に示す。

本社：東京都千代田区大手町2丁目2番1号（旧）
　　　東京都品川区北品川5丁目9番11号（新）
田無製造所：東京都田無市谷戸町2丁目1番1号
平塚事業所：神奈川県平塚市夕陽ケ丘63番30号
平塚研究所：神奈川県平塚市夕陽ケ丘63番30号

図2.17.4-1に住友重機械工業の出願件数と発明者数の推移を示す。発明者数は明細書の発明者を年次毎にカウントしたものである。

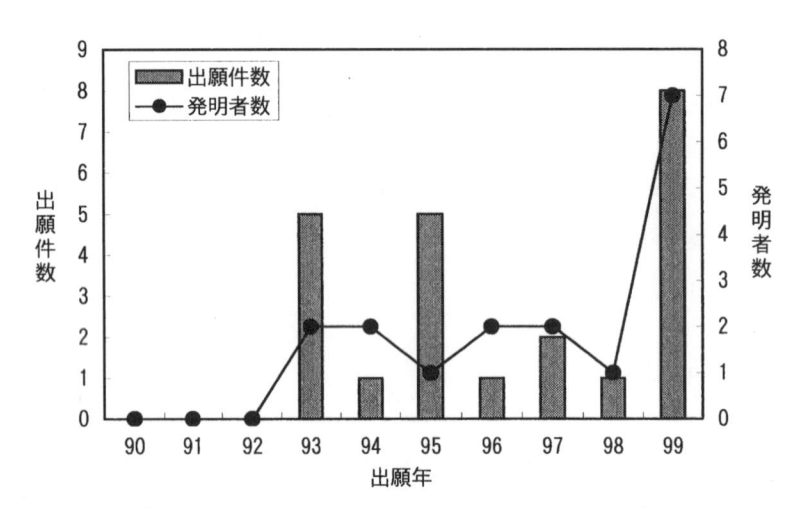

図2.17.4-1 住友重機械工業の出願件数と発明者数

（対象特許は1991年1月1日から2001年8月31日までに公開の出願）

2.18 シャープ

シャープの保有する出願のうち権利存続中または係属中の特許は、廃水処理、ドライ洗浄、ウェット洗浄を中心に30件である。

2.18.1 企業の概要
表2.18.1-1にシャープの企業概要を示す。

表2.18.1-1 シャープの企業概要

1)	商号	シャープ株式会社
2)	設立年月日（注1）	1935（昭和10）年5月1日
3)	資本金	204,095（百万円）
4)	従業員	単独／49,101人、連結会社計／23,229人（平成13年3月31日現在）
5)	事業内容	電機通信機器・電機機器および電子応用機器全般にわたる製造・販売
6)	技術・資本提携関係	技術導入契約／トムソン・マルチメディア・ライセンシング、テキサス・インスツルメンツ、インテル、インターデジタル・テクノロジー、コーニンクレッカ・フィリップス・エレクトロニクス・エヌ・ヴィ、サンディスク、ルーセント・テクノロジーズ・ジーアールエル、モトローラ
7)	事業所	本社／大阪市、栃木工場 AV商品開発センター／栃木県矢板市、広島工場／広島県東広島市、八尾工場電化商品開発研究所／大阪府八尾市、奈良工場 情報通信システム開発研究所 ドキュメント商品開発研究所 デューティー開発センター／奈良県大和郡、天理工場 設計技術開発研究所 ネットワークシステムLSI開発センター システム設計センター プロセス開発センター 液晶研究所 液晶生産技術センター／奈良県天理市、福山工場 プロセス開発研究所／広島県福山市、奈良・新庄工場 電子部品研究所／奈良県新庄市、田辺工場／大阪市阿倍野区、三重工場／三重県多気町、基盤技術研究所 システム開発センター 生産技術開発センター 光ディスク開発センター 設計システム開発センター／奈良県天理市、エコロジー技術開発センター／奈良県新庄市、機能デバイス開発センター／千葉県柏市、東京支社 マチルメディア開発研究所／千葉県美浜区、東京市ケ谷ビル他／東京都新宿区他
8)	関連会社	電子部品部門の主要会社名／シャープ・エレクトロニクス、シャープ・エレクトロニクス（ヨーロッパ）ゲー・エム・ペー・ハー、夏普電市股
9)	業績推移	（百万円）　　　売上高　　経常利益　当期純利益　一株益（円） 連結97.3　1,790,580　88,631　48,546　43.21 連結98.3　1,790,542　50,601　24,788　22.00 連結99.3　1,745,537　26,102　4,631　4.11 連結00.3　1,854,774　58,745　28,130　24.97 連結01.3　2,012,858　80,728　38,527　34.20
10)	主要製品	電子部品部門の主要製品／電子チューナ、高周波・赤外線通信ユニット、衛星放送用部品、半導体レーザ、ホログラムレーザ、光半導体、レギュレータ、スイッチング電源、太陽電池、ELディスプレイモジュール、LED、フラッシュメモリ、複合メモリ、CCD・CMOSイメージャ、液晶用LSI、アナログIC、マイコン、TFT液晶ディスプレイモジュール、デューティー液晶ディスプレイモジュール
11)	主な取引先（注2）	販売先／シャープエレクトロニクスマーケティング、シャープエレクトロニクス
12)	技術移転窓口	知的財産権本部 第二ライセンス部

出典：財務省印刷局発行、「有価証券報告書総覧（2001年）」：

出典：（注1）帝国データバンク 会社年鑑2002（2001年10月発行）

2.18.2 製品・技術例

表2.18.2-1にシャープの関連製品・技術例を示す。

表2.18.2-1 シャープの関連製品・技術例

分野	製品/技術	製品名/技術名	発表/発売元/時期	出典
ウェット洗浄：有機系	超音波洗浄装置	炭化水素系超音波洗浄装置HC	—	「炭化水素系超音波洗浄装置"HC"」カタログ(1998.10)
環境配慮：廃水処理（低・無害化）	微生物処理	現像液の処理	1997年	シャープ技報 Vol.73,No.4,pp.26(1999)
		フッ素含有混合廃液の処理	1999年	シャープ技報 Vol.73,No.4,pp.26(1999)

2.18.3 技術開発課題対応保有特許

図2.18.3-1、-2と-3にシャープの1991年1月1日から2001年8月31日までの公開特許における技術要素別の出願構成比率およびウェット洗浄の技術術要素と課題の分布と廃水処理対象と課題・解決手段の分布を示す。ウェット、ドライ洗浄、廃水処理および排ガス処理の4技術要素すべてに出願しているが、そのうち廃水処理、ウェット洗浄およびドライ洗浄は各々33%、32%、30%と大略同程度である。

ウェット洗浄では水系のランニングコスト低減の出願が多い。

廃水処理では、各種処理対象の低・無害化に対してシステム・装置の解決手段の出願が多い。

表2.18.3-1にシャープの技術要素・課題・解決手段別保有特許を示す。シャープの保有の出願のうち登録特許は10件、係属中の特許は20件である。保有特許のうち海外出願された特許は12件である。

技術要素別には、廃水処理、ドライ洗浄、ウェット洗浄および排ガス処理が14件、8件、7件、2件である（重複を含む）。

また、ドライ洗浄および廃水処理に係わる登録特許を主要特許と選択し、発明の名称の後の：以下に概要を記載している。

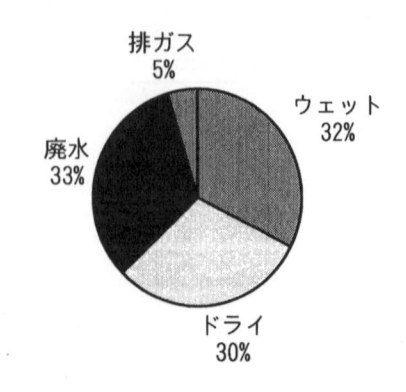

図2.18.3-1 シャープの技術要素別出願構成比率

- 排ガス 5%
- ウェット 32%
- ドライ 30%
- 廃水 33%

（対象特許は1991年1月1日から2001年8月31日までに公開の出願）

図2.18.3-2 シャープのウェット洗浄の技術要素と課題の分布

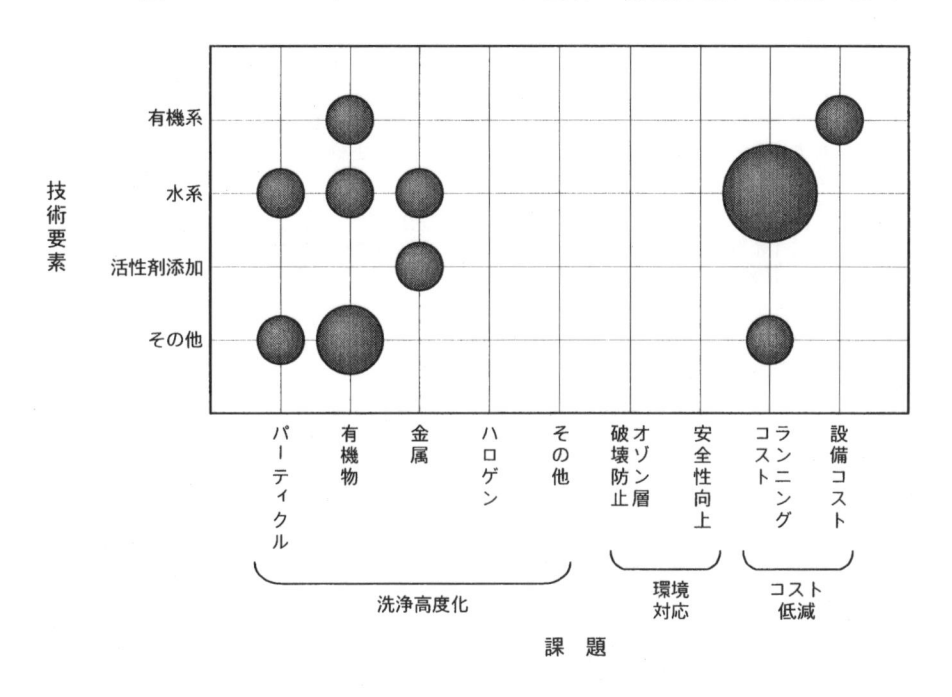

(対象特許は1991年1月1日から2001年8月31日までに公開の出願)

図2.18.3-3 シャープの廃水処理対象と課題・解決手段の分布

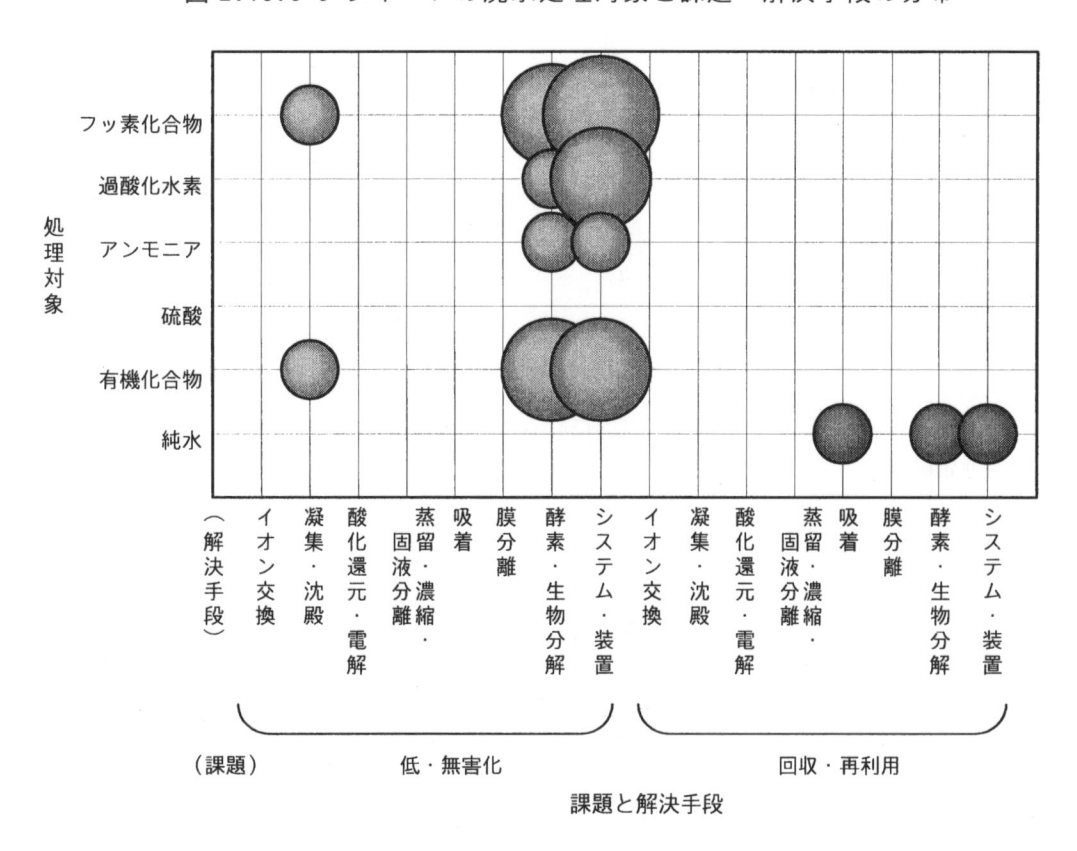

(対象特許は1991年1月1日から2001年8月31日までに公開の出願)

表2.18.3-1 シャープの技術要素・課題・解決手段別保有特許（1/2）

技術要素	課題	解決手段	特許番号	発明の名称：概要
ウェット洗浄：有機系	洗浄高度化：有機物除去	洗浄媒体：その他	特許2665404	半導体装置の製造方法
	コスト低減：設備コスト	装置・プロセスとの組合わせ：方法・プロセス	特開平8-148462	半導体製造装置のクリーニング方法
ウェット洗浄：水系	コスト低減：ランニングコスト	洗浄媒体：その他	特許2888732	半導体装置の製造方法
ウェット洗浄：その他	洗浄高度化：パーティクル除去	洗浄媒体：超臨界洗浄、装置との組合わせ	特許3017637	洗浄装置
	洗浄高度化：有機物除去	洗浄媒体：超臨界洗浄	特開平9-43857	レジスト除去方法およびレジスト剥離液
			特許3135209	半導体ウェハの洗浄装置
	コスト低減：ランニングコスト	洗浄媒体：超臨界洗浄、装置との組合わせ	特開平10-94767	超臨界流体洗浄装置
ドライ洗浄：不活性ガス	洗浄高度化：パーティクル除去	ドライ洗浄技術：洗浄媒体	特開平10-50648	超臨界流体洗浄装置
	コスト低減：ランニングコスト	ドライ洗浄技術：洗浄装置	特許2889449	洗浄装置
ドライ洗浄：蒸気	洗浄高度化：金属除去	ドライ洗浄技術：洗浄媒体	特許2896005	ウェハー洗浄方法：フッ化水素と過酸化水素の混合蒸気でウェーハ表面に酸化膜を形成すると同時に除去することにより重金属を除去し、次にフッ化水素の蒸気で酸化膜を除去する。
	コスト低減：ランニングコスト	ドライ洗浄技術：洗浄装置	特開2001-167998	レジスト剥離装置
ドライ洗浄：プラズマ	コスト低減：ランニングコスト	ドライ洗浄技術：洗浄装置	特開平10-242134	プラズマCVD装置
			特開2001-135618	ドライエッチング装置
ドライ洗浄：その他	洗浄高度化：金属除去	他の技術との組合わせ：ウェット洗浄と	特許3162181	半導体製造方法
	コスト低減：ランニングコスト	ドライ洗浄技術：洗浄装置	特許3135209	半導体ウェハの洗浄装置
廃水処理	低・無害化：フッ素化合物、過酸化水素	酵素・生物・他、装置・システム	特開平9-174081	排水処理装置および排水処理方法
			特開平10-80693	排水処理方法および排水処理装置
			特開2000-596	排水処理方法および排水処理装置

表2.18.3-1 シャープの技術要素・課題・解決手段別保有特許（2/2）

技術要素	課題	解決手段	特許番号	発明の名称：概要
廃水処理	低・無害化：フッ素化合物、有機化合物	酵素・生物・他、装置・システム	特開2000-15287	排水処理方法および排水処理装置
	低・無害化：有機化合物	酵素・生物・他、装置・システム	特許2564080	排水処理方法および排水処理装置：効率的な廃水の生物処理方法。
			特開平8-99092	排水処理装置および排水処理方法
			特開平9-70599	排水処理装置および排水処理方法
	低・無害化：過酸化水素	装置・システム	特開平9-38661	過酸化水素除去装置
	低・無害化：（その他）	酵素・生物・他、装置・システム	特開平6-285490	排水処理方法
		化学的処理：凝集・沈殿、装置・システム	特許3192557	排水処理装置および排水処理方法：フッ素と有機物を含有する排ガスを炭酸カルシウムと曝気し低コストで処理する。
		物理的処理：膜分離	特開平8-288249	薬液処理装置
	回収・再利用：純水	化学的処理：イオン交換、装置・システム	特開平9-52087	水処理方法および水処理装置
		酵素・生物・他	特開平9-70598	超純水製造装置
	回収・再利用：（その他）	装置・システム	特許2703424	洗浄装置：洗浄廃水中の濾過効率を向上し、洗浄槽とオーバフロー槽との洗浄を良好に行う。
排ガス処理	低・無害化：	処理方法・装置：湿式吸収	特開平8-164314	スクラバー装置
	回収・再利用：	処理方法・装置：（蒸留、凝縮）	特開2001-145802	溶剤再生装置

2.18.4 技術開発拠点と研究者

　シャープの半導体洗浄関連の技術開発拠点を、明細書および企業情報をもとに以下に示す。

本社：大阪府大阪市阿倍野区長池町 22 番 22 号
シャープテクノシステム：大阪府大阪市平野区加美南 4 丁目 3 番 41 号
シャープマニファクチャリングシステム：大阪府八尾市跡部本町 4 丁目 1 番 33 号

　図2.18.4-1にシャープの出願件数と発明者数の推移を示す。発明者数は明細書の発明者を年次毎にカウントしたものである。1996年以降は出願件数、発明者数ともに低位で推移している。

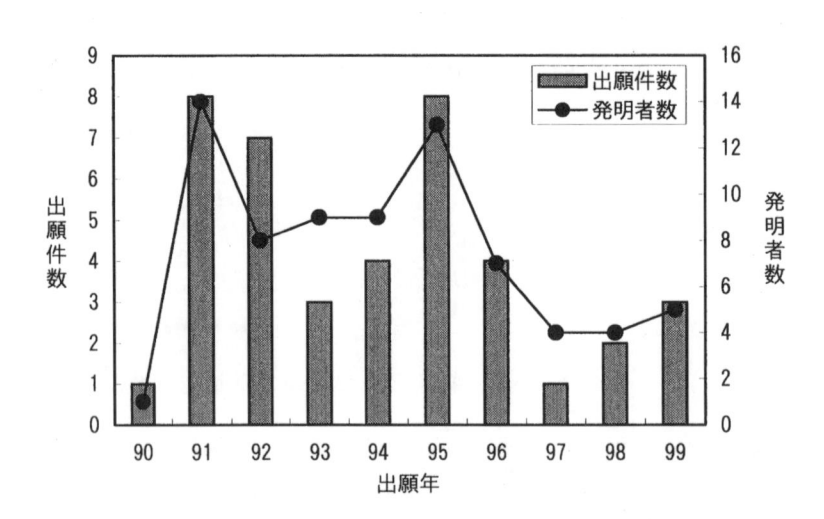

図 2.18.4-1 シャープの出願件数と発明者数

（対象特許は1991年1月1日から2001年8月31日までに公開の出願）

2.19 野村マイクロサイエンス

　野村マイクロサイエンスの保有する出願のうち権利存続中または係属中の特許は、ウェット洗浄と廃水処理を中心に14件である。

2.19.1 企業の概要
　表2.19.1-1に野村マイクロサイエンスの企業概要を示す。

表2.19.1-1 野村マイクロサイエンスの企業概要

1)	商号（注2）	野村マイクロ・サイエンス株式会社
2)	設立年月日（注2）	1969（昭和44）年4月
3)	資本金（注2）	562.8（百万円）
4)	従業員（注2）	275人
5)	事業内容（注2）	超純水造水システムエンジニアリング
6)	技術・資本提携関係	
7)	事業所（注1）	（国内、海外拠点）本社／神奈川県厚木市、仙台営業所／宮城県仙台市、北上サービスステーション／岩手県北上市、埼玉営業所／埼玉県浦和市、厚木営業所／神奈川県厚木市、名古屋営業所／愛知県名古屋市、掛川サービスステーション／静岡県小笠郡、大阪営業所／大阪府吹田市、京滋営業所／滋賀県大津市、福山営業所／広島県福山市、松山営業所／愛媛県松山市、熊本営業所／熊本県菊陽郡、長崎営業所／長崎県大村市、大分営業所／大分県大分市、宮崎営業所／宮崎県宮崎市、台湾支店／日商野村微科学股
8)	関連会社（注1）	子会社／ナムテック、Nomura Micro Science U.S.A.、Nomura Micro Science(U.K.) 関連会社／アグルー・ジャパン、野村コリア
9)	業績推移（注2）	（百万円）売上高　当期純利益 99.3　　　10,642　　　106 00.3　　　10,380　　　 48 01.3　　　16,132　　　304
10)	主要製品（注1）	（取扱い商品）半導体工業・液晶工業／水処理設備、薬液供給装置、ウォーターワッシャー、計測機器、医薬品製造用水／精製水、注射用水、パイロジェンフリー洗浄水、滅菌用ピュアステーム（発生装置）、設備、各種フィルター、発電業界／純水装置、コジェネ用純水装置、研究所／小型純水装置、メンブレンフィター、食品工業／廃棄物低減、廃液再利用設備、一般工業／水回収処理装置
11)	主な取引先（注2）	仕入先／WATER ENGINEERING、ナムテック、関西プラスチック工業、野村コリア、アグルージャパン、サントレーディング、第一化成、東レ、日本フォトサイエンス、販売先／UMC、日本サムスン、UNIPAC、ハイニックス・セミコンダクター・ジャパン、武田薬品工業、整水工業、MACRONIX、コマツ電子金属、千代田組、荏原製作所
12)	技術移転窓口	－

出典1：財務省印刷局発行、「有価証券報告書総覧（2001年）」
出典2：（注1）http://www.nomura-nms.co.jp/noframe/top_j.html
出典3：（注2）帝国データバンク　会社年鑑2002（2001年10月発行）

2.19.2 製品・技術例

表2.19.2-1に野村マイクロサイエンスの関連製品例を示す。

表2.19.2-1 野村マイクロサイエンスの関連製品例

分野	製品／技術	製品名／技術名	発表／発売元／時期	出典
ウェット洗浄：水系	純水製造装置（イオン交換）	CEXシリーズ：カチオン交換樹脂塔（向流）	—	野村マイクロサイエンス Product Interface
		AEXシリーズ：アニオン交換樹脂塔（向流）	—	
		MBPシリーズ：混床式イオン交換樹脂塔	—	
		MBRシリーズ：混床式イオン交換樹脂塔	—	
		エクセルペットシリーズ：複層床式向流再生型イオン交換樹脂塔 CEX-100S～CEX-320S	—	
		デュオライトフローシリーズ：バックドベッド式向流再生型イオン交換樹脂塔 CEX-100D～CEX-320D, AEX-100D～AEX-320D	—	
	逆浸透装置（RO）	スパイラル型逆浸透膜、逆浸透ユニット	—	
環境配慮：廃水処理（低・無害化）	水中有機物除去装置	TOC-UV-NNUV	—	
	廃水処理システム		—	

2.19.3 技術開発課題対応保有特許

図2.19.3-1と-2に野村マイクロサイエンスの1991年1月1日から2001年8月31日までの公開特許における技術要素別の出願構成比率および廃水処理対象と課題・解決手段の分布を示す。ウェット、ドライ洗浄および廃水処理の3技術要素に出願しているが、そのうち廃水処理およびウェット洗浄が各々50％、44％と多い。廃水処理では有機化合物の低・無害化と純水の回収、再利用課題の出願が多い。

表2.19.3-1に野村マイクロサイエンスの技術要素・課題・解決手段別保有特許を示す。野村マイクロサイエンスの保有の出願のうち登録特許は0件、係属中の特許は14件である。保有特許のうち海外出願された特許は1件である。

技術要素別には、廃水処理およびウェット洗浄、ドライ洗浄それぞれ7件、7件、1件である（重複を含む）。

また、廃水処理に係わる海外出願特許などを主要特許と選択し、発明の名称の後の：以下に概要を記載している。

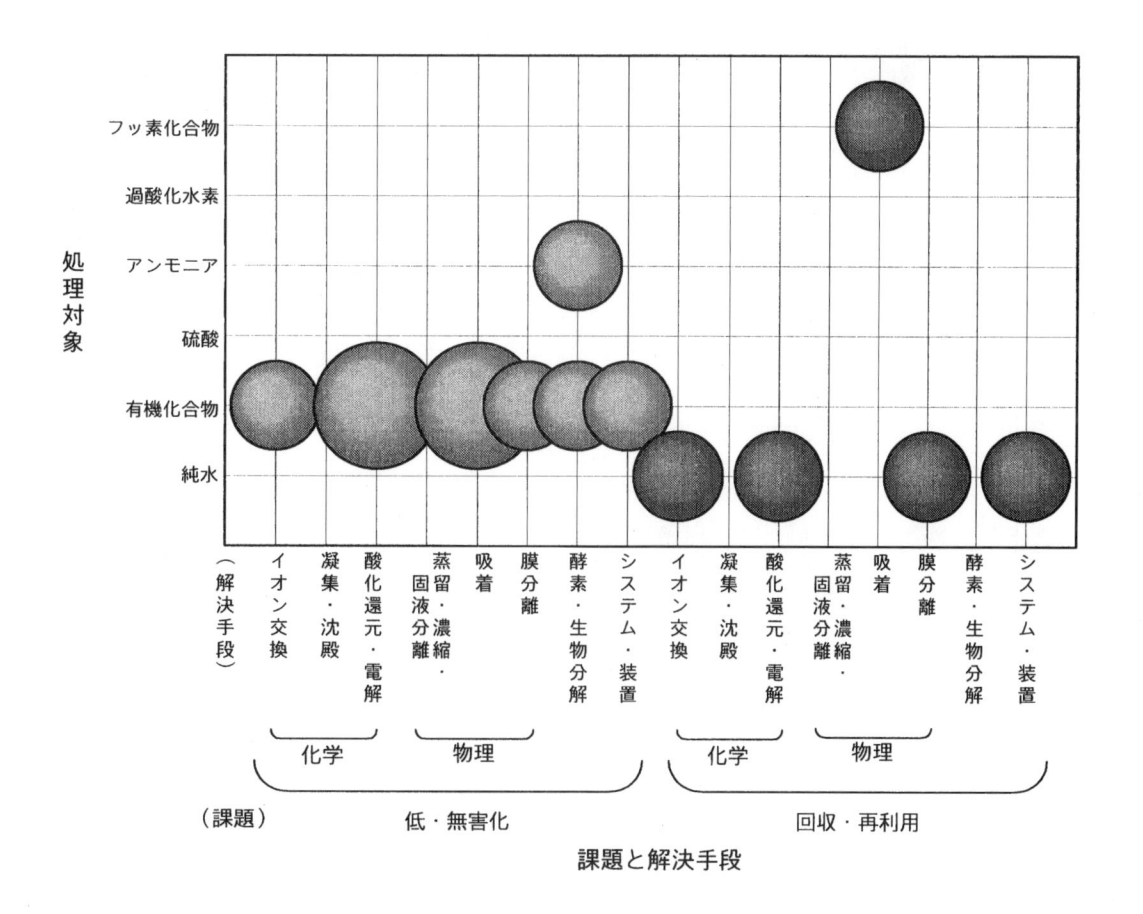

図2.19.3-1 野村マイクロサイエンスの技術要素別出願構成比率

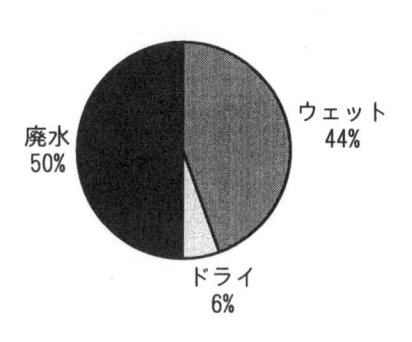

廃水 50%
ウェット 44%
ドライ 6%

（対象特許は1991年1月1日から2001年8月31日までに公開の出願）

図2.19.3-2 野村マイクロサイエンスの廃水処理対象と課題・解決手段

処理対象：フッ素化合物、過酸化水素、アンモニア、硫酸、有機化合物、純水

（解決手段）イオン交換、凝集・沈殿、酸化還元・電解、蒸留・濃縮・固液分離、吸着、膜分離、酵素・生物分解、システム・装置、イオン交換、凝集・沈殿、酸化還元・電解、蒸留・濃縮・固液分離、吸着、膜分離、酵素・生物分解、システム・装置

化学／物理／化学／物理

（課題）低・無害化／回収・再利用

課題と解決手段

（対象特許は1991年1月1日から2001年8月31日までに公開の出願）

表 2.19.3-1 野村マイクロサイエンスの技術要素・課題・解決手段別保有特許

技術要素	課題	解決手段	特許番号	発明の名称：概要
ウェット洗浄：水系	洗浄高度化：パーティクル除去	装置・プロセスとの組合わせ：方法・プロセス	特開2001-54768	洗浄方法及び洗浄装置
	環境対応：オゾン層破壊防止	装置・プロセスとの組合わせ：方法・プロセス	特開2001-62412	洗浄方法、洗浄液の製造方法、洗浄液、および洗浄液の製造装置
	環境対応：安全性向上	装置・プロセスとの組合わせ：方法・プロセス	特開2000-195833	洗浄方法及び洗浄装置
			特開2000-288495	洗浄方法
	コスト低減：ランニングコスト	装置・プロセスとの組合わせ：方法・プロセス	特開平8-264498	シリコンウエーハの清浄化方法
			特開2000-331973	洗浄方法
			特開2000-325902	洗浄方法
ドライ洗浄：蒸気	洗浄高度化：有機物および金属除去	ドライ洗浄技術：洗浄媒体	特開2000-91288	高温霧状硫酸による半導体基板の洗浄方法及び洗浄装置
廃水処理	低・無害化：有機化合物	物理的処理：(紫外線)、装置・システム	特開平7-124594	低濃度有機性廃水の処理装置：逆浸透膜、真空脱気、紫外線分解、イオン交換を順に配置し有機化合物を処理する。
		化学的処理：イオン交換、酸化還元電解等	特開平8-197093	水処理方法及び装置：オゾン水を添加しアルカリ性で有機化合物を分解する。
	低・無害化：有機化合物、回収：純水	化学的処理：酸化還元電解等	特開2000-288495	洗浄方法
		化学的処理：イオン交換	特開2000-61459	低濃度有機性廃水の処理装置
	低・無害化：アンモニア（イオン、塩）	酵素・生物・他	特開平8-80494	第4級アンモニウム塩含有廃水の微生物の処理方法：pHを中和後、栄養源を添加して生物処理をするアンモニウム塩の処理。
	低・無害化：（シリコン屑）	化学的処理：凝集・沈澱	特開2000-140861	微細砥粒子分散研磨液を含む排水の処理方法：研磨（CMP）廃液を3段の凝集処理を行う（1st：高分子凝集剤、2nd：無機凝集剤、3rd：高分子凝集剤）。発生汚泥量少なく低コストである。
	回収・再利用：純水	物理的処理：膜分離	特開平6-134459	純水製造方法

2.19.4 技術開発拠点と研究者

野村マイクロサイエンスの半導体洗浄関連の技術開発拠点を明細書および企業情報をもとに以下に示す。

本社：神奈川県厚木市岡田西の前1697番1号

図2.19.4-1に野村マイクロサイエンスの出願件数と発明者数の推移を示す。発明者数は明細書の発明者を年次毎にカウントしたものである。

出願件数は、年次によって変動が見られること、および1発明当たりの研究者数が約1人程度と少ないことが特徴である。

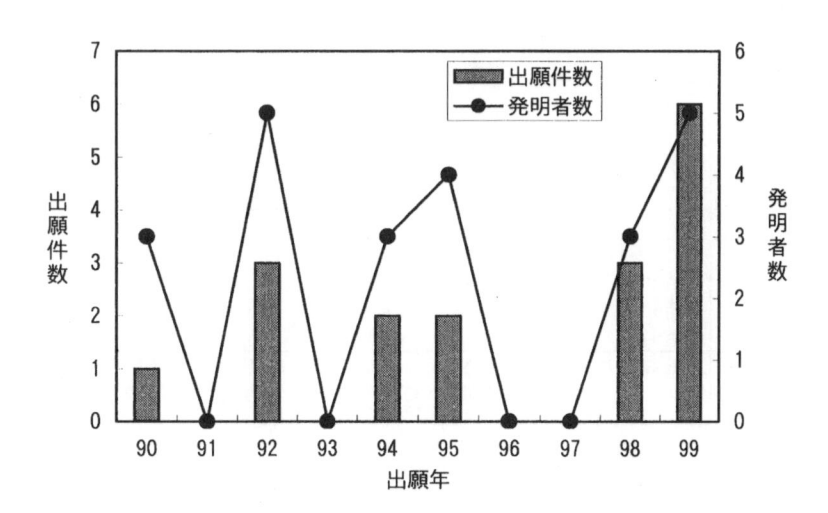

図 2.19.4 -1 野村マイクロサイエンスの出願件数と発明者数

（対象特許は 1991 年 1 月 1 日から 2001 年 8 月 31 日までに公開の出願）

2.20 日本パイオニクス

　日本パイオニクスの保有する出願のうち権利存続中または係属中の特許は 29 件であり、すべて排ガス処理に係わる出願である。

2.20.1 企業の概要
　表 2.20.1-1 に、日本パイオニクスの企業概要を示す。

表 2.20.1-1 日本パイオニクスの企業概要

1)	商号	日本パイオニクス株式会社
2)	設立年月日	1962（昭和37）年7月6日
3)	資本金	200（百万円）
4)	従業員（注1）	207人（平成13年6月現在）
5)	事業内容（注1）	各種ガス精製・発生装置、温熱体、冷熱体、面熱体、酸素マスクの製造および販売
6)	技術・資本提携関係	―
7)	事業所	本社／東京都港区、大阪支店／大阪府大阪市、富山営業所／富山県富山市、平塚営業所／神奈川県平塚市、九州営業所／熊本県熊本市、仙台営業所／宮城県仙台市、平塚工場／神奈川県平塚市、平塚研究所／神奈川県平塚市
8)	関連会社	韓国パイオニクス（KPC）
9)	業績推移（注2）	（百万円）　売上高　　利益(千円) 連結99.3　　7,587　　△ 452,955 連結00.3　　9,108　　　159,399 連結01.3　 12,279　　　372,988
10)	主要製品	水素高純度精製装置、酸素ガス精製装置、不活性ガス精製装置、希ガス精製装置、アンモニアガス精製装置、アンモニア分解ガス発生装置、深冷吸着式水素高純度精製装置、窒素ガス発生装置、水素ガス発生装置、シリンダーキャビネット、特殊材料ガス精製器、半導体用排ガス処理装置、高性能ラインフィルター、高性能マスフローコントローラ、避難用酸素マスク、温熱体、冷熱体、面熱体
11)	主な取引先（注2）	仕入先／菱有工業、エステック、オトフジ、日進ステンレス、石福金属興業 販売先／ロッテ電子工業、MIC、日本国際電気、徳島酸素工業、東横化学
12)	技術移転窓口	特許部

出典1：日本パイオニクス株式会社、営業案内（2001年9月発行）

出典2：（注1）http://www.japan-pionics.co.jp/

出典3：（注2）帝国データバンク　会社年鑑2002（2001年10月発行）

2.20.2 製品・技術例

表 2.20.2-1 に、日本パイオニクスの半導体洗浄に関連する主要製品を示す。

表 2.20.2-1 日本パイオニクスの半導体洗浄関連主要製品

分野	製品	製品名	概要	出典
環境配慮：排ガス処理	除害剤／検知剤	Pioclean-P／DP剤	AsH_3、PH_3、B_2H_6、SiH_4、有機金属化合物等向け	(1)(2)
		Pioclean-Q／DP剤	HCl、AsH_3、PH_3、B_2H_6、SiH_4等向け	
		Pioclean-S／DS剤	SiH_4、Si_2H_6、B_2H_6、有機金属化合物等向け	
		Pioclean-N／DN剤	NH_3、$N(CH_3)_3$、等向け	
		Pioclean-C／DC剤	HF、SiF_4、BF_3、WF_6、F_2、PF_3、ClF_3、HCl等向け	
		Pioclean-G／DG剤	GeH_4等向け	
		Pioclean-O／DO剤	CO、$Ni(CO)_4$等向け	
		Pioclean-H／DH剤	Hg向け	
		Pioclean-Z／DZ剤	O_3向け	
		Pioclean-T／DT剤	TEOS等向け	
		Pioclean-E／DC剤	Cl_2、BCl_3等向け	(1)
		Pioclean-R	AsH_3、PH_3、B_2H_6、SiH_4等向け、緊急保安用	
		Pioclean-L	CH_3、Cl、C_2H_5、Cl等向け（物理吸着による）	(2)
		Pioclean-K2	NF_3向け（加熱式による）	
	カートリッジ	Pioclean-PCS	ステンレス製	(1)
		Pioclean-PCF	FRP製	
		Pioclean-PCX	炭素鋼製、緊急保安用	
	乾式除害装置	WGC型	シンプルなフロー設計の配管システムと高い処理能力の除害剤カートリッジとの組合わせ	(1)(2)
	湿式除害装置	WGS型	コンパクト設計　湿式吸収筒出口ガスの湿度を下げることにより、WGC型（乾式）との組合わせ可能	(2)
	加熱式除害装置	WGF型	PFC対応：触媒加熱分解式　PFC（CF_4、C_2F_6等）、SF_6等、HFCの完全分解可能　酸素添加によりCOの完全酸化が可能	(2)
		WGA型	NH_3対応：触媒分解式　GaN等の多量のNH_3を使用する工程に最適　NH_3は分解筒にて、窒素、水素に分解	
		WGB型	VOC対応：触媒酸化式　酸化触媒により比較的低温（約300℃）、有機溶媒の爆発下限外の大気混合比で完全酸化可能　ヒーター加熱方式なので、CO_2排出量低減	
		WGH型	NF_3対応：加熱乾式　特殊触媒を使用し、NF_3を300℃で分解し、フッ化金属とする	
	燃焼式除害装置	PTO	SiH_4等の水素化物、C_2F_6等のPFCの燃焼分解　燃焼ガスと混合した後、燃焼室で圧縮空気によって強制攪拌されながら燃焼するので分解効率が高い	(2)

出典（1）：日本パイオニクス、営業案内（2001年9月発行）

出典（2）：http://www.japan-pionics.co.jp/semicon/jpn/

2.20.3 技術開発課題対応保有特許

図 2.20.3-1 に日本パイオニクスの 1991 年 1 月 1 日から 2001 年 8 月 31 日までの公開特許における技術要素別の出願構成比率を示す。出願はすべて排ガス処理である。

表 2.20.3-1 に日本パイオニクスの半導体洗浄の技術要素・課題・解決策別保有特許を示す。日本パイオニクス保有の出願のうち登録特許は 2 件、係属中の特許は 27 件である。保有特許のうち海外出願された特許は 12 件である。

要素技術はすべて排ガス処理であり、中でも低・無害化が 28 件とほどんどを占め、回収・再利用は 1 件のみである。解決手段では、圧倒的に乾式吸着吸収によるものが多く、処理対象は酸性ガス（ハロゲン、無機ハロゲン化物）、塩基性ガス（アンモニア等）、無機および有機フッ素化合物などである。

また、登録特許を主要特許として、発明の名称の後の：以下に概要を記載している。

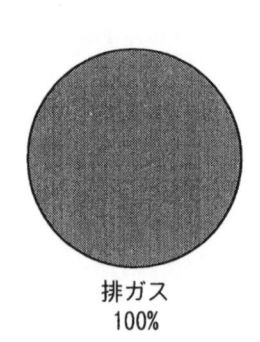

図 2.20.3-1 日本パイオニクスの技術要素別出願構成比率

排ガス
100%

（対象特許は 1991 年 1 月 1 日から 2001 年 8 月 31 日までに公開の出願）

表 2.20.3-1 日本パイオニクスの技術要素・課題・解決策別保有特許(1/2)

技術要素	課題	解決手段	特許番号	発明の名称：概要
排ガス処理	低・無害化：（酸性ガス）	処理方法・装置：乾式吸着吸収	特許3073321	有害ガスの浄化方法：酸化亜鉛、酸化アルミニウムおよびアルカリ化合物を混合してなる浄化剤を使用。
			特開平6-7637	有害ガスの浄化方法
			特開平7-275645	有害ガスの浄化剤
			特開平7-275646	有害ガスの浄化剤
			特開平7-275644	有害ガスの浄化装置
			特開平7-308538	有害ガスの浄化剤
			特開平9-234336	有害ガスの浄化方法
			特開平9-234337	有害ガスの浄化方法
			特開平9-267027	有害ガスの浄化剤
			特開平9-99216	有害ガスの浄化剤
			特開2000-157836	ハロゲン系排ガスの浄化剤及び浄化方法
	低・無害化：（三フッ化塩素）	処理方法・装置：湿式吸収	特開平11-128676	有害ガスの浄化方法

表 2.20.3-1 日本パイオニクスの技術要素・課題・解決策別保有特許(2/2)

技術要素	課題	解決手段	特許番号	発明の名称：概要
排ガス処理	低・無害化：（原料水素化物）	処理方法・装置：乾式吸着吸収	特開平6-154535	有害ガスの浄化方法
	低・無害化：（塩基性ガス）	処理方法・装置：乾式吸着吸収	特開平6-319938	有害ガスの浄化方法
			特開平6-319939	有害ガスの浄化方法
			特開平9-873	有害ガスの浄化方法
			特開平9-10545	有害ガスの浄化方法
		処理方法・装置：乾式吸着吸収、触媒接触	特開平8-150320	排ガスの浄化方法
			特開2000-233117	排ガスの浄化方法及び浄化装置
		処理方法・装置：触媒接触	特開平8-57256	アンモニア分解装置
	低・無害化：アンモニア	処理方法・装置：湿式吸収	特開2000-288342	排ガスの浄化方法及び浄化装置
	低・無害化：フッ化窒素	処理方法・装置：乾式吸着吸収	特開平6-134256	有害ガスの浄化方法
			特開平6-238128	有害ガスの浄化方法
		処理方法・装置：乾式吸着吸収、触媒接触	特開平11-5018	有害ガスの浄化方法
	低・無害化：（ケイ素化合物ガス）	処理方法・装置：触媒接触	特許2608394	除去剤：従来の湿式あるいは乾式処理の問題を回避できる、酸化銅との接触による処理。
	低・無害化：（一酸化炭素）	処理方法・装置：触媒接触	特開平10-286432	有害ガスの浄化方法
	低・無害化：有機ハロゲン化物	処理方法・装置：乾式吸着吸収	特開平11-276860	フルオロカーボンの分解処理方法および分解処理装置
	低・無害化：（ダスト）	処理方法・装置：乾式吸着吸収	特開2000-107554	排ガスの浄化方法及び浄化装置
	回収・再利用：アンモニア	処理方法・装置：乾式吸着吸収	特開2000-317246	アンモニアの回収方法及び回収装置

2.20.4 技術開発拠点と研究者

日本パイオニクスの半導体洗浄関連の技術開発拠点を、明細書の発明者住所および企業情報をもとに以下に示す。

平塚工場：神奈川県平塚市田村 5181

平塚研究所：神奈川県平塚市田村 5181

図 2.20.4-1 に、日本パイオニクスの出願件数と発明者数の推移を示す。発明者数は、明細書の発明者を年次毎にカウントしたものである。

日本パイオニクスの半導体洗浄関連の発明者はすべて排ガス処理技術の研究開発に関わっており、最近は1件あたりの発明者の数が増えてきている。

図 2.20.4-1 日本パイオニクスの出願件数と発明者数の推移

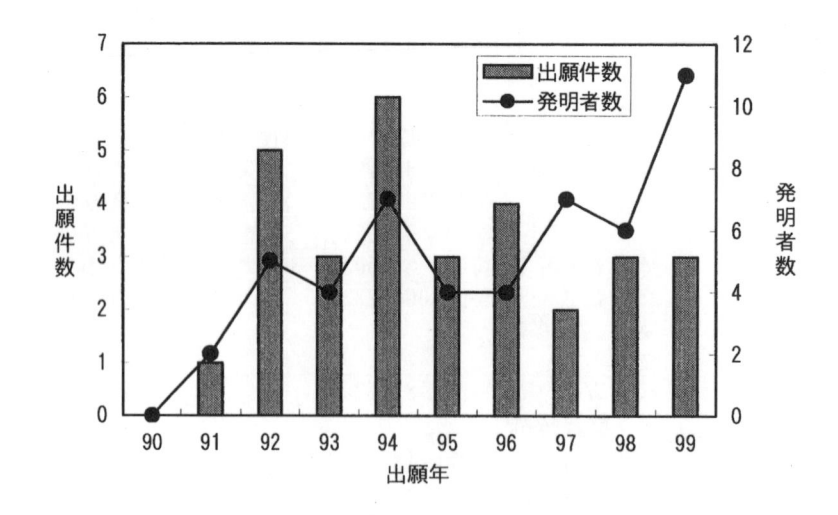

(対象特許は1991年1月1日から2001年8月31日までに公開の出願)

2.21 日本酸素

日本酸素の保有する出願のうち権利存続中または係属中の特許は、排ガス処理を中心に31件である。

2.21.1 企業の概要

表2.21.1-1に、日本酸素の企業概要を示す。

表2.21.1-1 日本酸素の企業概要

1)	商号	日本酸素株式会社
2)	設立年月日（注1）	1918（大正7）年7月20日
3)	資本金	27,039（百万円）
4)	従業員	単独／1,584人、連結会社計／6,282人（平成13年3月31日現在）
5)	事業内容	ガス・機器および関連装置、生活・家庭用品
6)	技術・資本提携関係	技術導入の契約／Atlas Copco Energas、AGA AB 共同研究開発契約／大陽東洋酸素
7)	事業所	本社／東京都港区、会津ガスセンター／福島県会津若松市、小山工場／栃木県小山市、美浦ガスセンター／茨城県稲敷郡、三重ガスセンター／三重県桑名郡、三重大山田工場／三重県阿山郡、周南工場／山口県新南陽市、京浜事業所／川崎市、東北支社／宮城県多賀城市、北関東支社／埼玉県大宮市、川崎事業所／川崎市、中部支社／名古屋市、大阪支社／大阪市、広島支社／広島市、九州支社／北九州市、山梨事業所／山梨県北巨摩郡、つくば事業所／茨城県つくば市
8)	関連会社	ガス・機器および関連装置部門の主要な子会社／鋼管サンソセンター、呉サンソセンター、千葉サンソセンター、仙台サンソセンター、いわきサンソセンター、四国液酸、北陸液酸工業、函館酸素、日酸工業、日酸運輸、エヌエスエンジニアリング、田中製作所、日酸商事、日本炭酸瓦斯、ジェック東理、小澤酸素、第一開明、日信実業、エヌエス興産、Metheson Tri-Gas、Metheson Gas Products Canada、Metheson Gas Products Korea、Tri-Gas Technologies、National Oxygen Private、Nippon Sanso Europe、大連日酸気体、Nippon Sanso U.S.A.、Ingasco、台湾日酸素美氣神股、その他国内23社、海外3社。 ガス・機器および関連装置部門の主要な関係会社／鶴崎サンソセンター、名古屋サンソセンター、大分サンソセンター、太平洋ガスセンター、新相模酸素、東京酸素窒素、九州冷熱、東京液化酸素、中部液酸、富士酸素、徳島酸素工業、幸栄運輸、ジャパンヘリウムセンター、ムラタ、Nissan-Industrial Oxygen、National Industrial Gases、Tampines Gas Centre、Messer NIppon、Messer Nippon Sanso Verwaltungs、Messer Nippon Sanso (Austria)、Messer Nippon Sanso、その他国内50社、海外9社。
9)	業績推移	売上高　経常利益　純利益（百万円）　1株当たり純利益（円） 連結97.3　267,198　4,342　2,172　　　　7.16 連結98.3　272,488　6,250　5,364　　　17.67 連結99.3　253,340　3,976　1,543　　　　5.09 連結00.3　258,688　5,052　1,682　　　　5.58 連結01.3　257,840　9,775　1,736　　　　5.86
10)	主要製品	ガス・機器および関連装置部門／酸素、窒素、アルゴン、炭酸ガス、ヘリウム、ネオン等希ガス、水素、特殊ガス（半導体用材料ガス、標準ガス等）、その他各種ガス、溶断機器、溶接材料、容器、半導体関連機器その他各種関連機器、空気分離装置、深冷ガス分離装置、極低温装置、高真空装置、PSA式ガス製造装置、水素発生装置、圧縮機、膨張機、その他各種関連機器
11)	主な取引先（注2）	仕入先／石川島播磨重工業、住友精密工業、三菱商事、田中製作所、出光興産 販売先／旭硝子、NKK、新日本製鉄、日立製作所造船、川崎製鉄、三菱重工業
12)	技術移転窓口	知的財産部

出典1：財務省印刷局発行、「有価証券報告書総覧（2001年）」

出典2：（注1）http://www.sanso.co.jp/

出典3：（注2）帝国データバンク 会社年鑑2002（2001年10月発行）

大陽東洋酸素との共同研究開発契約の内容は次世代半導体用精製装置、除害装置の共同開発である（契約期間：平成5年10月～平成13年9月）。なお、日本酸素と太陽東洋酸素は、特殊ガス及び半導体関連機器の共同生産会社 ジャパン ファイン プロダクツを折半出資で設立することに合意した。営業開始は2002年4月の予定である。半導体関連機器には排ガス処理装置が含まれる（2002年10月3日付け日本経済新聞、同日付け日経産業新聞、http://wwww2.sanso.co.jp/）。

2.21.2 製品・技術例

表 2.21.2-1 に、日本酸素の半導体洗浄に関連する主要製品を示す。これらの製品の取扱い部門は、産業ガス事業本部 電子機材事業部である。

表 2.21.2-1 日本酸素の半導体洗浄関連主要製品

分野	製品	製品名	概要	出典
環境配慮：廃水処理	廃液処理装置	ExxFlow	米国High-Tech Water社製 CMP廃液、フッ素系廃液等の処理 膜分離方式 廃液中の微粒子を効率的に除去	（1） （3）
環境配慮：排ガス処理	排ガス処理装置	JGSシリーズ	イオン注入装置、エッチング装置用排ガス処理 乾式除害方式	（1） （2）
		JCF-1000ET	エッチング装置用排ガス処理 塩素系、フッ素系を使ったエッチング工程や、クリーニング工程の排ガス処理に好適 乾式除害方式	
		VEGA-CB	CVD装置、エッチング装置用排ガス処理 プロセスガス（SiH_4、NH_3等）とクリーニングガス（NF_3、PFC等）の同時処理可能 燃焼方式（LPG燃料）	
		KT1000M KT-1000L	カンケンテクノ製 CVD装置排ガス（SiH_4、PH_3等）を無害化 電気ヒーター加熱酸化分解方式	
		KT1000F	カンケンテクノ製 CVD装置のクリーニング排ガス（NF_3、SF_6、PFC）を無害化 電気ヒーター加熱酸化分解方式	
		JNFシリーズ	プラズマCVDクリーニング排ガスのNF_3無害化 電気ヒーター加熱を併用した乾式除害方式	
		JGS-S JGS-ST	減圧CVDクリーニング排ガスのClF_3無害化 乾式除害方式	
		JCシリーズ	竹鋼製作所製 常圧CVD用排ガスの無害化 触媒酸化方式	
	乾式除害剤	GBⅡ剤	金属水素化物、HBr、WF_6、TEOS等	（1）
		GBⅢ剤	金属水素化物全般、有機金属化合物	
		GFⅡ剤	NH_3	
		GC剤	ハロゲン系ガス全般	
		GA剤	ハロゲン系ガス（フッ素化合物）、SiF_4、ClF_3等	
		GH剤	SiH_2Cl_2、HCl、WF_6	
	検知剤 （除害剤の破過検知用）	GSⅡ剤	SiH_4他	（1）
		GP剤	PH_3、AsH_3、B_2H_6他	
		GQⅢ剤	NH_3	
		GR剤	SiH_2Cl_2、BCl_3、HCl、Cl_2	

出典（1）：日本酸素、「機器総合カタログ（半導体関連）」　出典（2）：http://www.sanso.co.jp/
出典（3）：川元淳（日本酸素）、電子材料、1998年8月号

2.21.3 技術開発課題対応保有特許

図 2.21.3-1 に日本酸素の 1991 年 1 月 1 日から 2001 年 8 月 31 日までの公開特許における技術要素別の出願構成比率を示す。ウェット、ドライ洗浄、廃水処理および排ガス処理の 4 技術要素に出願しているが、そのうち排ガス処理が 76％と著しく多い。

表 2.21.3-1 に日本酸素の半導体洗浄の技術要素・課題・解決策別保有特許を示す。

日本酸素の保有の出願のうち登録特許は 6 件、係属中特許は 25 件である。保有特許のうち海外出願された特許は 5 件である。

技術要素別には、排ガス処理、廃水処理、ドライ洗浄およびウェット洗浄に係わる出願はそれぞれ 24 件、4 件、3 件、1 件である（重複を含む）。排ガス処理での無機ハロゲン化物の乾式吸着吸収を解決手段とする低・無害化課題の出願が多い。

また、登録特許を主要特許として、発明の名称の後の：以下に、概要を記載している。

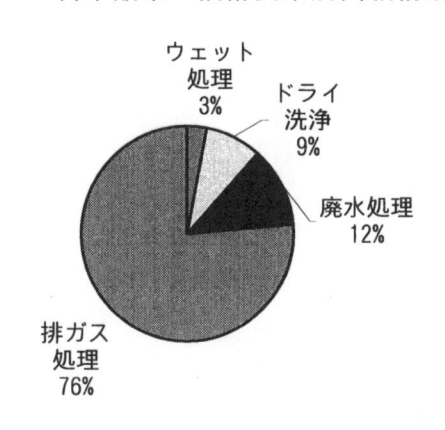

図 2.21.3-1 日本酸素の技術要素別出願構成比率

- ウェット処理 3%
- ドライ洗浄 9%
- 廃水処理 12%
- 排ガス処理 76%

（対象特許は 1991 年 1 月 1 日から 2001 年 8 月 31 日までに公開の出願）

表 2.21.3-1 日本酸素の技術要素・課題・解決策別保有特許（1/2）

技術要素	課題	解決手段	特許番号	発明の名称：概要
ウェット洗浄：その他	洗浄高度化：パーティクル除去	洗浄媒体：その他	特開2001-180924	精製液化炭酸ガスの供給方法及びその装置並びにそれで得られた精製液化炭酸ガスを用いた洗浄方法
ドライ洗浄：不活性ガス	洗浄高度化：金属除去	ドライ洗浄技術：洗浄方法	特許2862797	半導体基板の乾式洗浄方法：基板表面にハロゲンガスを反応主成分としたガスを接触させた後にβ-ジケトン成分ガスを接触させ、基板表面の金属不純物を除去する。
	コスト低減：ランニングコスト	ドライ洗浄技術：洗浄媒体	特開平9-106974	基板吸着水分の除去方法及び装置
ドライ洗浄：その他	洗浄高度化：その他	ドライ洗浄技術：洗浄方法	特開2000-97398	ガス容器の内面処理方法
廃水処理	低・無害化：（シリコン屑）	化学的処理：凝集・沈澱、物理的処理：膜分離	●特開2000-254645	研磨粒子含有廃液の処理方法および装置
	低・無害化：過酸化水素、回収・再利用：硫酸	物理的処理：蒸留・濃縮・固液分離、装置・システム	特開平8-175810	廃硫酸精製装置
	回収・再利用：硫酸	装置・システム	●特開平8-91811	廃硫酸精製装置及び精製方法
	回収・再利用：フッ素化合物、アンモニア(イオン、塩)硫酸、有機物	装置・システム	●特開平8-71303	薬液回収精製装置
排ガス処理	低・無害化：（酸ミスト）	処理方法・装置：湿式吸収	特開平6-134236	排ガスの浄化方法及び装置
	低・無害化：無機ハロゲン化物、(原料水素化物、有機金属化合物)	処理方法・装置：乾式吸着吸収	特許2561616	有害成分の固体除去剤：水酸化銅を反応主成分とすることにより、大量にシラン等の有害成分を除去することが可能な除去剤及び検知剤。
			特許2926459	有害成分の除去剤及び検知剤：大量に有害成分を除去できる除去剤及び除害剤の破過検出できる検知剤。
			特許2972975	有害排ガスの除害方法及び除害剤：多量の有害成分を除去処理できるとともに、様々な条件下においても排ガス中の有害成分を所定濃度以下にまで確実に除去処理できる。
			特開平8-10563	有害成分の除去剤
			特開平8-19725	有害成分の除去剤

表 2.21.3-1 日本酸素の技術要素・課題・解決策別保有特許（2/2）

技術要素	課題	解決手段	特許番号	発明の名称：概要
排ガス処理	低・無害化：無機ハロゲン化物、（原料水素化物、有機金属化合物）	処理方法・装置：乾式吸着吸収	特開平8-155259	有害ガスの除害方法及び除害剤
			特開平8-206444	有害ガスの除害方法
			特開平9-85035	有害ガスの除害方法及び除害剤
			特開平11-226390	有害排ガスの除害剤
		処理方法・装置：（プラズマ）	特開平9-19620	有害ガスの除害方法
	低・無害化：（原料水素化物）	処理方法・装置：乾式吸着吸収	特開平9-122437	ガスの処理方法
	低・無害化：（リンまたはヒ素含有排ガス）	処理方法・装置：乾式吸着吸収	特許3000439	リン又はヒ素を含む排ガスの除害剤及び検知剤並びに除害方法：反応主成分に水酸化第二銅を用いることにより、排ガス中にホスフィンやアルシンが混在しても排ガス中のリンやヒ素を効率よく確実に除害する。
	低・無害化：アンモニア	処理方法・装置：触媒接触	特開平11-42422	アンモニア含有排ガスの除害装置
			特許3143792	アンモニア含有排ガスの除害方法：除害運転停止時においてもアンモニアの流出を防止することができる。
	低・無害化：有機ハロゲン化物	処理方法・装置：燃焼	特開2001-82723	燃焼式除害装置及び燃焼式除害装置用バーナー
	回収・再利用：（酸、アルコール）	処理方法・装置：（蒸留）	●特開平8-71303	薬液回収精製装置
	回収・再利用：有機ハロゲン化物	処理方法・装置：乾式吸着吸収	特開平10-249157	フロンの回収方法
	回収・再利用：フッ化窒素、フッ化イオウ、有機ハロゲン化物	処理方法・装置：（膜分離）	特開2000-5561	フッ素化合物の処理方法
		処理方法・装置：乾式吸着吸収	特開2000-15056	フッ素化合物の回収方法
			特開2000-117052	フッ素化合物の回収方法及び装置
		処理方法・装置：湿式吸収	特開2000-117051	フッ素化合物の回収方法
		処理方法・装置：乾式吸着吸収、湿式吸収	特開2001-837	半導体製造装置用排ガス処理装置
			特開2001-838	半導体製造装置用排ガス処理装置

2.21.4 技術開発拠点と研究者

日本酸素の半導体洗浄関連の技術開発拠点を、明細書の発明者住所および企業情報をもとに以下に示す。

本社：東京都港区西新橋 1-16-7
山梨事業所：山梨県北巨摩郡高根町下黒沢 3054-3
つくば研究所：茨城県つくば市大久保 10
関東総支社、川崎事業所：神奈川県川崎市幸区塚越 4-320
小山事業所：栃木県小山市大字横倉新田 498

図 2.21.4-1 に、日本酸素の出願件数と発明者数の推移を示す。発明者数は、明細書の発明者を年次毎にカウントしたものである。

日本酸素の半導体洗浄関連の発明者数は、1996 年に出願件数の減少に伴って少なかったが、最近はまた以前のレベルに戻っている。1件あたりの発明者数は約2名である。

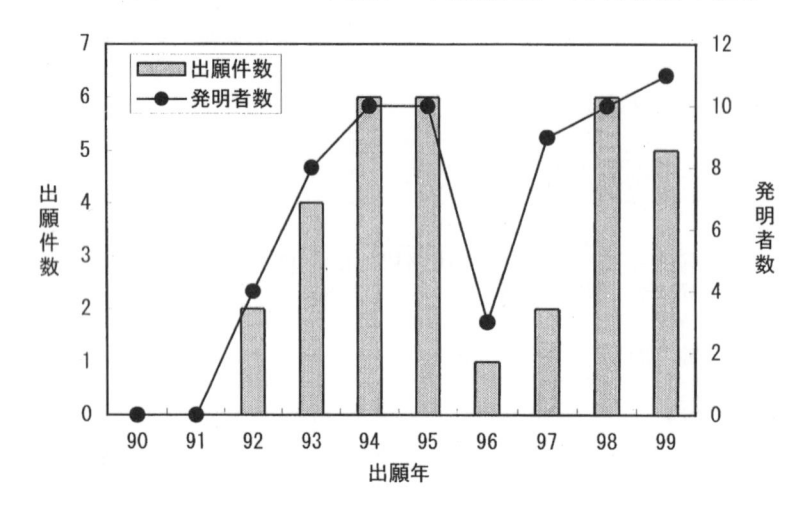

図 2.21.4-1 日本酸素の出願件数と発明者数の推移

（対象特許は1991年1月1日から2001年8月31日までに公開の出願）

3. 主要企業の技術開発拠点

3.1 ウェット洗浄
3.2 ドライ洗浄
3.3 廃水処理点
3.4 排ガス処理

> 特許流通
> 支援チャート

3. 主要企業の技術開発拠点

主要企業 21 社のウェット洗浄、ドライ洗浄、廃水処理および排ガス処理の技術開発拠点は、それぞれ 78,107,36 および 35 ヵ所ある。そのうち過半数が東京都、神奈川県を中心とする関東地域にあり、地域集中化傾向がみられる。

3.1 ウェット洗浄

技術開発拠点一覧をそれぞれ図 3.1-1、表 3.1-1 に示す。技術開発拠点は 78 ヵ所にのぼる。そのうち関東地域が約 64％を占めており地域集中化がみられる。

図 3.1-1 ウェット洗浄における主要企業の技術開発拠点図

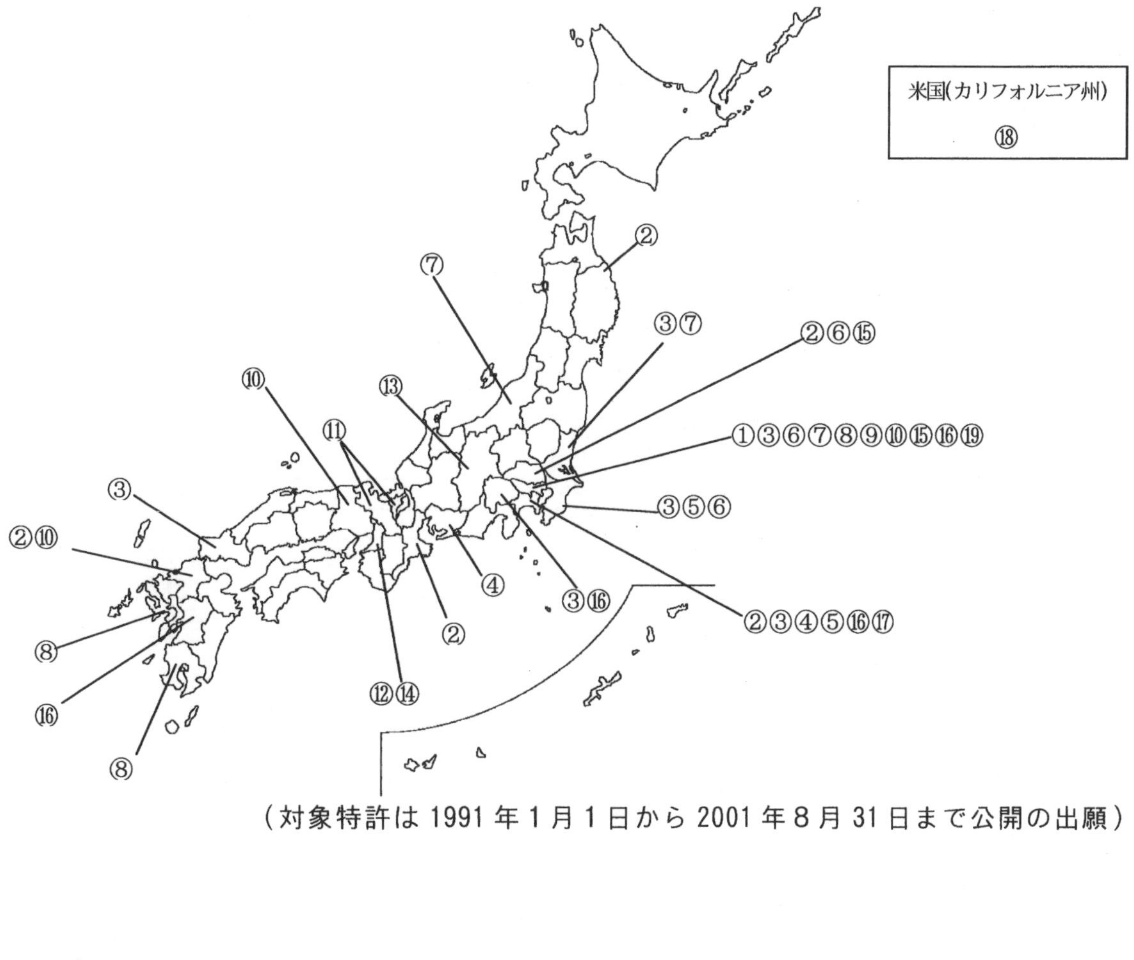

（対象特許は 1991 年 1 月 1 日から 2001 年 8 月 31 日まで公開の出願）

表 3.1-1 ウェット洗浄主要企業の技術開発拠点一覧表 (1/2)

技術要素	No.	出願人	件数	事業所	都道府県	発明者数
ウェット洗浄	1	日本電気	66	本社	東京都	40
	2	東芝	45	研究開発センター	神奈川県	17
				総合研究所	神奈川県	14
				多摩川工場	神奈川県	10
				生産技術研究所	神奈川県	5
				横浜事業所	神奈川県	4
				堀川町工場	神奈川県	3
				柳町工場	神奈川県	2
				岩手東芝エレクトロニクス	岩手県	1
				四日市工場	三重県	1
				深谷電子工場	埼玉県	1
				東芝セラミックス開発研究所	神奈川県	1
				東芝マイクロエレクトロニクス	神奈川県	1
				北九州工場	福岡県	1
	3	日立製作所	43	デバイス開発センター	東京都	19
				生産技術研究所	神奈川県	16
				半導体事業部	東京都	12
				日立研究所	茨城県	8
				中央研究所	東京都	7
				武蔵工場	東京都	7
				電子デバイス事業部	千葉県	4
				茂原工場	千葉県	3
				甲府工場	山梨県	2
				ストレージシステム事業部	神奈川県	1
				リビング機器事業部	東京都	1
				笠戸工場	山口県	1
				小平工場	東京都	1
				多賀工場	茨城県	1
				日立マイコンシステム	東京都	1
				日立超エル・エス・アイ・エンジニアリング	東京都	1
	4	富士通	40	本社	神奈川県	54
				富士通ヴィエルエスアイ	愛知県	1
	5	旭硝子	34	中央研究所	神奈川県	10
				千葉工場	千葉県	4
				エイ・ジー・テクノロジー	神奈川県	3
	6	三菱マテリアルシリコン（三菱住友シリコン）	33	本社	東京都	25
				三菱マテリアル中央研究所	埼玉県	7
				日本シリコン（三菱マテリアルシリコン）	東京都	6
				三菱金属（三菱マテリアル）中央研究所	埼玉県	5
				三菱マテリアル	東京都	3
				三菱マテリアルシリコン研究センター	東京都	3
				三菱マテリアル総合研究所	埼玉県	2
				三菱マテリアルシリコンプロセス部	千葉県	1
	7	三菱瓦斯化学	32	新潟研究所	新潟県	16
				東京研究所	東京都	7
				三菱瓦斯化学	東京都	2
				総合研究所	茨城県	2
	8	ソニー	31	本社	東京都	23
				ソニー長崎	長崎県	2
				ソニー国分	鹿児島	1
	9	栗田工業	28	本社	東京都	7
	10	三菱電機	25	本社	東京都	11
				北伊丹製作所	兵庫県	11
				ユー・エル・エス・アイ開発研究所（エル・エス・アイ研究所）	兵庫県	7
				菱電セミコンダクタシステムエンジニアリング	兵庫県	2
				福岡製作所	福岡県	2
				材料デバイス研究所	兵庫県	1
	11	大日本スクリーン製造	24	本社	京都府	10
				彦根事業所	滋賀県	9

表 3.1-1 ウェット洗浄主要企業の技術開発拠点一覧表 (2/2)

技術要素	No.	出願人	件数	事業所	都道府県	発明者数
				洛西事業所	京都府	8
				野洲事業所	滋賀県	6
	12	松下電器産業	18	本社	大阪府	24
				松下電子工業	大阪府	8
	13	セイコーエプソン	16	本社	長野県	14
	14	シャープ	14	本社	大阪府	17
	15	オルガノ	8	総合研究所	埼玉県	4
				本社	東京都	2
	16	東京エレクトロン	8	東京エレクトロン九州プロセス開発センター	山梨県	4
				東京エレクトロン九州山梨事業所	山梨県	4
				東京エレクトロン東北相模事業所	神奈川県	3
				東京エレクトロン九州熊本事業所	熊本県	2
				総合研究所	神奈川県	1
				本社	東京都	1
				東京エレクトロンエフイー	東京都	1
				東京エレクトロン九州	熊本県	1
	17	野村マイクロサイエンス	8	本社	神奈川県	8
	18	アプライドマテリアルズ（米国）	4	本社	アメリカ合衆国カリフォルニア州	14
	19	日本酸素	1	本社	東京都	3

3.2 ドライ洗浄

技術開発拠点一覧をそれぞれ図 3.2-1、表 3.2-1 に示す。技術開発拠点は 107 ヵ所にのぼる。そのうち関東地区が約 60%を占めており、地域集中化がみられる。

図 3.2-1 ドライ洗浄における主要企業の技術開発拠点図

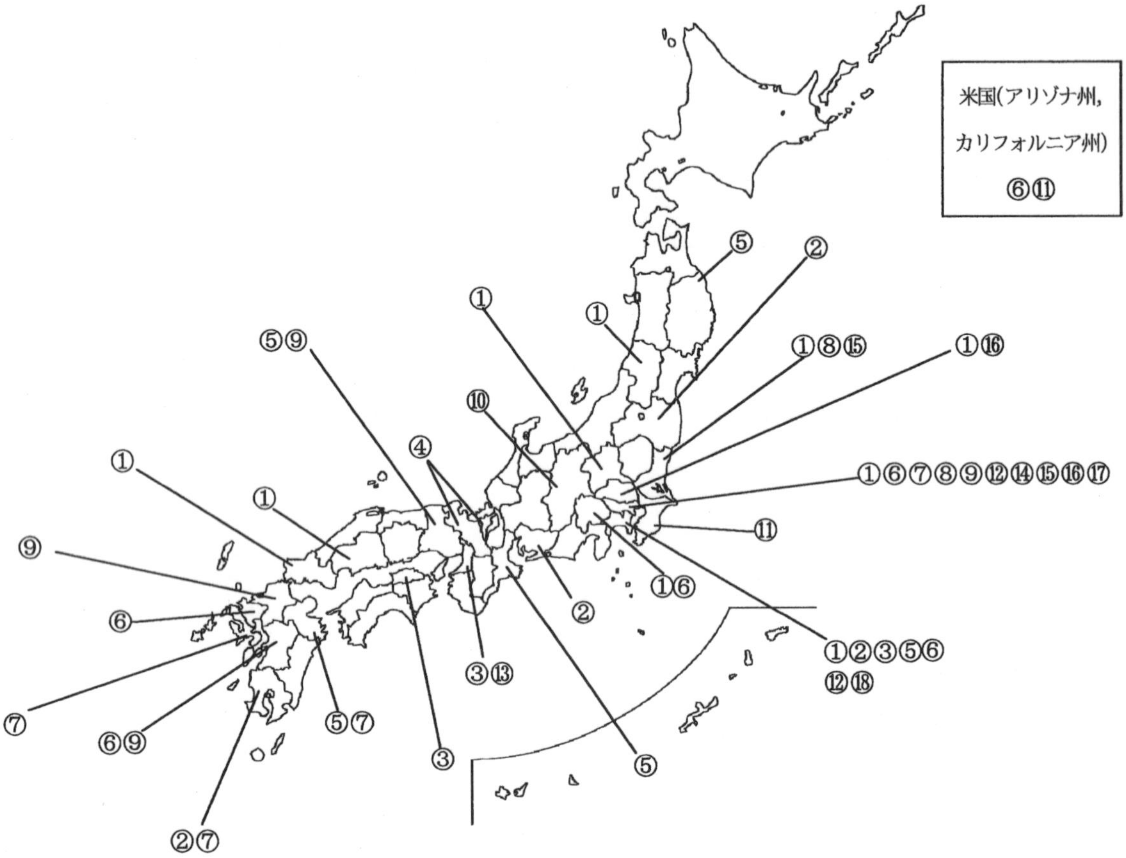

（対象特許は 1991 年 1 月 1 日から 2001 年 8 月 31 日まで公開の出願）

表3.2-1 ドライ洗浄主要企業の技術開発拠点一覧表 (1/2)

技術要素	No.	企業名	出願件数	事業所名	住所	発明者数
ドライ洗浄	1	日立製作所	125	中央研究所	東京都	54
				生産技術研究所	神奈川県	20
				半導体事業部	東京都	19
				笠戸工場	山口県	17
				機械研究所	茨城県	11
				日立研究所	茨城県	10
				青梅工場	東京都	10
				多賀工場	茨城県	10
				デバイス開発センター	東京都	9
				リビング機器事業部	東京都	8
				日立東京エレクトロニクス	東京都	7
				熱器ライティング事業部	東京都	7
				武蔵工場	東京都	5
				土浦工場	茨城県	3
				汎用コンピュータ事業部	神奈川県	2
				バブコック日立呉工場	広島県	2
				基礎研究所	埼玉県	2
				高崎工場	群馬県	2
				国分工場	茨城県	2
				日立マイコンシステム	東京都	2
				日立那加エレクトロニクス	茨城県	2
				エネルギー研究所	茨城県	1
				バブコック日立	東京都	1
				計測器事業部	茨城県	1
				甲府工場	山梨県	1
				神奈川工場	神奈川県	1
				青梅産業	東京都	1
				電力・電機開発本部	茨城県	1
				日立テクノエンジニアリング笠戸事業所	山口県	1
				日立計測サービス	東京都	1
				日立米沢電子	山形県	1
	2	富士通	88	本社	神奈川県	82
				富士通ヴィエルエスアイ	愛知県	6
				九州富士通エレクトロニクス	鹿児島県	2
				富士通東北エレクトロニクス	福島県	1
	3	松下電器産業	59	本社	大阪府	47
				松下電子工業	大阪府	14
				松下技研	神奈川県	1
				松下寿電子工業	香川県	1
	4	大日本スクリーン製造	59	彦根事業所	滋賀県	23
				洛西事業所	京都府	14
				野洲事業所	滋賀県	9
				本社	京都府	6
	5	東芝	53	総合研究所	神奈川県	24
				研究開発センター	神奈川県	17
				多摩川工場	神奈川県	11
				横浜事業所	神奈川県	8
				生産技術研究所	神奈川県	6
				川崎事業所	神奈川県	4
				堀川町工場	神奈川県	4
				芝浦製作所大船工場	神奈川県	2
				大分工場	大分県	2
				東芝マイクロエレクトロニクス	神奈川県	2
				岩手東芝エレクトロニクス	岩手県	1
				四日市工場	三重県	1
				東芝エンジニアリング	神奈川県	1
				東芝セラミックス開発研究所	神奈川県	1
				半導体工場	兵庫県	1

表 3.2-1 ドライ洗浄主要企業の技術開発拠点一覧表 (2/2)

技術要素	No.	企業名	出願件数	事業所名	住所	発明者数
				姫路工場	兵庫県	1
	6	東京エレクトロン	48	本社	東京都	25
				総合研究所	神奈川県	12
				東京エレクトロン東北相模事業所	神奈川県	8
				東京エレクトロン九州	熊本県	6
				東京エレクトロン九州プロセス開発センター	山梨県	6
				東京エレクトロン アリゾナ	米国（アリゾナ州）	4
				東京エレクトロン九州佐賀事業所	佐賀県	4
				東京エレクトロン山梨	山梨県	4
				テルエンジニアリング	山梨県	2
				テル相模	神奈川県	2
				東京エレクトロン九州大津事業所	熊本県	2
				東京エレクトロン九州熊本事業所	熊本県	1
				府中テクノロジーセンター	東京都	1
	7	ソニー	47	本社	東京都	43
				ソニー長崎	長崎県	7
				ソニー国分	鹿児島	3
				ソニー大分	大分県	1
	8	日本電気	45	本社	東京都	50
				茨城日本電気	茨城県	1
				日本電気ファクトエンジニアリング	東京都	1
	9	三菱電機	33	ユー・エル・エス・アイ開発研究所（エル・エス・アイ研究所）	兵庫県	18
				北伊丹製作所	兵庫県	15
				生産技術研究所	兵庫県	12
				本社	東京都	10
				福岡製作所	福岡県	6
				菱電セミコンダクタシステムエンジニアリング	兵庫県	5
				中央研究所	兵庫県	3
				三菱電機熊本セミコンダクタ	熊本県	2
				熊本製作所	熊本県	1
				材料デバイス研究所	兵庫県	1
				三菱電機熊本製作所	熊本県	1
	10	セイコーエプソン	29	本社	長野県	29
	11	アプライドマテリアルズ（米国）	23	本社	米国（カリフォルニア州）	55
				アプライドマテリアルズジャパン	千葉県	4
	12	住友重機械工業	23	田無製造所	東京都	6
				住友重機械工業	東京都	3
				平塚事業所	神奈川県	3
				平塚研究所	神奈川県	1
	13	シャープ	13	本社	大阪府	13
				シャープマニファクチャリングシステム	大阪府	4
	14	栗田工業	3	本社	東京都	8
	15	日本酸素	3	本社	東京都	4
				つくば研究所	茨城県	2
	16	三菱マテリアルシリコン（三菱住友シリコン）	2	本社	東京都	2
				三菱マテリアル中央研究所	埼玉県	1
	17	三菱瓦斯化学	1	東京研究所	東京都	2
	18	野村マイクロサイエンス	1	本社	神奈川県	1

3.3 廃水処理

技術開発拠点一覧をそれぞれ図 3.3-1、表 3.3-1 に示す。技術開発拠点は 34 ヵ所ある。そのうち関東地区が約 64%を占めており、地域集中化がみられる。

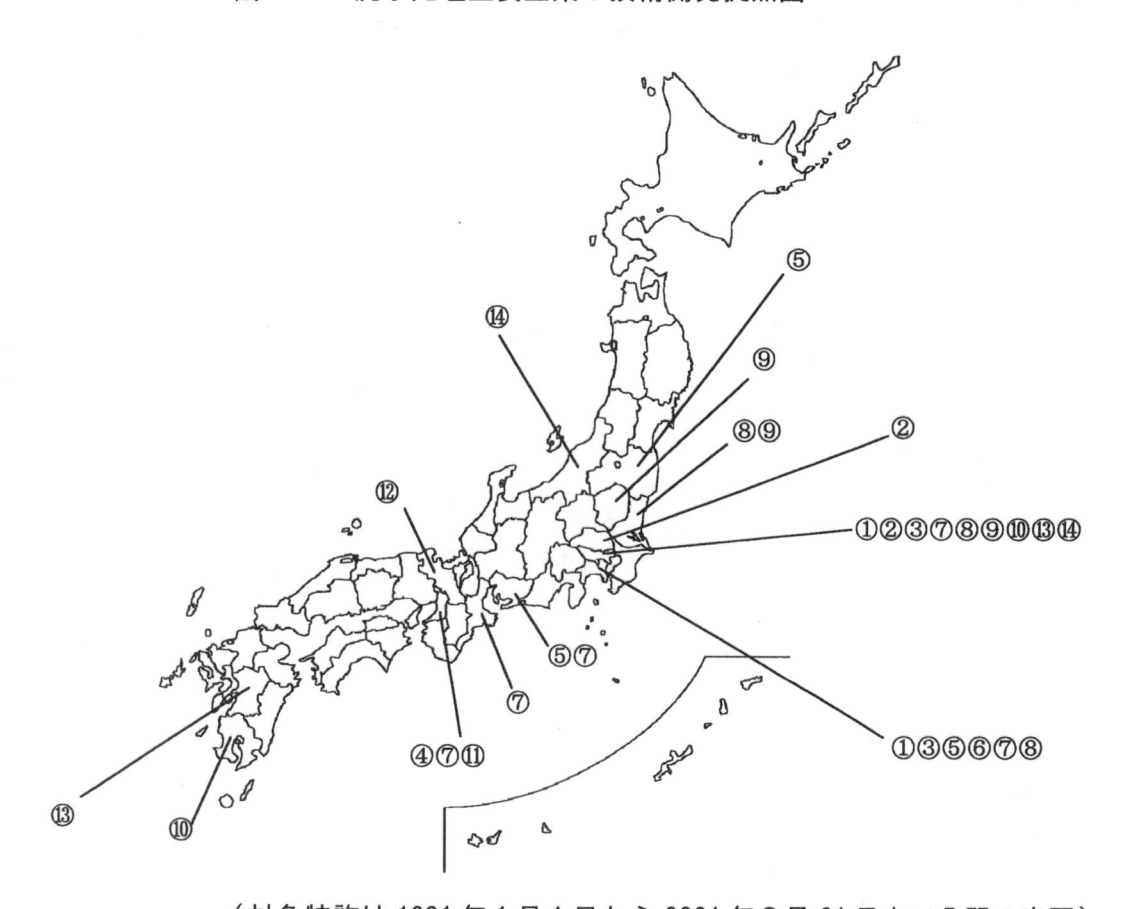

図 3.3-1 廃水処理主要企業の技術開発拠点図

（対象特許は 1991 年 1 月 1 日から 2001 年 8 月 31 日まで公開の出願）

表 3.3-1 廃水処理主要企業の技術開発拠点一覧表

技術要素	No.	企業名	出願件数	事業所名	住所	発明者数
廃水処理	1	栗田工業	105	本社	東京都	56
				総合研究所	神奈川県	3
	2	オルガノ	47	総合研究所	埼玉県	36
				オルガノ	東京都	19
	3	日本電気	16	本社	東京都	15
				日本電気環境エンジニアリング	神奈川県	2
	4	シャープ	14	本社	大阪府	18
				シャープテクノシステム	大阪府	2
	5	富士通	10	本社	神奈川県	9
				富士通ヴィエルエスアイ	愛知県	4
				富士通東北エレクトロニクス	福島県	1
	6	野村マイクロサイエンス	9	野村マイクロサイエンス	神奈川県	8
	7	東芝	7	横浜事業所	神奈川県	5
				関西支社	大阪府	1
				四日市工場	三重県	1
				総合研究所	神奈川県	1
				中部東芝エンジニアリング	愛知県	1
				府中工場	東京都	1
	8	日立製作所	5	生産技術研究所	神奈川県	4
				エネルギー研究所	茨城県	3
				日立計測エンジニアリング	茨城県	3
				電力・電機開発本部	茨城県	2
				半導体事業部	東京都	2
				日立研究所	茨城県	1
	9	日本酸素	4	本社	東京都	3
				つくば研究所	茨城県	2
				小山事業所	栃木県	1
	10	ソニー	2	ソニー	東京都	1
				ソニー国分	鹿児島	1
	11	松下電器産業	2	本社	大阪府	1
				松下電子工業	大阪府	1
	12	大日本スクリーン製造	2	本社	京都府	3
	13	三菱電機	2	本社	東京都	1
				熊本製作所	熊本県	1
	14	三菱瓦斯化学	2	新潟研究所	新潟県	2
				本社	東京都	1

3.4 排ガス処理

技術開発拠点一覧をそれぞれ図 3.4-1、表 3.4-1 に示す。技術開発拠点は 35 ヵ所ある。そのうち関東地区が約 77%を占めており、地域集中化がみられる。

図 3.4-1 排ガス処理における主要企業の技術開発拠点図

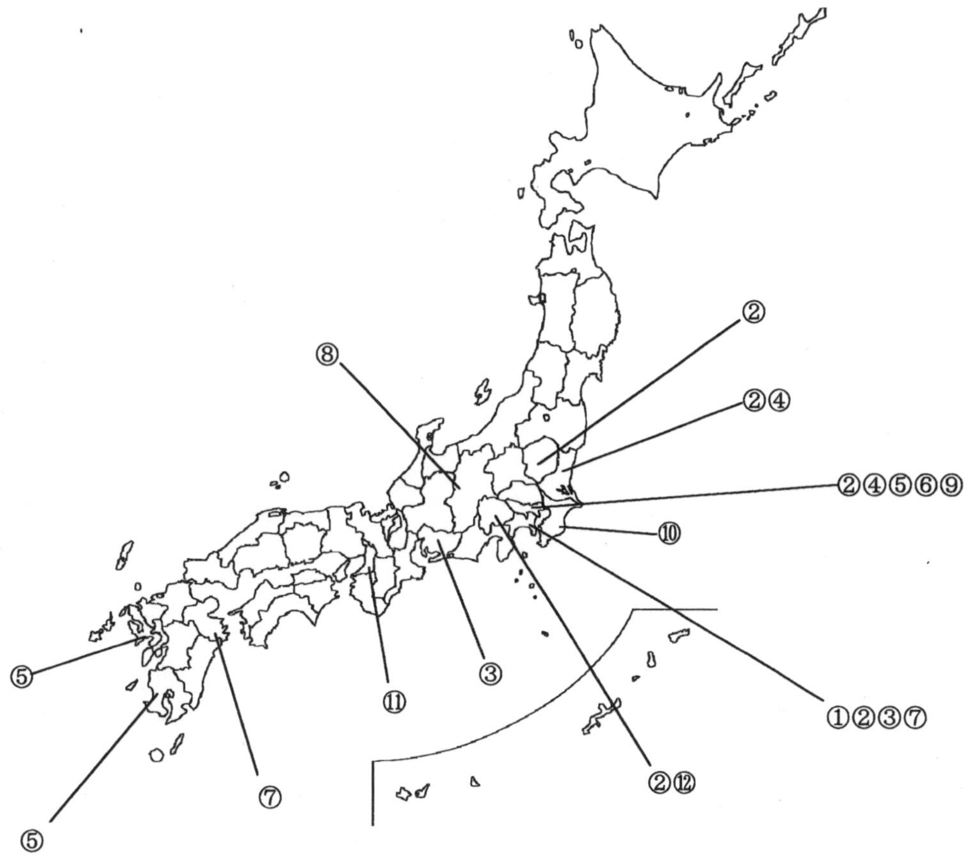

（対象特許は 1991 年 1 月 1 日から 2001 年 8 月 31 日まで公開の出願）

表 3.4-1 排ガス処理主要企業の技術開発拠点一覧表

技術要素	No.	企業名	出願件数	事業所名	住所	発明者数
排ガス処理	1	日本パイオニクス	31	平塚研究所	神奈川県	15
				平塚工場	神奈川県	11
	2	日本酸素	26	本社	東京都	12
				山梨事業所	山梨県	9
				つくば研究所	茨城県	4
				川崎事業所	神奈川県	3
				小山事業所	栃木県	1
	3	富士通	9	本社	神奈川県	7
				富士通ヴィエルエスアイ	愛知県	7
	4	日立製作所	8	日立研究所	茨城県	8
				電力・電機開発研究所	茨城県	6
				青梅工場	東京都	3
				日立工場	茨城県	3
				日立事業所	茨城県	2
				半導体事業部	東京都	2
				デバイス開発センター	東京都	1
				計測器事業部	茨城県	1
				青梅産業	東京都	1
				日立エンジニアリング	茨城県	1
				日立協和エンジニアリング	茨城県	1
				日立情報サービス	茨城県	1
	5	ソニー	7	本社	東京都	4
				ソニー国分	鹿児島	2
				ソニー長崎	長崎県	1
	6	日本電気	5	本社	東京都	6
	7	東芝	5	横浜事業所	神奈川県	6
				研究開発センター	神奈川県	1
				多摩川工場	神奈川県	1
				大分工場	大分県	1
				東芝マイクロエレクトロニクス	神奈川県	1
	8	セイコーエプソン	4	本社	長野県	5
	9	栗田工業	2	本社	東京都	3
	10	アプライドマテリアルズ（米国）	2	アプライドマテリアルズジャパン	千葉県	1
	11	シャープ	2	本社	大阪府	4
	12	東京エレクトロン	1	テルエンジニアリング	山梨県	2

資料

1. 工業所有権総合情報館と特許流通促進事業
2. 特許流通アドバイザー一覧
3. 特許電子図書館情報検索指導アドバイザー一覧
4. 知的所有権センター一覧
5. 平成13年度25技術テーマの特許流通の概要
6. 特許番号一覧

資料1．工業所有権総合情報館と特許流通促進事業

　特許庁工業所有権総合情報館は、明治20年に特許局官制が施行され、農商務省特許局庶務部内に図書館を置き、図書等の保管・閲覧を開始したことにより、組織上のスタートを切りました。
　その後、我が国が明治32年に「工業所有権の保護等に関するパリ同盟条約」に加入することにより、同条約に基づく公報等の閲覧を行う中央資料館として、国際的な地位を獲得しました。
　平成9年からは、工業所有権相談業務と情報流通業務を新たに加え、総合的な情報提供機関として、その役割を果たしております。さらに平成13年4月以降は、独立行政法人工業所有権総合情報館として生まれ変わり、より一層の利用者ニーズに機敏に対応する業務運営を目指し、特許公報等の情報提供及び工業所有権に関する相談等による出願人支援、審査審判協力のための図書等の提供、開放特許活用等の特許流通促進事業を推進しております。

1　事業の概要
(1) 内外国公報類の収集・閲覧
　下記の公報閲覧室でどなたでも内外国公報等の調査を行うことができる環境と体制を整備しています。

閲覧室	所在地	TEL
札幌閲覧室	北海道札幌市北区北7条西2-8　北ビル7F	011-747-3061
仙台閲覧室	宮城県仙台市青葉区本町3-4-18　太陽生命仙台本町ビル7F	022-711-1339
第一公報閲覧室	東京都千代田区霞が関3-4-3　特許庁2F	03-3580-7947
第二公報閲覧室	東京都千代田区霞が関1-3-1　経済産業省別館1F	03-3581-1101（内線3819）
名古屋閲覧室	愛知県名古屋市中区栄2-10-19　名古屋商工会議所ビルB2F	052-223-5764
大阪閲覧室	大阪府大阪市天王寺区伶人町2-7　関西特許情報センター1F	06-4305-0211
広島閲覧室	広島県広島市中区上八丁堀6-30　広島合同庁舎3号館	082-222-4595
高松閲覧室	香川県高松市林町2217-15　香川産業頭脳化センタービル2F	087-869-0661
福岡閲覧室	福岡県福岡市博多区博多駅東2-6-23　住友博多駅前第2ビル2F	092-414-7101
那覇閲覧室	沖縄県那覇市前島3-1-15　大同生命那覇ビル5F	098-867-9610

(2) 審査審判用図書等の収集・閲覧
　審査に利用する図書等を収集・整理し、特許庁の審査に提供すると同時に、「図書閲覧室（特許庁2F）」において、調査を希望する方々へ提供しています。【TEL：03-3592-2920】

(3) 工業所有権に関する相談
　相談窓口（特許庁 2F）を開設し、工業所有権に関する一般的な相談に応じています。

手紙、電話、e-mail 等による相談も受け付けています。
　【TEL：03-3581-1101(内線 2121～2123)】【FAX：03-3502-8916】
　【e-mail：PA8102@ncipi.jpo.go.jp】

(4) 特許流通の促進
　特許権の活用を促進するための特許流通市場の整備に向け、各種事業を行っています。
(詳細は2項参照)【TEL：03-3580-6949】

2　特許流通促進事業
　先行き不透明な経済情勢の中、企業が生き残り、発展して行くためには、新しいビジネスの創造が重要であり、その際、知的資産の活用、とりわけ技術情報の宝庫である特許の活用がキーポイントとなりつつあります。
　また、企業が技術開発を行う場合、まず自社で開発を行うことが考えられますが、商品のライフサイクルの短縮化、技術開発のスピードアップ化が求められている今日、外部からの技術を積極的に導入することも必要になってきています。
　このような状況下、特許庁では、特許の流通を通じた技術移転・新規事業の創出を促進するため、特許流通促進事業を展開していますが、2001 年 4 月から、これらの事業は、特許庁から独立をした「独立行政法人　工業所有権総合情報館」が引き継いでいます。

(1) 特許流通の促進
① 特許流通アドバイザー
　全国の知的所有権センター・TLO 等からの要請に応じて、知的所有権や技術移転についての豊富な知識・経験を有する専門家を特許流通アドバイザーとして派遣しています。
　知的所有権センターでは、地域の活用可能な特許の調査、当該特許の提供支援及び大学・研究機関が保有する特許と地域企業との橋渡しを行っています。(資料2参照)

② 特許流通促進説明会
　地域特性に合った特許情報の有効活用の普及・啓発を図るため、技術移転の実例を紹介しながら特許流通のプロセスや特許電子図書館を利用した特許情報検索方法等を内容とした説明会を開催しています。

(2) 開放特許情報等の提供
① 特許流通データベース
　活用可能な開放特許を産業界、特に中小・ベンチャー企業に円滑に流通させ実用化を推進していくため、企業や研究機関・大学等が保有する提供意思のある特許をデータベース化し、インターネットを通じて公開しています。(http://www.ncipi.go.jp)

② 開放特許活用例集
　特許流通データベースに登録されている開放特許の中から製品化ポテンシャルが高い案

件を選定し、これら有用な開放特許を有効に使ってもらうためのビジネスアイデア集を作成しています。

③ 特許流通支援チャート
　企業が新規事業創出時の技術導入・技術移転を図る上で指標となりうる国内特許の動向を技術テーマごとに、分析したものです。出願上位企業の特許取得状況、技術開発課題に対応した特許保有状況、技術開発拠点等を紹介しています。

④ 特許電子図書館情報検索指導アドバイザー
　知的財産権及びその情報に関する専門的知識を有するアドバイザーを全国の知的所有権センターに派遣し、特許情報の検索に必要な基礎知識から特許情報の活用の仕方まで、無料でアドバイス・相談を行っています。(資料3参照)

(3) 知的財産権取引業の育成
① 知的財産権取引業者データベース
　特許を始めとする知的財産権の取引や技術移転の促進には、欧米の技術移転先進国に見られるように、民間の仲介事業者の存在が不可欠です。こうした民間ビジネスが質・量ともに不足し、社会的認知度も低いことから、事業者の情報を収集してデータベース化し、インターネットを通じて公開しています。

② 国際セミナー・研修会等
　著名海外取引業者と我が国取引業者との情報交換、議論の場（国際セミナー）を開催しています。また、産学官の技術移転を促進して、企業の新商品開発や技術力向上を促進するために不可欠な、技術移転に携わる人材の育成を目的とした研修事業を開催しています。

資料2. 特許流通アドバイザー一覧 （平成14年3月1日現在）

○経済産業局特許室および知的所有権センターへの派遣

派遣先	氏名	所在地	TEL
北海道経済産業局特許室	杉谷 克彦	〒060-0807 札幌市北区北7条西2丁目8番地1北ビル7階	011-708-5783
北海道知的所有権センター (北海道立工業試験場)	宮本 剛汎	〒060-0819 札幌市北区北19条西11丁目 北海道立工業試験場内	011-747-2211
東北経済産業局特許室	三澤 輝起	〒980-0014 仙台市青葉区本町3-4-18 太陽生命仙台本町ビル7階	022-223-9761
青森県知的所有権センター ((社)発明協会青森県支部)	内藤 規雄	〒030-0112 青森市大字八ツ役字芦谷202-4 青森県産業技術開発センター内	017-762-3912
岩手県知的所有権センター (岩手県工業技術センター)	阿部 新喜司	〒020-0852 盛岡市飯岡新田3-35-2 岩手県工業技術センター内	019-635-8182
宮城県知的所有権センター (宮城県産業技術総合センター)	小野 賢悟	〒981-3206 仙台市泉区明通二丁目2番地 宮城県産業技術総合センター内	022-377-8725
秋田県知的所有権センター (秋田県工業技術センター)	石川 順三	〒010-1623 秋田市新屋町字砂奴寄4-11 秋田県工業技術センター内	018-862-3417
山形県知的所有権センター (山形県工業技術センター)	冨樫 富雄	〒990-2473 山形市松栄1-3-8 山形県産業創造支援センター内	023-647-8130
福島県知的所有権センター ((社)発明協会福島県支部)	相澤 正彬	〒963-0215 郡山市待池台1-12 福島県ハイテクプラザ内	024-959-3351
関東経済産業局特許室	村上 義英	〒330-9715 さいたま市上落合2-11 さいたま新都心合同庁舎1号館	048-600-0501
茨城県知的所有権センター ((財)茨城県中小企業振興公社)	齋藤 幸一	〒312-0005 ひたちなか市新光町38 ひたちなかテクノセンタービル内	029-264-2077
栃木県知的所有権センター ((社)発明協会栃木県支部)	坂本 武	〒322-0011 鹿沼市白桑田516-1 栃木県工業技術センター内	0289-60-1811
群馬県知的所有権センター ((社)発明協会群馬県支部)	三田 隆志	〒371-0845 前橋市鳥羽町190 群馬県工業試験場内	027-280-4416
	金井 澄雄	〒371-0845 前橋市鳥羽町190 群馬県工業試験場内	027-280-4416
埼玉県知的所有権センター (埼玉県工業技術センター)	野口 満	〒333-0848 川口市芝下1-1-56 埼玉県工業技術センター内	048-269-3108
	清水 修	〒333-0848 川口市芝下1-1-56 埼玉県工業技術センター内	048-269-3108
千葉県知的所有権センター ((社)発明協会千葉県支部)	稲谷 稔宏	〒260-0854 千葉市中央区長洲1-9-1 千葉県庁南庁舎内	043-223-6536
	阿草 一男	〒260-0854 千葉市中央区長洲1-9-1 千葉県庁南庁舎内	043-223-6536
東京都知的所有権センター (東京都城南地域中小企業振興センター)	鷹見 紀彦	〒144-0035 大田区南蒲田1-20-20 城南地域中小企業振興センター内	03-3737-1435
神奈川県知的所有権センター支部 ((財)神奈川高度技術支援財団)	小森 幹雄	〒213-0012 川崎市高津区坂戸3-2-1 かながわサイエンスパーク内	044-819-2100
新潟県知的所有権センター ((財)信濃川テクノポリス開発機構)	小林 靖幸	〒940-2127 長岡市新産4-1-9 長岡地域技術開発振興センター内	0258-46-9711
山梨県知的所有権センター (山梨県工業技術センター)	廣川 幸生	〒400-0055 甲府市大津町2094 山梨県工業技術センター内	055-220-2409
長野県知的所有権センター ((社)発明協会長野県支部)	徳永 正明	〒380-0928 長野市若里1-18-1 長野県工業試験場内	026-229-7688
静岡県知的所有権センター ((社)発明協会静岡県支部)	神長 邦雄	〒421-1221 静岡市牧ヶ谷2078 静岡工業技術センター内	054-276-1516
	山田 修寧	〒421-1221 静岡市牧ヶ谷2078 静岡工業技術センター内	054-276-1516
中部経済産業局特許室	原口 邦弘	〒460-0008 名古屋市中区栄2-10-19 名古屋商工会議所ビルB2F	052-223-6549
富山県知的所有権センター (富山県工業技術センター)	小坂 郁雄	〒933-0981 高岡市二上町150 富山県工業技術センター内	0766-29-2081
石川県知的所有権センター (財)石川県産業創出支援機構	一丸 義次	〒920-0223 金沢市戸水町イ65番地 石川県地場産業振興センター新館1階	076-267-8117
岐阜県知的所有権センター (岐阜県科学技術振興センター)	松永 孝義	〒509-0108 各務原市須衛町4-179-1 テクノプラザ5F	0583-79-2250
	木下 裕雄	〒509-0108 各務原市須衛町4-179-1 テクノプラザ5F	0583-79-2250
愛知県知的所有権センター (愛知県工業技術センター)	森 孝和	〒448-0003 刈谷市一ツ木町西新割 愛知県工業技術センター内	0566-24-1841
	三浦 元久	〒448-0003 刈谷市一ツ木町西新割 愛知県工業技術センター内	0566-24-1841

派遣先	氏名	所在地	TEL
三重県知的所有権センター (三重県工業技術総合研究所)	馬渡 建一	〒514-0819 津市高茶屋5-5-45 三重県科学振興センター工業研究部内	059-234-4150
近畿経済産業局特許室	下田 英宣	〒543-0061 大阪市天王寺区伶人町2-7 関西特許情報センター1階	06-6776-8491
福井県知的所有権センター (福井県工業技術センター)	上坂 旭	〒910-0102 福井市川合鷲塚町61字北稲田10 福井県工業技術センター内	0776-55-2100
滋賀県知的所有権センター (滋賀県工業技術センター)	新屋 正男	〒520-3004 栗東市上砥山232 滋賀県工業技術総合センター別館内	077-558-4040
京都府知的所有権センター ((社)発明協会京都支部)	衣川 清彦	〒600-8813 京都市下京区中堂寺南町17番地 京都リサーチパーク京都高度技術研究所ビル4階	075-326-0066
大阪府知的所有権センター (大阪府立特許情報センター)	大空 一博	〒543-0061 大阪市天王寺区伶人町2-7 関西特許情報センター内	06-6772-0704
	梶原 淳治	〒577-0809 東大阪市永和1-11-10	06-6722-1151
兵庫県知的所有権センター ((財)新産業創造研究機構)	園田 憲一	〒650-0047 神戸市中央区港島南町1-5-2 神戸キメックセンタービル6F	078-306-6808
	島田 一男	〒650-0047 神戸市中央区港島南町1-5-2 神戸キメックセンタービル6F	078-306-6808
和歌山県知的所有権センター ((社)発明協会和歌山県支部)	北澤 宏造	〒640-8214 和歌山県寄合町25 和歌山市発明館4階	073-432-0087
中国経済産業局特許室	木村 郁男	〒730-8531 広島市中区上八丁堀6-30 広島合同庁舎3号館1階	082-502-6828
鳥取県知的所有権センター ((社)発明協会鳥取支部)	五十嵐 善司	〒689-1112 鳥取市若葉台南7-5-1 新産業創造センター1階	0857-52-6728
島根県知的所有権センター ((社)発明協会島根支部)	佐野 馨	〒690-0816 島根県松江市北陵町1 テクノアークしまね内	0852-60-5146
岡山県知的所有権センター ((社)発明協会岡山県支部)	横田 悦造	〒701-1221 岡山市芳賀5301 テクノサポート岡山内	086-286-9102
広島県知的所有権センター ((社)発明協会広島県支部)	壹岐 正弘	〒730-0052 広島市中区千田町3-13-11 広島発明会館2階	082-544-2066
山口県知的所有権センター ((社)発明協会山口県支部)	滝川 尚久	〒753-0077 山口市熊野町1-10 NPYビル10階 (財)山口県産業技術開発機構内	083-922-9927
四国経済産業局特許室	鶴野 弘章	〒761-0301 香川県高松市林町2217-15 香川産業頭脳化センタービル2階	087-869-3790
徳島県知的所有権センター ((社)発明協会徳島県支部)	武岡 明夫	〒770-8021 徳島市雑賀町西開11-2 徳島県立工業技術センター内	088-669-0117
香川県知的所有権センター ((社)発明協会香川県支部)	谷田 吉成	〒761-0301 香川県高松市林町2217-15 香川産業頭脳化センタービル2階	087-869-9004
	福家 康矩	〒761-0301 香川県高松市林町2217-15 香川産業頭脳化センタービル2階	087-869-9004
愛媛県知的所有権センター ((社)発明協会愛媛県支部)	川野 辰己	〒791-1101 松山市久米窪田町337-1 テクノプラザ愛媛	089-960-1489
高知県知的所有権センター ((財)高知県産業振興センター)	吉本 忠男	〒781-5101 高知市布師田3992-2 高知県中小企業会館2階	0888-46-7087
九州経済産業局特許室	簗田 克志	〒812-8546 福岡市博多区博多駅東2-11-1 福岡合同庁舎内	092-436-7260
福岡県知的所有権センター ((社)発明協会福岡県支部)	道津 毅	〒812-0013 福岡市博多区博多駅東2-6-23 住友博多駅前第2ビル1階	092-415-6777
福岡県知的所有権センター北九州支部 ((株)北九州テクノセンター)	沖 宏治	〒804-0003 北九州市戸畑区中原新町2-1 (株)北九州テクノセンター内	093-873-1432
佐賀県知的所有権センター (佐賀県工業技術センター)	光武 章二	〒849-0932 佐賀市鍋島町大字八戸溝114 佐賀県工業技術センター内	0952-30-8161
	村上 忠郎	〒849-0932 佐賀市鍋島町大字八戸溝114 佐賀県工業技術センター内	0952-30-8161
長崎県知的所有権センター ((社)発明協会長崎県支部)	嶋北 正俊	〒856-0026 大村市池田2-1303-8 長崎県工業技術センター内	0957-52-1138
熊本県知的所有権センター ((社)発明協会熊本県支部)	深見 毅	〒862-0901 熊本市東町3-11-38 熊本県工業技術センター内	096-331-7023
大分県知的所有権センター (大分県産業科学技術センター)	古崎 宣	〒870-1117 大分市高江西1-4361-10 大分県産業科学技術センター内	097-596-7121
宮崎県知的所有権センター ((社)発明協会宮崎県支部)	久保田 英世	〒880-0303 宮崎県宮崎郡佐土原町東上那珂16500-2 宮崎県工業技術センター内	0985-74-2953
鹿児島県知的所有権センター (鹿児島県工業技術センター)	山田 式典	〒899-5105 鹿児島県姶良郡隼人町小田1445-1 鹿児島県工業技術センター内	0995-64-2056
沖縄総合事務局特許室	下司 義雄	〒900-0016 那覇市前島3-1-15 大同生命那覇ビル5階	098-867-3293
沖縄県知的所有権センター (沖縄県工業技術センター)	木村 薫	〒904-2234 具志川市州崎12-2 沖縄県工業技術センター内1階	098-939-2372

○技術移転機関(TLO)への派遣

派遣先	氏名	所在地	TEL
北海道ティー・エル・オー(株)	山田 邦重	〒060-0808 札幌市北区北8条西5丁目 北海道大学事務局分館2館	011-708-3633
	岩城 全紀	〒060-0808 札幌市北区北8条西5丁目 北海道大学事務局分館2館	011-708-3633
(株)東北テクノアーチ	井硲 弘	〒980-0845 仙台市青葉区荒巻字青葉468番地 東北大学未来科学技術共同センター	022-222-3049
(株)筑波リエゾン研究所	関 淳次	〒305-8577 茨城県つくば市天王台1-1-1 筑波大学共同研究棟A303	0298-50-0195
	綾 紀元	〒305-8577 茨城県つくば市天王台1-1-1 筑波大学共同研究棟A303	0298-50-0195
(財)日本産業技術振興協会 産総研イノベーションズ	坂 光	〒305-8568 茨城県つくば市梅園1-1-1 つくば中央第二事業所D-7階	0298-61-5210
日本大学国際産業技術・ﾋﾞｼﾞﾈｽ育成ｾﾝ	斎藤 光史	〒102-8275 東京都千代田区九段南4-8-24	03-5275-8139
	加根魯 和宏	〒102-8275 東京都千代田区九段南4-8-24	03-5275-8139
学校法人早稲田大学知的財産センター	菅野 淳	〒162-0041 東京都新宿区早稲田鶴巻町513 早稲田大学研究開発センター120-1号館1F	03-5286-9867
	風間 孝彦	〒162-0041 東京都新宿区早稲田鶴巻町513 早稲田大学研究開発センター120-1号館1F	03-5286-9867
(財)理工学振興会	鷹巣 征行	〒226-8503 横浜市緑区長津田町4259 フロンティア創造共同研究センター内	045-921-4391
	北川 謙一	〒226-8503 横浜市緑区長津田町4259 フロンティア創造共同研究センター内	045-921-4391
よこはまティーエルオー(株)	小原 郁	〒240-8501 横浜市保土ヶ谷区常盤台79-5 横浜国立大学共同研究推進センター内	045-339-4441
学校法人慶応義塾大学知的資産センタ-	道井 敏	〒108-0073 港区三田2-11-15 三田川崎ビル3階	03-5427-1678
	鈴木 泰	〒108-0073 港区三田2-11-15 三田川崎ビル3階	03-5427-1678
学校法人東京電機大学産官学交流セン	河村 幸夫	〒101-8457 千代田区神田錦町2-2	03-5280-3640
タマティーエルオー(株)	古瀬 武弘	〒192-0083 八王子市旭町9-1 八王子スクエアビル11階	0426-31-1325
学校法人明治大学知的資産センター	竹田 幹男	〒101-8301 千代田区神田駿河台1-1	03-3296-4327
(株)山梨ティー・エル・オー	田中 正男	〒400-8511 甲府市武田4-3-11 山梨大学地域共同開発研究センター内	055-220-8760
(財)浜松科学技術研究振興会	小野 義光	〒432-8561 浜松市城北3-5-1	053-412-6703
(財)名古屋産業科学研究所	杉本 勝	〒460-0008 名古屋市中区栄二丁目十番十九号 名古屋商工会議所ビル	052-223-5691
	小西 富雅	〒460-0008 名古屋市中区栄二丁目十番十九号 名古屋商工会議所ビル	052-223-5694
関西ティー・エル・オー(株)	山田 富義	〒600-8813 京都市下京区中堂寺南町17 京都リサーチパークサイエンスセンタービル1号館2階	075-315-8250
	斎田 雄一	〒600-8813 京都市下京区中堂寺南町17 京都リサーチパークサイエンスセンタービル1号館2階	075-315-8250
(財)新産業創造研究機構	井上 勝彦	〒650-0047 神戸市中央区港島南町1-5-2 神戸キメックセンタービル6F	078-306-6805
	長冨 弘充	〒650-0047 神戸市中央区港島南町1-5-2 神戸キメックセンタービル6F	078-306-6805
(財)大阪産業振興機構	有馬 秀平	〒565-0871 大阪府吹田市山田丘2-1 大阪大学先端科学技術共同研究センター4F	06-6879-4196
(有)山口ティー・エル・オー	松本 孝三	〒755-8611 山口県宇部市常盤台2-16-1 山口大学地域共同研究開発センター内	0836-22-9768
	熊原 尋美	〒755-8611 山口県宇部市常盤台2-16-1 山口大学地域共同研究開発センター内	0836-22-9768
(株)テクノネットワーク四国	佐藤 博正	〒760-0033 香川県高松市丸の内2-5 ヨンデンビル別館4F	087-811-5039
(株)北九州テクノセンター	乾 全	〒804-0003 北九州市戸畑区中原新町2番1号	093-873-1448
(株)産学連携機構九州	堀 浩一	〒812-8581 福岡市東区箱崎6-10-1 九州大学技術移転推進室内	092-642-4363
(財)くまもとテクノ産業財団	桂 真郎	〒861-2202 熊本県上益城郡益城町田原2081-10	096-289-2340

資料3．特許電子図書館情報検索指導アドバイザー一覧（平成14年3月1日現在）

○知的所有権センターへの派遣

派遣先	氏名	所在地	TEL
北海道知的所有権センター (北海道立工業試験場)	平野 徹	〒060-0819 札幌市北区北19条西11丁目	011-747-2211
青森県知的所有権センター ((社)発明協会青森県支部)	佐々木 泰樹	〒030-0112 青森市第二問屋町4-11-6	017-762-3912
岩手県知的所有権センター (岩手県工業技術センター)	中嶋 孝弘	〒020-0852 盛岡市飯岡新田3-35-2	019-634-0684
宮城県知的所有権センター (宮城県産業技術総合センター)	小林 保	〒981-3206 仙台市泉区明通2-2	022-377-8725
秋田県知的所有権センター (秋田県工業技術センター)	田嶋 正夫	〒010-1623 秋田市新屋町字砂奴寄4-11	018-862-3417
山形県知的所有権センター (山形県工業技術センター)	大澤 忠行	〒990-2473 山形市松栄1-3-8	023-647-8130
福島県知的所有権センター ((社)発明協会福島県支部)	栗田 広	〒963-0215 郡山市待池台1-12 福島県ハイテクプラザ内	024-963-0242
茨城県知的所有権センター ((財)茨城県中小企業振興公社)	猪野 正己	〒312-0005 ひたちなか市新光町38 ひたちなかテクノセンタービル1階	029-264-2211
栃木県知的所有権センター ((社)発明協会栃木県支部)	中里 浩	〒322-0011 鹿沼市白桑田516-1 栃木県工業技術センター内	0289-65-7550
群馬県知的所有権センター ((社)発明協会群馬県支部)	神林 賢蔵	〒371-0845 前橋市鳥羽町190 群馬県工業試験場内	027-254-0627
埼玉県知的所有権センター ((社)発明協会埼玉県支部)	田中 庸雅	〒331-8669 さいたま市桜木町1-7-5 ソニックシティ10階	048-644-4806
千葉県知的所有権センター ((社)発明協会千葉県支部)	中原 照義	〒260-0854 千葉市中央区長洲1-9-1 千葉県庁南庁舎R3階	043-223-7748
東京都知的所有権センター ((社)発明協会東京支部)	福澤 勝義	〒105-0001 港区虎ノ門2-9-14	03-3502-5521
神奈川県知的所有権センター (神奈川県産業技術総合研究所)	森 啓次	〒243-0435 海老名市下今泉705-1	046-236-1500
神奈川県知的所有権センター支部 ((財)神奈川高度技術支援財団)	大井 隆	〒213-0012 川崎市高津区坂戸3-2-1 かながわサイエンスパーク西棟205	044-819-2100
神奈川県知的所有権センター支部 ((社)発明協会神奈川県支部)	蓮見 亮	〒231-0015 横浜市中区尾上町5-80 神奈川中小企業センター10階	045-633-5055
新潟県知的所有権センター ((財)信濃川テクノポリス開発機構)	石谷 速夫	〒940-2127 長岡市新産4-1-9	0258-46-9711
山梨県知的所有権センター (山梨県工業技術センター)	山下 知	〒400-0055 甲府市大津町2094	055-243-6111
長野県知的所有権センター ((社)発明協会長野県支部)	岡田 光正	〒380-0928 長野市若里1-18-1 長野県工業試験場内	026-228-5559
静岡県知的所有権センター ((社)発明協会静岡県支部)	吉井 和夫	〒421-1221 静岡市牧ヶ谷2078 静岡工業技術センター資料館内	054-278-6111
富山県知的所有権センター (富山県工業技術センター)	齋藤 靖雄	〒933-0981 高岡市二上町150	0766-29-1252
石川県知的所有権センター (財)石川県産業創出支援機構	辻 寛司	〒920-0223 金沢市戸水町イ65番地 石川県地場産業振興センター	076-267-5918
岐阜県知的所有権センター (岐阜県科学技術振興センター)	林 邦明	〒509-0108 各務原市須衛町4-179-1 テクノプラザ5F	0583-79-2250
愛知県知的所有権センター (愛知県工業技術センター)	加藤 英昭	〒448-0003 刈谷市一ツ木町西新割	0566-24-1841
三重県知的所有権センター (三重県工業技術総合研究所)	長峰 隆	〒514-0819 津市高茶屋5-5-45	059-234-4150
福井県知的所有権センター (福井県工業技術センター)	川・好昭	〒910-0102 福井市川合鷲塚町61字北稲田10	0776-55-1195
滋賀県知的所有権センター (滋賀県工業技術センター)	森 久子	〒520-3004 栗東市上砥山232	077-558-4040
京都府知的所有権センター ((社)発明協会京都支部)	中野 剛	〒600-8813 京都市下京区中堂寺南町17 京都リサーチパーク内 京都高度技研ビル4階	075-315-8686
大阪府知的所有権センター (大阪府立特許情報センター)	秋田 伸一	〒543-0061 大阪市天王寺区伶人町2-7	06-6771-2646
大阪府知的所有権センター支部 ((社)発明協会大阪支部知的財産センター)	戎 邦夫	〒564-0062 吹田市垂水町3-24-1 シンプレス江坂ビル2階	06-6330-7725
兵庫県知的所有権センター ((社)発明協会兵庫県支部)	山口 克己	〒654-0037 神戸市須磨区行平町3-1-31 兵庫県立産業技術センター4階	078-731-5847
奈良県知的所有権センター (奈良県工業技術センター)	北田 友彦	〒630-8031 奈良市柏木町129-1	0742-33-0863

派遣先	氏名	所在地	TEL
和歌山県知的所有権センター ((社)発明協会和歌山県支部)	木村 武司	〒640-8214 和歌山県寄合町25 和歌山市発明館4階	073-432-0087
鳥取県知的所有権センター ((社)発明協会鳥取県支部)	奥村 隆一	〒689-1112 鳥取市若葉台南7-5-1 新産業創造センター1階	0857-52-6728
島根県知的所有権センター ((社)発明協会島根県支部)	門脇 みどり	〒690-0816 島根県松江市北陵町1番地 テクノアークしまね1F内	0852-60-5146
岡山県知的所有権センター ((社)発明協会岡山県支部)	佐藤 新吾	〒701-1221 岡山市芳賀5301 テクノサポート岡山内	086-286-9656
広島県知的所有権センター ((社)発明協会広島県支部)	若木 幸蔵	〒730-0052 広島市中区千田町3-13-11 広島発明会館内	082-544-0775
広島県知的所有権センター支部 ((社)発明協会広島県支部備後支会)	渡部 武徳	〒720-0067 福山市西町2-10-1	0849-21-2349
広島県知的所有権センター支部 (呉地域産業振興センター)	三上 達矢	〒737-0004 呉市阿賀南2-10-1	0823-76-3766
山口県知的所有権センター ((社)発明協会山口県支部)	大段 恭二	〒753-0077 山口市熊野町1-10 NPYビル10階	083-922-9927
徳島県知的所有権センター ((社)発明協会徳島県支部)	平野 稔	〒770-8021 徳島市雑賀町西開11-2 徳島県立工業技術センター内	088-636-3388
香川県知的所有権センター ((社)発明協会香川県支部)	中元 恒	〒761-0301 香川県高松市林町2217-15 香川産業頭脳化センタービル2階	087-869-9005
愛媛県知的所有権センター ((社)発明協会愛媛県支部)	片山 忠徳	〒791-1101 松山市久米窪田町337-1 テクノプラザ愛媛	089-960-1118
高知県知的所有権センター (高知県工業技術センター)	柏井 富雄	〒781-5101 高知市布師田3992-3	088-845-7664
福岡県知的所有権センター ((社)発明協会福岡県支部)	浦井 正章	〒812-0013 福岡市博多区博多駅東2-6-23 住友博多駅前第2ビル2階	092-474-7255
福岡県知的所有権センター北九州支部 ((株)北九州テクノセンター)	重藤 務	〒804-0003 北九州市戸畑区中原新町2-1	093-873-1432
佐賀県知的所有権センター (佐賀県工業技術センター)	塚島 誠一郎	〒849-0932 佐賀市鍋島町八戸溝114	0952-30-8161
長崎県知的所有権センター ((社)発明協会長崎県支部)	川添 早苗	〒856-0026 大村市池田2-1303-8 長崎県工業技術センター内	0957-52-1144
熊本県知的所有権センター ((社)発明協会熊本県支部)	松山 彰雄	〒862-0901 熊本市東町3-11-38 熊本県工業技術センター内	096-360-3291
大分県知的所有権センター (大分県産業科学技術センター)	鎌田 正道	〒870-1117 大分市高江西1-4361-10	097-596-7121
宮崎県知的所有権センター ((社)発明協会宮崎県支部)	黒田 護	〒880-0303 宮崎県宮崎郡佐土原町東上那珂16500-2 宮崎県工業技術センター内	0985-74-2953
鹿児島県知的所有権センター (鹿児島県工業技術センター)	大井 敏民	〒899-5105 鹿児島県姶良郡隼人町小田1445-1	0995-64-2445
沖縄県知的所有権センター (沖縄県工業技術センター)	和田 修	〒904-2234 具志川市字州崎12-2 中城湾港新港地区トロピカルテクノパーク内	098-929-0111

資料4．知的所有権センター一覧 （平成14年3月1日現在）

都道府県	名 称	所 在 地	TEL
北海道	北海道知的所有権センター （北海道立工業試験場）	〒060-0819 札幌市北区北19条西11丁目	011-747-2211
青森県	青森県知的所有権センター （(社)発明協会青森県支部）	〒030-0112 青森市第二問屋町4-11-6	017-762-3912
岩手県	岩手県知的所有権センター （岩手県工業技術センター）	〒020-0852 盛岡市飯岡新田3-35-2	019-634-0684
宮城県	宮城県知的所有権センター （宮城県産業技術総合センター）	〒981-3206 仙台市泉区明通2-2	022-377-8725
秋田県	秋田県知的所有権センター （秋田県工業技術センター）	〒010-1623 秋田市新屋町字砂奴寄4-11	018-862-3417
山形県	山形県知的所有権センター （山形県工業技術センター）	〒990-2473 山形市松栄1-3-8	023-647-8130
福島県	福島県知的所有権センター （(社)発明協会福島県支部）	〒963-0215 郡山市待池台1-12 福島県ハイテクプラザ内	024-963-0242
茨城県	茨城県知的所有権センター （(財)茨城県中小企業振興公社）	〒312-0005 ひたちなか市新光町38 ひたちなかテクノセンタービル1階	029-264-2211
栃木県	栃木県知的所有権センター （(社)発明協会栃木県支部）	〒322-0011 鹿沼市白桑田516-1 栃木県工業技術センター内	0289-65-7550
群馬県	群馬県知的所有権センター （(社)発明協会群馬県支部）	〒371-0845 前橋市鳥羽町190 群馬県工業試験場内	027-254-0627
埼玉県	埼玉県知的所有権センター （(社)発明協会埼玉県支部）	〒331-8669 さいたま市桜木町1-7-5 ソニックシティ10階	048-644-4806
千葉県	千葉県知的所有権センター （(社)発明協会千葉県支部）	〒260-0854 千葉市中央区長洲1-9-1 千葉県庁南庁舎R3階	043-223-7748
東京都	東京都知的所有権センター （(社)発明協会東京支部）	〒105-0001 港区虎ノ門2-9-14	03-3502-5521
神奈川県	神奈川県知的所有権センター （神奈川県産業技術総合研究所）	〒243-0435 海老名市下今泉705-1	046-236-1500
	神奈川県知的所有権センター支部 （(財)神奈川高度技術支援財団）	〒213-0012 川崎市高津区坂戸3-2-1 かながわサイエンスパーク西棟205	044-819-2100
	神奈川県知的所有権センター支部 （(社)発明協会神奈川県支部）	〒231-0015 横浜市中区尾上町5-80 神奈川中小企業センター10階	045-633-5055
新潟県	新潟県知的所有権センター （(財)信濃川テクノポリス開発機構）	〒940-2127 長岡市新産4-1-9	0258-46-9711
山梨県	山梨県知的所有権センター （山梨県工業技術センター）	〒400-0055 甲府市大津町2094	055-243-6111
長野県	長野県知的所有権センター （(社)発明協会長野県支部）	〒380-0928 長野市若里1-18-1 長野県工業試験場内	026-228-5559
静岡県	静岡県知的所有権センター （(社)発明協会静岡県支部）	〒421-1221 静岡市牧ヶ谷2078 静岡工業技術センター資料館内	054-278-6111
富山県	富山県知的所有権センター （富山県工業技術センター）	〒933-0981 高岡市二上町150	0766-29-1252
石川県	石川県知的所有権センター （(財)石川県産業創出支援機構）	〒920-0223 金沢市戸水町イ65番地 石川県地場産業振興センター	076-267-5918
岐阜県	岐阜県知的所有権センター （岐阜県科学技術振興センター）	〒509-0108 各務原市須衛町4-179-1 テクノプラザ5F	0583-79-2250
愛知県	愛知県知的所有権センター （愛知県工業技術センター）	〒448-0003 刈谷市一ツ木町西新割	0566-24-1841
三重県	三重県知的所有権センター （三重県工業技術総合研究所）	〒514-0819 津市高茶屋5-5-45	059-234-4150
福井県	福井県知的所有権センター （福井県工業技術センター）	〒910-0102 福井市川合鷲塚町61字北稲田10	0776-55-1195
滋賀県	滋賀県知的所有権センター （滋賀県工業技術センター）	〒520-3004 栗東市上砥山232	077-558-4040
京都府	京都府知的所有権センター （(社)発明協会京都支部）	〒600-8813 京都市下京区中堂寺南町17 京都リサーチパーク内 京都高度技研ビル4階	075-315-8686
大阪府	大阪府知的所有権センター （大阪府立特許情報センター）	〒543-0061 大阪市天王寺区伶人町2-7	06-6771-2646
	大阪府知的所有権センター支部 （(社)発明協会大阪支部知的財産センター）	〒564-0062 吹田市垂水町3-24-1 シンプレス江坂ビル2階	06-6330-7725
兵庫県	兵庫県知的所有権センター （(社)発明協会兵庫県支部）	〒654-0037 神戸市須磨区行平町3-1-31 兵庫県立産業技術センター4階	078-731-5847

都道府県	名称	所在地	TEL
奈良県	奈良県知的所有権センター (奈良県工業技術センター)	〒630-8031 奈良市柏木町129-1	0742-33-0863
和歌山県	和歌山県知的所有権センター ((社)発明協会和歌山県支部)	〒640-8214 和歌山県寄合町25 和歌山市発明館4階	073-432-0087
鳥取県	鳥取県知的所有権センター ((社)発明協会鳥取県支部)	〒689-1112 鳥取市若葉台南7-5-1 新産業創造センター1階	0857-52-6728
島根県	島根県知的所有権センター ((社)発明協会島根県支部)	〒690-0816 島根県松江市北陵町1番地 テクノアークしまね1F内	0852-60-5146
岡山県	岡山県知的所有権センター ((社)発明協会岡山県支部)	〒701-1221 岡山市芳賀5301 テクノサポート岡山内	086-286-9656
広島県	広島県知的所有権センター ((社)発明協会広島県支部)	〒730-0052 広島市中区千田町3-13-11 広島発明会館内	082-544-0775
	広島県知的所有権センター支部 ((社)発明協会広島県支部備後支会)	〒720-0067 福山市西町2-10-1	0849-21-2349
	広島県知的所有権センター支部 (呉地域産業振興センター)	〒737-0004 呉市阿賀南2-10-1	0823-76-3766
山口県	山口県知的所有権センター ((社)発明協会山口県支部)	〒753-0077 山口市熊野町1-10 NPYビル10階	083-922-9927
徳島県	徳島県知的所有権センター ((社)発明協会徳島県支部)	〒770-8021 徳島市雑賀町西開11-2 徳島県立工業技術センター内	088-636-3388
香川県	香川県知的所有権センター ((社)発明協会香川県支部)	〒761-0301 香川県高松市林町2217-15 香川産業頭脳化センタービル2階	087-869-9005
愛媛県	愛媛県知的所有権センター ((社)発明協会愛媛県支部)	〒791-1101 松山市久米窪田町337-1 テクノプラザ愛媛	089-960-1118
高知県	高知県知的所有権センター (高知県工業技術センター)	〒781-5101 高知市布師田3992-3	088-845-7664
福岡県	福岡県知的所有権センター ((社)発明協会福岡県支部)	〒812-0013 福岡市博多区博多駅東2-6-23 住友博多駅前第2ビル2階	092-474-7255
	福岡県知的所有権センター北九州支部 ((株)北九州テクノセンター)	〒804-0003 北九州市戸畑区中原新町2-1	093-873-1432
佐賀県	佐賀県知的所有権センター (佐賀県工業技術センター)	〒849-0932 佐賀市鍋島町八戸溝114	0952-30-8161
長崎県	長崎県知的所有権センター ((社)発明協会長崎県支部)	〒856-0026 大村市池田2-1303-8 長崎県工業技術センター内	0957-52-1144
熊本県	熊本県知的所有権センター ((社)発明協会熊本県支部)	〒862-0901 熊本市東町3-11-38 熊本県工業技術センター内	096-360-3291
大分県	大分県知的所有権センター (大分県産業科学技術センター)	〒870-1117 大分市高江西1-4361-10	097-596-7121
宮崎県	宮崎県知的所有権センター ((社)発明協会宮崎県支部)	〒880-0303 宮崎県宮崎郡佐土原町東上那珂16500-2 宮崎県工業技術センター内	0985-74-2953
鹿児島県	鹿児島県知的所有権センター (鹿児島県工業技術センター)	〒899-5105 鹿児島県姶良郡隼人町小田1445-1	0995-64-2445
沖縄県	沖縄県知的所有権センター (沖縄県工業技術センター)	〒904-2234 具志川市字州崎12-2 中城湾港新港地区トロピカルテクノパーク内	098-929-0111

資料5．平成13年度25技術テーマの特許流通の概要

5.1 アンケート送付先と回収率

平成13年度は、25の技術テーマにおいて「特許流通支援チャート」を作成し、その中で特許流通に対する意識調査として各技術テーマの出願件数上位企業を対象としてアンケート調査を行った。平成13年12月7日に郵送によりアンケートを送付し、平成14年1月31日までに回収されたものを対象に解析した。

表5.1-1に、アンケート調査表の回収状況を示す。送付数578件、回収数306件、回収率52.9%であった。

表5.1-1 アンケートの回収状況

送付数	回収数	未回収数	回収率
578	306	272	52.9%

表5.1-2に、業種別の回収状況を示す。各業種を一般系、機械系、化学系、電気系と大きく4つに分類した。以下、「○○系」と表現する場合は、各企業の業種別に基づく分類を示す。それぞれの回収率は、一般系56.5%、機械系63.5%、化学系41.1%、電気系51.6%であった。

表5.1-2 アンケートの業種別回収件数と回収率

業種と回収率	業種	回収件数
一般系 48/85=56.5%	建設	5
	窯業	12
	鉄鋼	6
	非鉄金属	17
	金属製品	2
	その他製造業	6
化学系 39/95=41.1%	食品	1
	繊維	12
	紙・パルプ	3
	化学	22
	石油・ゴム	1
機械系 73/115=63.5%	機械	23
	精密機器	28
	輸送機器	22
電気系 146/283=51.6%	電気	144
	通信	2

図 5.1 に、全回収件数を母数にして業種別に回収率を示す。全回収件数に占める業種別の回収率は電気系 47.7%、機械系 23.9%、一般系 15.7%、化学系 12.7%である。

図 5.1 回収件数の業種別比率

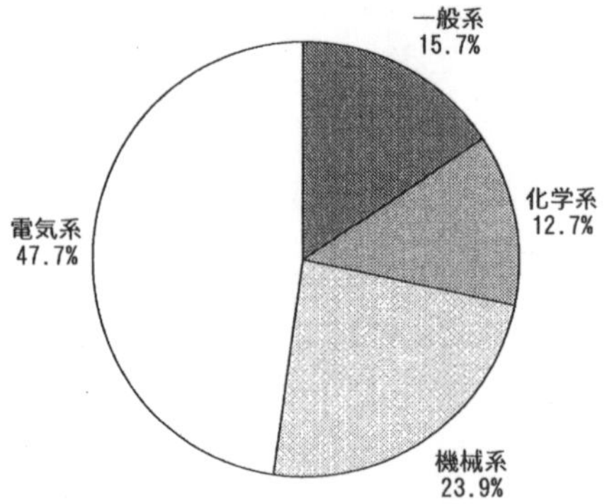

一般系	化学系	機械系	電気系	合計
48	39	73	146	306

表 5.1-3 に、技術テーマ別の回収件数と回収率を示す。この表では、技術テーマを一般分野、化学分野、機械分野、電気分野に分類した。以下、「○○分野」と表現する場合は、技術テーマによる分類を示す。回収率の最も良かった技術テーマは焼却炉排ガス処理技術の 71.4%で、最も悪かったのは有機 EL 素子の 34.6%である。

表 5.1-3 テーマ別の回収件数と回収率

分野	技術テーマ名	送付数	回収数	回収率
一般分野	カーテンウォール	24	13	54.2%
	気体膜分離装置	25	12	48.0%
	半導体洗浄と環境適応技術	23	14	60.9%
	焼却炉排ガス処理技術	21	15	71.4%
	はんだ付け鉛フリー技術	20	11	55.0%
化学分野	プラスティックリサイクル	25	15	60.0%
	バイオセンサ	24	16	66.7%
	セラミックスの接合	23	12	52.2%
	有機EL素子	26	9	34.6%
	生分解ポリエステル	23	12	52.2%
	有機導電性ポリマー	24	15	62.5%
	リチウムポリマー電池	29	13	44.8%
機械分野	車いす	21	12	57.1%
	金属射出成形技術	28	14	50.0%
	微細レーザ加工	20	10	50.0%
	ヒートパイプ	22	10	45.5%
電気分野	圧力センサ	22	13	59.1%
	個人照合	29	12	41.4%
	非接触型ICカード	21	10	47.6%
	ビルドアップ多層プリント配線板	23	11	47.8%
	携帯電話表示技術	20	11	55.0%
	アクティブマトリックス液晶駆動技術	21	12	57.1%
	プログラム制御技術	21	12	57.1%
	半導体レーザの活性層	22	11	50.0%
	無線LAN	21	11	52.4%

5.2 アンケート結果
5.2.1 開放特許に関して
(1) 開放特許と非開放特許

他者にライセンスしてもよい特許を「開放特許」、ライセンスの可能性のない特許を「非開放特許」と定義した。その上で、各技術テーマにおける保有特許のうち、自社での実施状況と開放状況について質問を行った。

306 件中 257 件の回答があった（回答率 84.0%）。保有特許件数に対する開放特許件数の割合を開放比率とし、保有特許件数に対する非開放特許件数の割合を非開放比率と定義した。

図 5.2.1-1 に、業種別の特許の開放比率と非開放比率を示す。全体の開放比率は 58.3%で、業種別では一般系が 37.1%、化学系が 20.6%、機械系が 39.4%、電気系が 77.4%である。化学系（20.6%）の企業の開放比率は、化学分野における開放比率（図 5.2.1-2）の最低値である「生分解ポリエステル」の 22.6%よりさらに低い値となっている。これは、化学分野においても、機械系、電気系の企業であれば、保有特許について比較的開放的であることを示唆している。

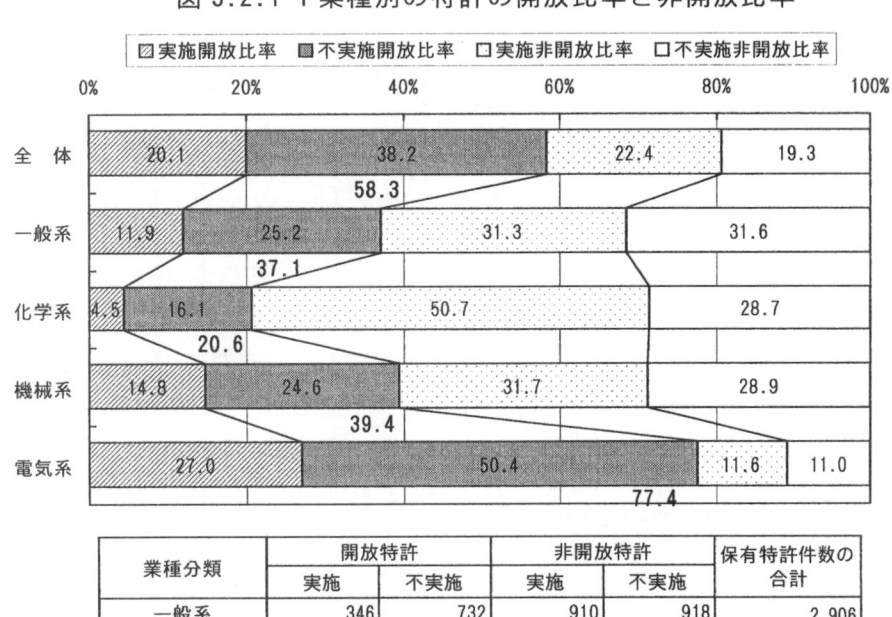

図 5.2.1-1 業種別の特許の開放比率と非開放比率

業種分類	開放特許 実施	開放特許 不実施	非開放特許 実施	非開放特許 不実施	保有特許件数の合計
一般系	346	732	910	918	2,906
化学系	90	323	1,017	576	2,006
機械系	494	821	1,058	964	3,337
電気系	2,835	5,291	1,218	1,155	10,499
全体	3,765	7,167	4,203	3,613	18,748

図 5.2.1-2 に、技術テーマ別の開放比率と非開放比率を示す。

開放比率（実施開放比率と不実施開放比率を加算。）が高い技術テーマを見てみると、最高値は「個人照合」の 84.7%で、次いで「はんだ付け鉛フリー技術」の 83.2%、「無線LAN」の 82.4%、「携帯電話表示技術」の 80.0%となっている。一方、低い方から見ると、「生分解ポリエステル」の 22.6%で、次いで「カーテンウォール」の 29.3%、「有機EL」の 30.5%である。

図 5.2.1-2 技術テーマ別の開放比率と非開放比率

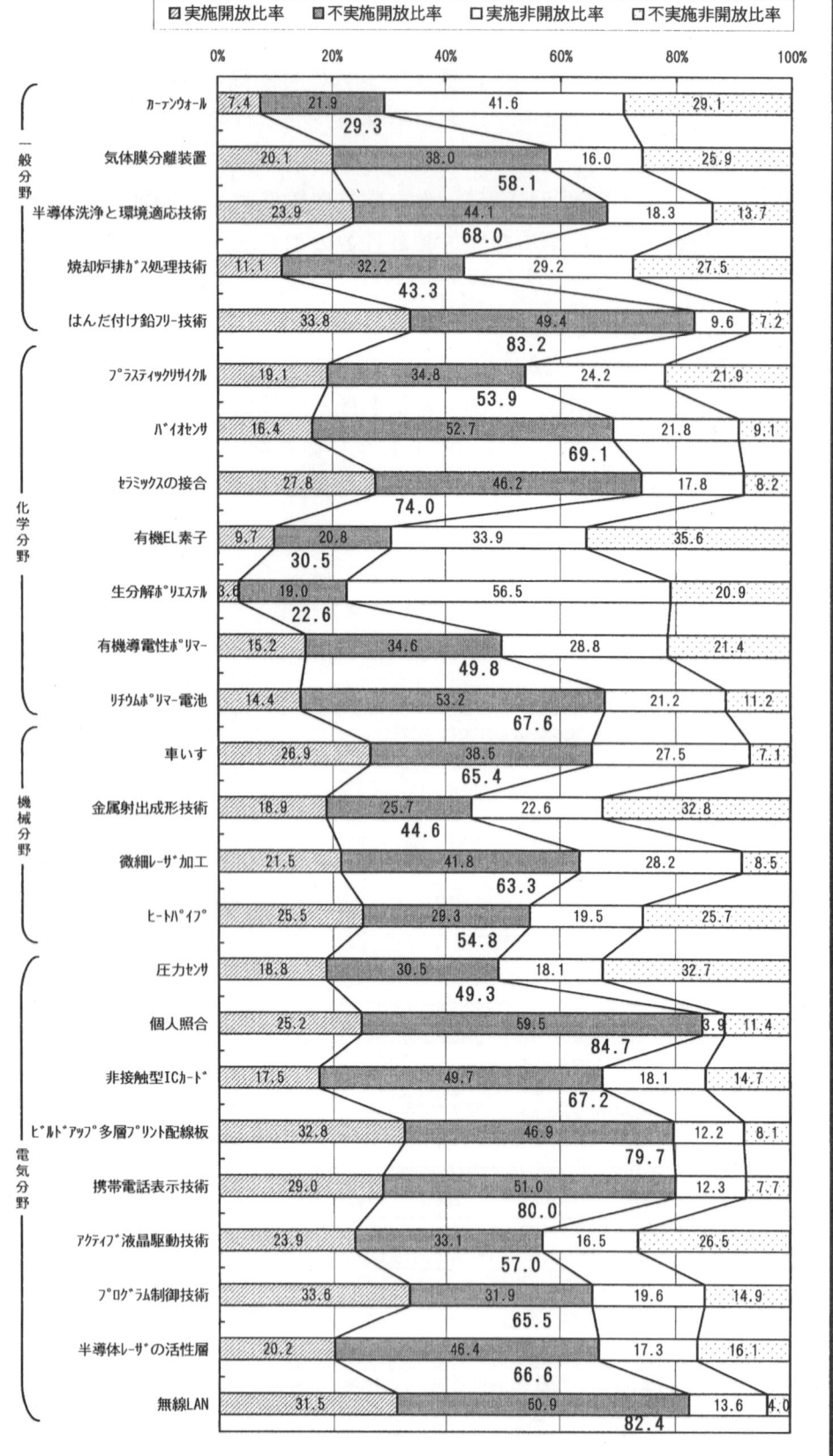

技術テーマ	分野	実施開放比率	不実施開放比率	実施非開放比率	不実施非開放比率	計(%)	開放特許 実施	開放特許 不実施	非開放特許 実施	非開放特許 不実施	保有特許件数の合計
カーテンウォール	一般分野	7.4	21.9	41.6	29.1	29.3	67	198	376	264	905
気体膜分離装置	一般分野	20.1	38.0	16.0	25.9	58.1	88	166	70	113	437
半導体洗浄と環境適応技術	一般分野	23.9	44.1	18.3	13.7	68.0	155	286	119	89	649
焼却炉排ガス処理技術	一般分野	11.1	32.2	29.2	27.5	43.3	133	387	351	330	1,201
はんだ付け鉛フリー技術	一般分野	33.8	49.4	9.6	7.2	83.2	139	204	40	30	413
プラスティックリサイクル	化学分野	19.1	34.8	24.2	21.9	53.9	196	357	248	225	1,026
バイオセンサ	化学分野	16.4	52.7	21.8	9.1	69.1	106	340	141	59	646
セラミックスの接合	化学分野	27.8	46.2	17.8	8.2	74.0	145	241	93	42	521
有機EL素子	化学分野	9.7	20.8	33.9	35.6	30.5	90	193	316	332	931
生分解ポリエステル	化学分野	3.6	19.0	56.5	20.9	22.6	28	147	437	162	774
有機導電性ポリマー	化学分野	15.2	34.6	28.8	21.4	49.8	125	285	237	176	823
リチウムポリマー電池	化学分野	14.4	53.2	21.2	11.2	67.6	140	515	205	108	968
車いす	機械分野	26.9	38.5	27.5	7.1	65.4	107	154	110	28	399
金属射出成形技術	機械分野	18.9	25.7	22.6	32.8	44.6	147	200	175	255	777
微細レーザ加工	機械分野	21.5	41.8	28.2	8.5	63.3	68	133	89	27	317
ヒートパイプ	機械分野	25.5	29.3	19.5	25.7	54.8	215	248	164	217	844
圧力センサ	電気分野	18.8	30.5	18.1	32.7	49.3	164	267	158	286	875
個人照合	電気分野	25.2	59.5	3.9	11.4	84.7	220	521	34	100	875
非接触型ICカード	電気分野	17.5	49.7	18.1	14.7	67.2	140	398	145	117	800
ビルドアップ多層プリント配線板	電気分野	32.8	46.9	12.2	8.1	79.7	177	254	66	44	541
携帯電話表示技術	電気分野	29.0	51.0	12.3	7.7	80.0	235	414	100	62	811
アクティブ液晶駆動技術	電気分野	23.9	33.1	16.5	26.5	57.0	252	349	174	278	1,053
プログラム制御技術	電気分野	33.6	31.9	19.6	14.9	65.5	280	265	163	124	832
半導体レーザの活性層	電気分野	20.2	46.4	17.3	16.1	66.6	123	282	105	99	609
無線LAN	電気分野	31.5	50.9	13.6	4.0	82.4	227	367	98	29	721
合計							3,767	7,171	4,214	3,596	18,748

図 5.2.1-3 は、業種別に、各企業の特許の開放比率を示したものである。

開放比率は、化学系で最も低く、電気系で最も高い。機械系と一般系はその中間に位置する。推測するに、化学系の企業では、保有特許は「物質特許」である場合が多く、自社の市場独占を確保するため、特許を開放しづらい状況にあるのではないかと思われる。逆に、電気・機械系の企業は、商品のライフサイクルが短いため、せっかく取得した特許も短期間で新技術と入れ替える必要があり、不実施となった特許を開放特許として供出やすい環境にあるのではないかと考えられる。また、より効率性の高い技術開発を進めるべく他社とのアライアンスを目的とした開放特許戦略を採るケースも、最近出てきているのではないだろうか。

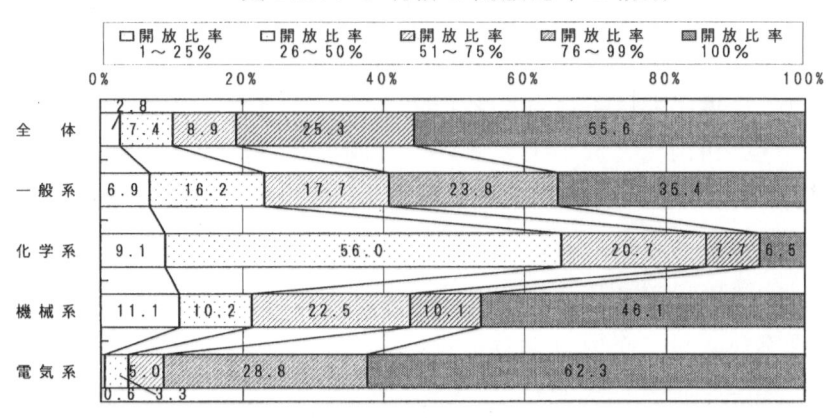

図 5.2.1-3 特許の開放比率の構成

業種	開放比率 0%	1～25%	26～50%	51～75%	76～99%	100%
全体	2.8	7.4	8.9	25.3	55.6	
一般系	6.9	16.2	17.7	23.8	35.4	
化学系	9.1	56.0	20.7	7.7	6.5	
機械系	11.1	10.2	22.5	10.1	46.1	
電気系	0.6	3.3	5.0	28.8	62.3	

図 5.2.1-4 に、業種別の自社実施比率と不実施比率を示す。全体の自社実施比率は 42.5% で、業種別では化学系 55.2%、機械系 46.5%、一般系 43.2%、電気系 38.6% である。化学系の企業は、自社実施比率が高く開放比率が低い。電気・機械系の企業は、その逆で自社実施比率が低く開放比率は高い。自社実施比率と開放比率は、反比例の関係にあるといえる。

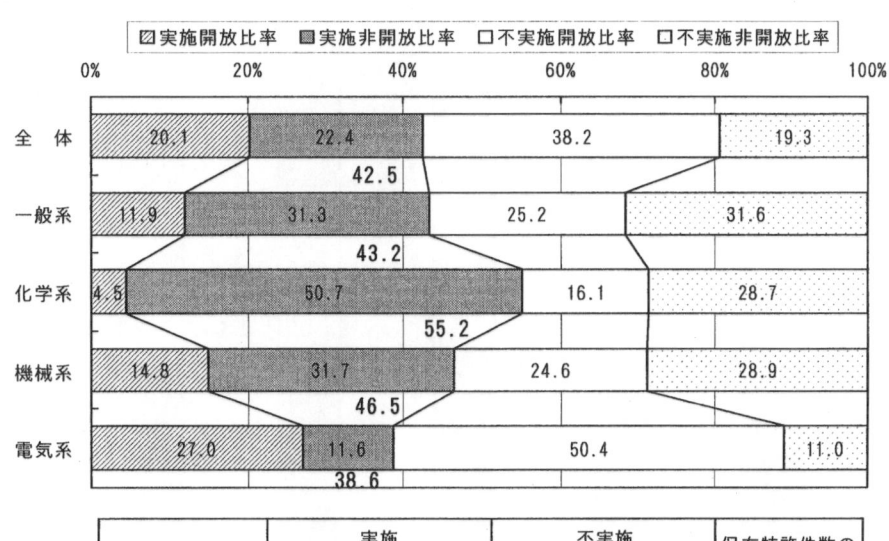

図 5.2.1-4 自社実施比率と無実施比率

業種	実施開放比率	実施非開放比率	不実施開放比率	不実施非開放比率	自社実施比率
全体	20.1	22.4	38.2	19.3	42.5
一般系	11.9	31.3	25.2	31.6	43.2
化学系	4.5	50.7	16.1	28.7	55.2
機械系	14.8	31.7	24.6	28.9	46.5
電気系	27.0	11.6	50.4	11.0	38.6

業種分類	実施 開放	実施 非開放	不実施 開放	不実施 非開放	保有特許件数の合計
一般系	346	910	732	918	2,906
化学系	90	1,017	323	576	2,006
機械系	494	1,058	821	964	3,337
電気系	2,835	1,218	5,291	1,155	10,499
全体	3,765	4,203	7,167	3,613	18,748

(2) 非開放特許の理由

開放可能性のない特許の理由を質問した（複数回答）。

質問内容	一般系	化学系	機械系	電気系	全体
・独占的排他権の行使により、ライバル企業を排除するため（ライバル企業排除）	36.3%	36.7%	36.4%	34.5%	36.0%
・他社に対する技術の優位性の喪失（優位性喪失）	31.9%	31.6%	30.5%	29.9%	30.9%
・技術の価値評価が困難なため（価値評価困難）	12.1%	16.5%	15.3%	13.8%	14.4%
・企業秘密がもれるから（企業秘密）	5.5%	7.6%	3.4%	14.9%	7.5%
・相手先を見つけるのが困難であるため（相手先探し）	7.7%	5.1%	8.5%	2.3%	6.1%
・ライセンス経験不足等のため提供に不安があるから（経験不足）	4.4%	0.0%	0.8%	0.0%	1.3%
・その他	2.1%	2.5%	5.1%	4.6%	3.8%

図5.2.1-5は非開放特許の理由の内容を示す。

「ライバル企業の排除」が最も多く36.0%、次いで「優位性喪失」が30.9%と高かった。特許権を「技術の市場における排他的独占権」として充分に行使していることが伺える。「価値評価困難」は14.4%となっているが、今回の「特許流通支援チャート」作成にあたり分析対象とした特許は直近10年間だったため、登録前の特許が多く、権利範囲が未確定なものが多かったためと思われる。

電気系の企業で「企業秘密がもれるから」という理由が14.9%と高いのは、技術のライフサイクルが短く新技術開発が激化しており、さらに、技術自体が模倣されやすいことが原因であるのではないだろうか。

化学系の企業で「企業秘密がもれるから」という理由が7.6%と高いのは、物質特許のノウハウ漏洩に細心の注意を払う必要があるためと思われる。

機械系や一般系の企業で「相手先探し」が、それぞれ8.5%、7.7%と高いことは、これらの分野で技術移転を仲介する者の活躍できる潜在性が高いことを示している。

なお、その他の理由としては、「共同出願先との調整」が12件と多かった。

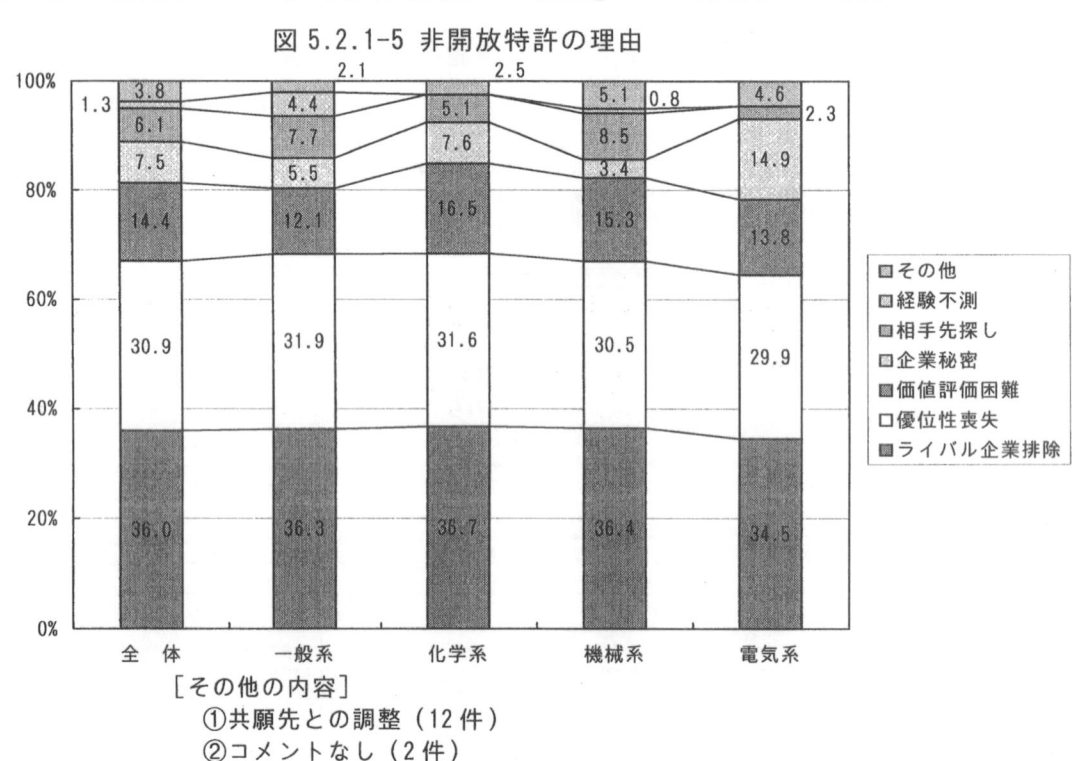

図5.2.1-5 非開放特許の理由

[その他の内容]
①共願先との調整（12件）
②コメントなし（2件）

5.2.2 ライセンス供与に関して
(1) ライセンス活動

ライセンス供与の活動姿勢の質問を行った。

質問内容	一般系	化学系	機械系	電気系	全体
・特許ライセンス供与のための活動を積極的に行っている（積極的）	2.0%	15.8%	4.3%	8.9%	7.5%
・特許ライセンス供与のための活動を行っている（普通）	36.7%	15.8%	25.7%	57.7%	41.2%
・特許ライセンス供与のための活動はやや消極的である（消極的）	24.5%	13.2%	14.3%	10.4%	14.0%
・特許ライセンス供与のための活動を行っていない（しない）	36.8%	55.2%	55.7%	23.0%	37.3%

その結果を、図5.2.2-1 ライセンス活動に示す。306件中295件の回答であった（回答率96.4％）。

何らかの形で特許ライセンス活動を行っている企業は62.7％を占めた。そのうち、比較的積極的に活動を行っている企業は48.7％に上る（「積極的」＋「普通」）。これは、技術移転を仲介する者の活躍できる潜在性がかなり高いことを示唆している。

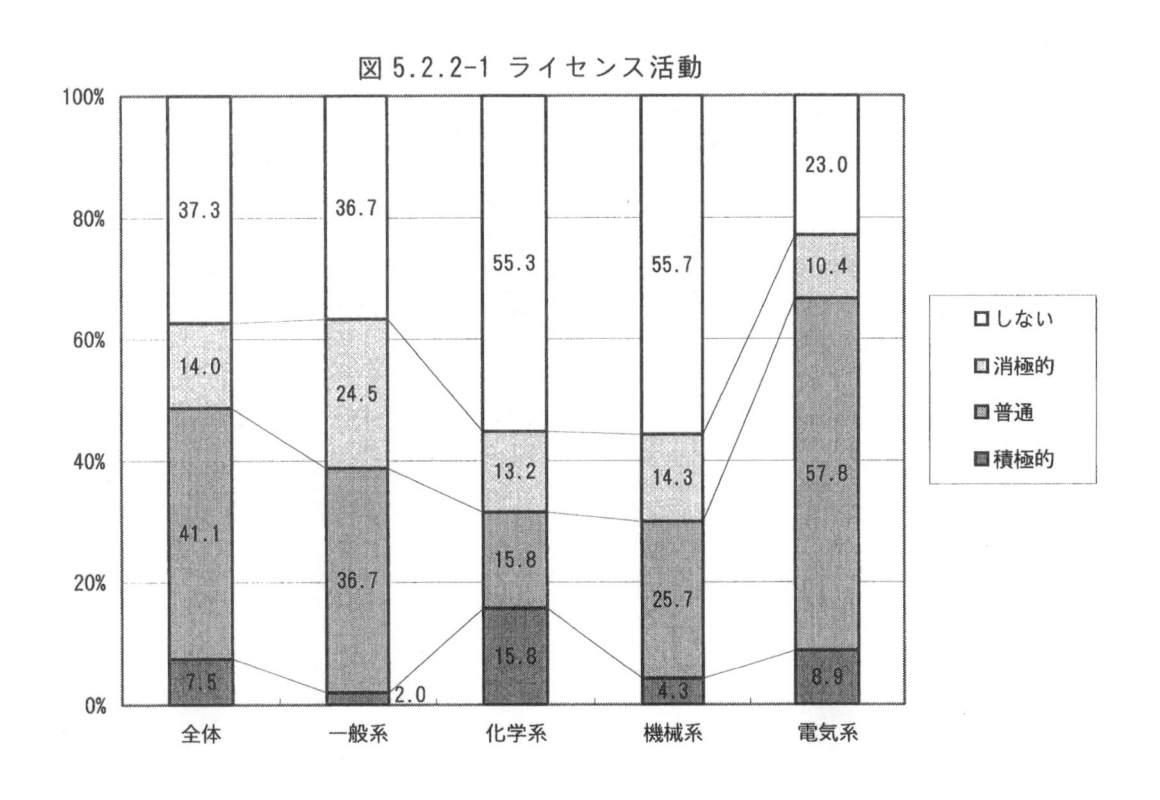

図5.2.2-1 ライセンス活動

(2) ライセンス実績

ライセンス供与の実績について質問をした。

質問内容	一般系	化学系	機械系	電気系	全体
・供与実績はないが今後も行う方針（実績無し今後も実施）	54.5%	48.0%	43.6%	74.6%	58.3%
・供与実績があり今後も行う方針（実績有り今後も実施）	72.2%	61.5%	95.5%	67.3%	73.5%
・供与実績はなく今後は不明（実績無し今後は不明）	36.4%	24.0%	46.1%	20.3%	30.8%
・供与実績はあるが今後は不明（実績有り今後は不明）	27.8%	38.5%	4.5%	30.7%	25.5%
・供与実績はなく今後も行わない方針（実績無し今後も実施せず）	9.1%	28.0%	10.3%	5.1%	10.9%
・供与実績はあるが今後は行わない方針（実績有り今後は実施せず）	0.0%	0.0%	0.0%	2.0%	1.0%

図5.2.2-2に、ライセンス実績を示す。306件中295件の回答があった（回答率96.4％）。ライセンス実績有りとライセンス実績無しを分けて示す。

「供与実績があり、今後も実施」は73.5％と非常に高い割合であり、特許ライセンスの有効性を認識した企業はさらにライセンス活動を活発化させる傾向にあるといえる。また、「供与実績はないが、今後は実施」が58.3％あり、ライセンスに対する関心の高まりが感じられる。

機械系や一般系の企業で「実績有り今後も実施」がそれぞれ90％、70％を越えており、他業種の企業よりもライセンスに対する関心が非常に高いことがわかる。

図5.2.2-2 ライセンス実績

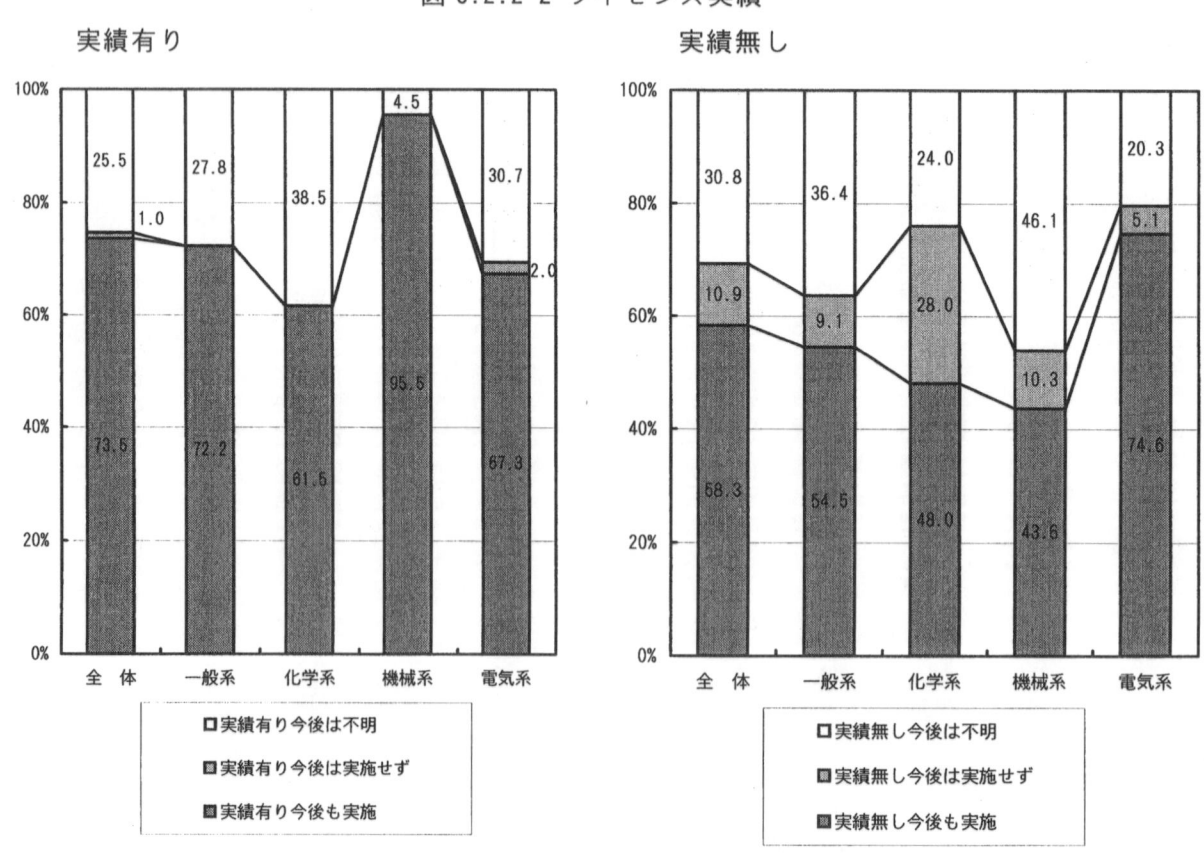

(3) ライセンス先の見つけ方

ライセンス供与の実績があると(2)項で回答したテーマ出願人にライセンス先の見つけ方の質問を行った(複数回答)。

質問内容	一般系	化学系	機械系	電気系	全体
・先方からの申し入れ(申入れ)	27.8%	43.2%	37.7%	32.0%	33.7%
・権利侵害調査の結果(侵害発)	22.2%	10.8%	17.4%	21.3%	19.3%
・系列企業の情報網(内部情報)	9.7%	10.8%	11.6%	11.5%	11.0%
・系列企業を除く取引先企業(外部情報)	2.8%	10.8%	8.7%	10.7%	8.3%
・新聞、雑誌、TV、インターネット等(メディア)	5.6%	2.7%	2.9%	12.3%	7.3%
・イベント、展示会等(展示会)	12.5%	5.4%	7.2%	3.3%	6.7%
・特許公報	5.6%	5.4%	2.9%	1.6%	3.3%
・相手先に相談できる人がいた等(人的ネットワーク)	1.4%	8.2%	7.3%	0.8%	3.3%
・学会発表、学会誌(学会)	5.6%	8.2%	1.4%	1.6%	2.7%
・データベース(DB)	6.8%	2.7%	0.0%	0.0%	1.7%
・国・公立研究機関(官公庁)	0.0%	0.0%	0.0%	3.3%	1.3%
・弁理士、特許事務所(特許事務所)	0.0%	0.0%	2.9%	0.0%	0.7%
・その他	0.0%	0.0%	0.0%	1.6%	0.7%

その結果を、図5.2.2-3 ライセンス先の見つけ方に示す。「申入れ」が33.7%と最も多く、次いで侵害警告を発した「侵害発」が19.3%、「内部情報」によりものが11.0%、「外部情報」によるものが8.3%であった。特許流通データベースなどの「DB」からは1.7%であった。化学系において、「申入れ」が40%を越えている。

図5.2.2-3 ライセンス先の見つけ方

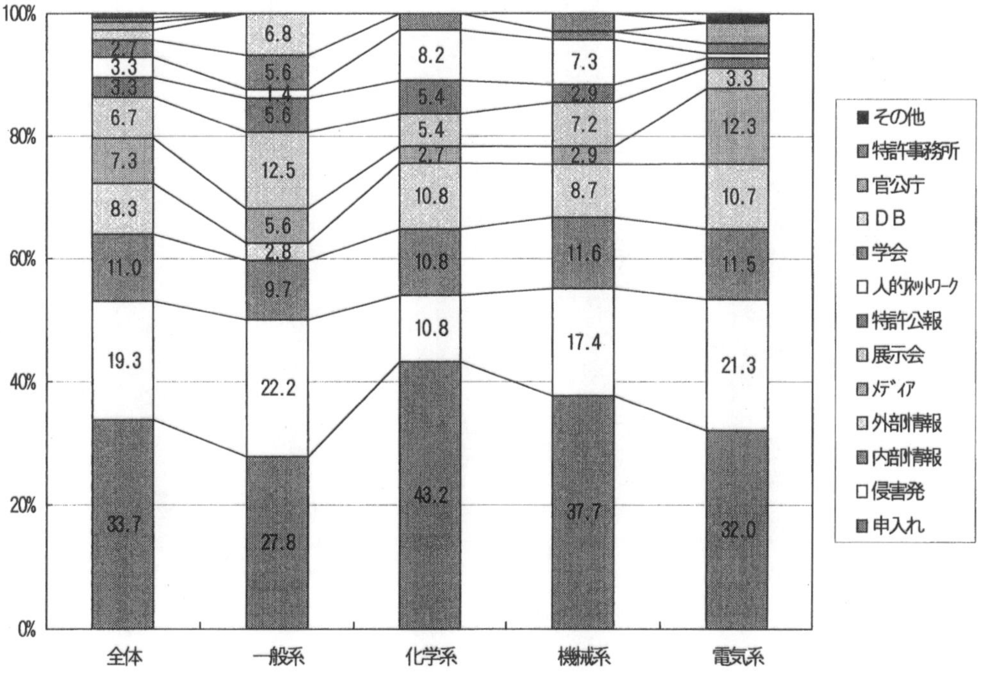

〔その他の内容〕
①関係団体(2件)

(4) ライセンス供与の不成功理由

(1)項でライセンス活動をしていると答えて、ライセンス実績の無いテーマ出願人に、その不成功理由を質問した。

質問内容	一般系	化学系	機械系	電気系	全体
・相手先が見つからない（相手先探し）	58.8%	57.9%	68.0%	73.0%	66.7%
・情勢（業績・経営方針・市場など）が変化した（情勢変化）	8.8%	10.5%	16.0%	0.0%	6.4%
・ロイヤリティーの折り合いがつかなかった（ロイヤリティー）	11.8%	5.3%	4.0%	4.8%	6.4%
・当該特許だけでは、製品化が困難と思われるから（製品化困難）	3.2%	5.0%	7.7%	1.6%	3.6%
・供与に伴う技術移転（試作や実証試験等）に時間がかかっており、まだ、供与までに至らない（時間浪費）	0.0%	0.0%	0.0%	4.8%	2.1%
・ロイヤリティー以外の契約条件で折り合いがつかなかった（契約条件）	3.2%	5.0%	0.0%	0.0%	1.4%
・相手先の技術消化力が低かった（技術消化力不足）	0.0%	10.0%	0.0%	0.0%	1.4%
・新技術が出現した（新技術）	3.2%	5.3%	0.0%	0.0%	1.3%
・相手先の秘密保持に信頼が置けなかった（機密漏洩）	3.2%	0.0%	0.0%	0.0%	0.7%
・相手先がグランド・バックを認めなかった（グラントバック）	0.0%	0.0%	0.0%	0.0%	0.0%
・交渉過程で不信感が生まれた（不信感）	0.0%	0.0%	0.0%	0.0%	0.0%
・競合技術に遅れをとった（競合技術）	0.0%	0.0%	0.0%	0.0%	0.0%
・その他	9.7%	0.0%	3.9%	15.8%	10.0%

その結果を、図5.2.2-4 ライセンス供与の不成功理由に示す。約66.7%は「相手先探し」と回答している。このことから、相手先を探す仲介者および仲介を行うデータベース等のインフラの充実が必要と思われる。電気系の「相手先探し」は73.0%を占めていて他の業種より多い。

図5.2.2-4 ライセンス供与の不成功理由

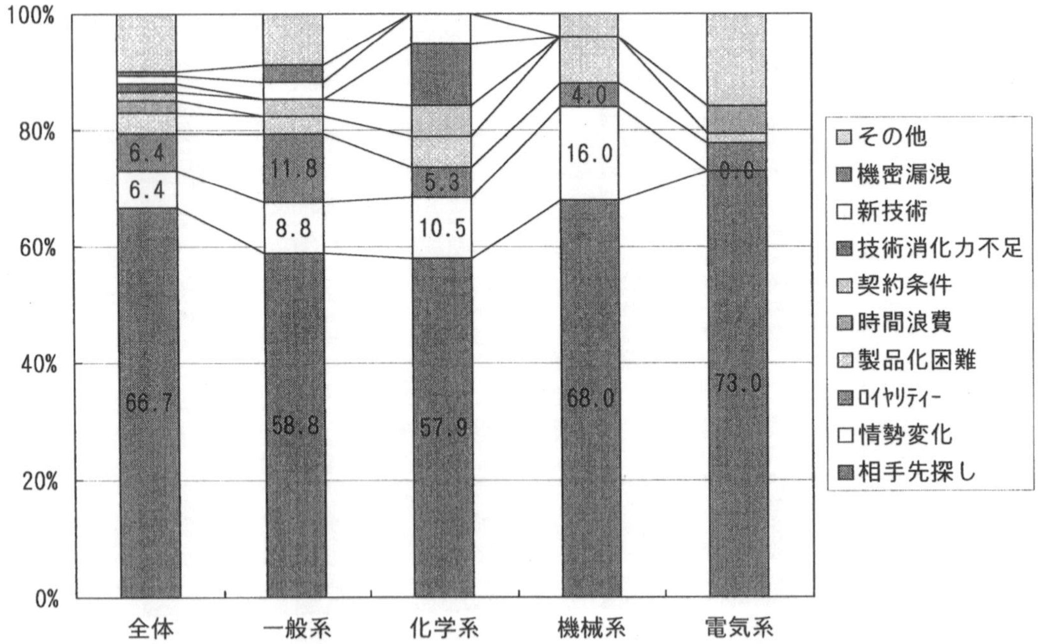

〔その他の内容〕
①単独での技術供与でない
②活動を開始してから時間が経っていない
③当該分野では未登録が多い（3件）
④市場未熟
⑤業界の動向（規格等）
⑥コメントなし（6件）

5.2.3 技術移転の対応
(1) 申し入れ対応
技術移転してもらいたいと申し入れがあった時、どのように対応するかを質問した。

質問内容	一般系	化学系	機械系	電気系	全体
・とりあえず、話を聞く(話を聞く)	44.3%	70.3%	54.9%	56.8%	55.8%
・積極的に交渉していく(積極交渉)	51.9%	27.0%	39.5%	40.7%	40.6%
・他社への特許ライセンスの供与は考えていないので、断る(断る)	3.8%	2.7%	2.8%	2.5%	2.9%
・その他	0.0%	0.0%	2.8%	0.0%	0.7%

その結果を、図5.2.3-1 ライセンス申し入れ対応に示す。「話を聞く」が55.8%であった。次いで「積極交渉」が40.6%であった。「話を聞く」と「積極交渉」で96.4%という高率であり、中小企業側からみた場合は、ライセンス供与の申し入れを積極的に行っても断られるのはわずか2.9%しかないということを示している。一般系の「積極交渉」が他の業種より高い。

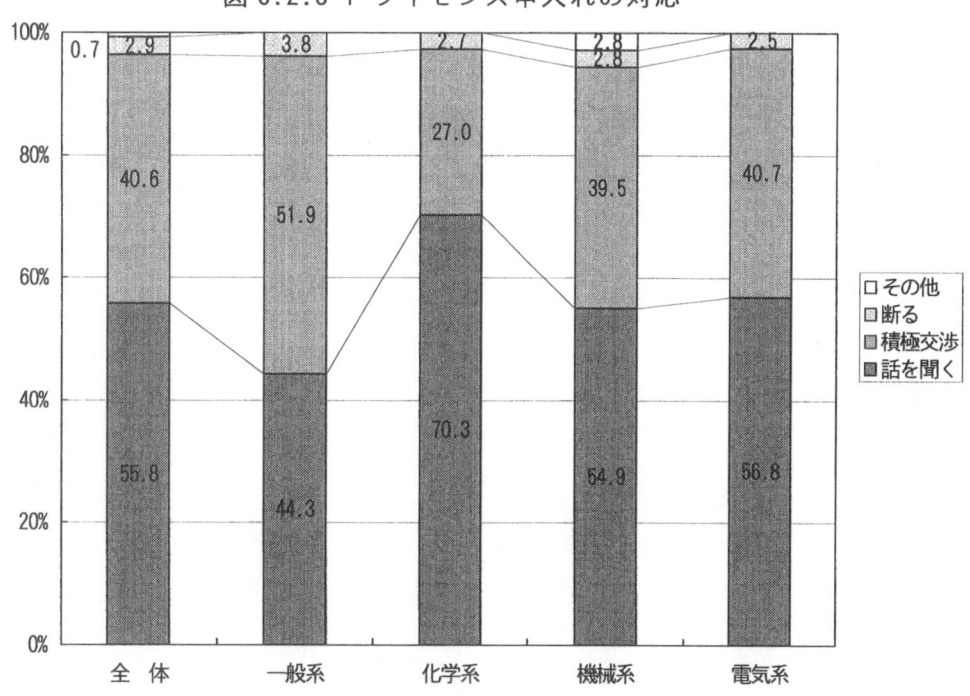

図 5.2.3-1 ライセンス申入れの対応

（2）仲介の必要性

ライセンスの仲介の必要性があるか質問をした。

質問内容	一般系	化学系	機械系	電気系	全体
・自社内にそれに相当する機能があるから不要（社内機能あるから不要）	36.6%	48.7%	62.4%	53.8%	52.0%
・現在はレベルが低いので不要（低レベル仲介で不要）	1.9%	0.0%	1.4%	1.7%	1.5%
・適切な仲介者がいれば使っても良い（適切な仲介者で検討）	44.2%	45.9%	27.5%	40.2%	38.5%
・公的支援機関に仲介等を必要とする（公的仲介が必要）	17.3%	5.4%	8.7%	3.4%	7.6%
・民間仲介業者に仲介等を必要とする（民間仲介が必要）	0.0%	0.0%	0.0%	0.9%	0.4%

図5.2.3-2に仲介の必要性の内訳を示す。「社内機能あるから不要」が52.0％を占め、最も多い。アンケートの配布先は大手企業が大部分であったため、自社において知財管理、技術移転機能が整備されている企業が50％以上を占めることを意味している。

次いで「適切な仲介者で検討」が38.5％、「公的仲介が必要」が7.6％、「民間仲介が必要」が0.4％となっている。これらを加えると仲介の必要を感じている企業は46.5％に上る。

自前で知財管理や知財戦略を立てることができない中小企業や一部の大企業では、技術移転・仲介者の存在が必要であると推測される。

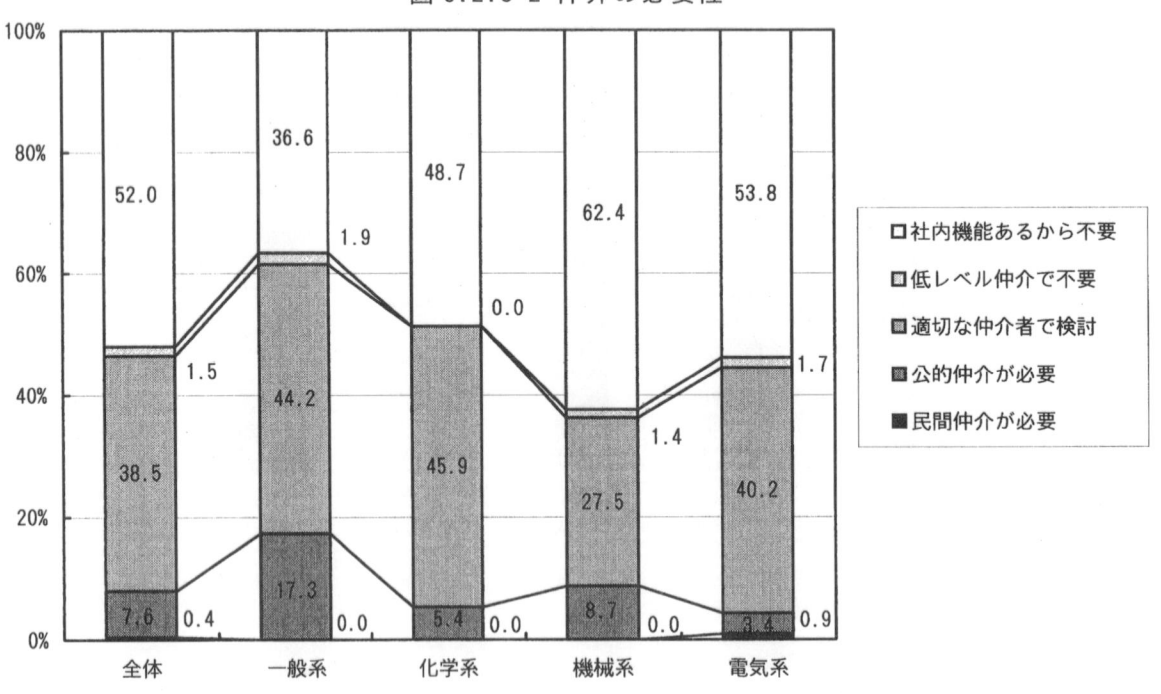

図5.2.3-2 仲介の必要性

5.2.4 具体的事例
(1) テーマ特許の供与実績

技術テーマの分析の対象となった特許一覧表を掲載し(テーマ特許)、具体的にどの特許の供与実績があるかを質問した。

質問内容	一般系	化学系	機械系	電気系	全体
・有る	12.8%	12.9%	13.6%	18.8%	15.7%
・無い	72.3%	48.4%	39.4%	34.2%	44.1%
・回答できない(回答不可)	14.9%	38.7%	47.0%	47.0%	40.2%

図 5.2.4-1 に、テーマ特許の供与実績を示す。

「有る」と回答した企業が 15.7%であった。「無い」と回答した企業が 44.1%あった。「回答不可」と回答した企業が 40.2%とかなり多かった。これは個別案件ごとにアンケートを行ったためと思われる。ライセンス自体、企業秘密であり、他者に情報を漏洩しない場合が多い。

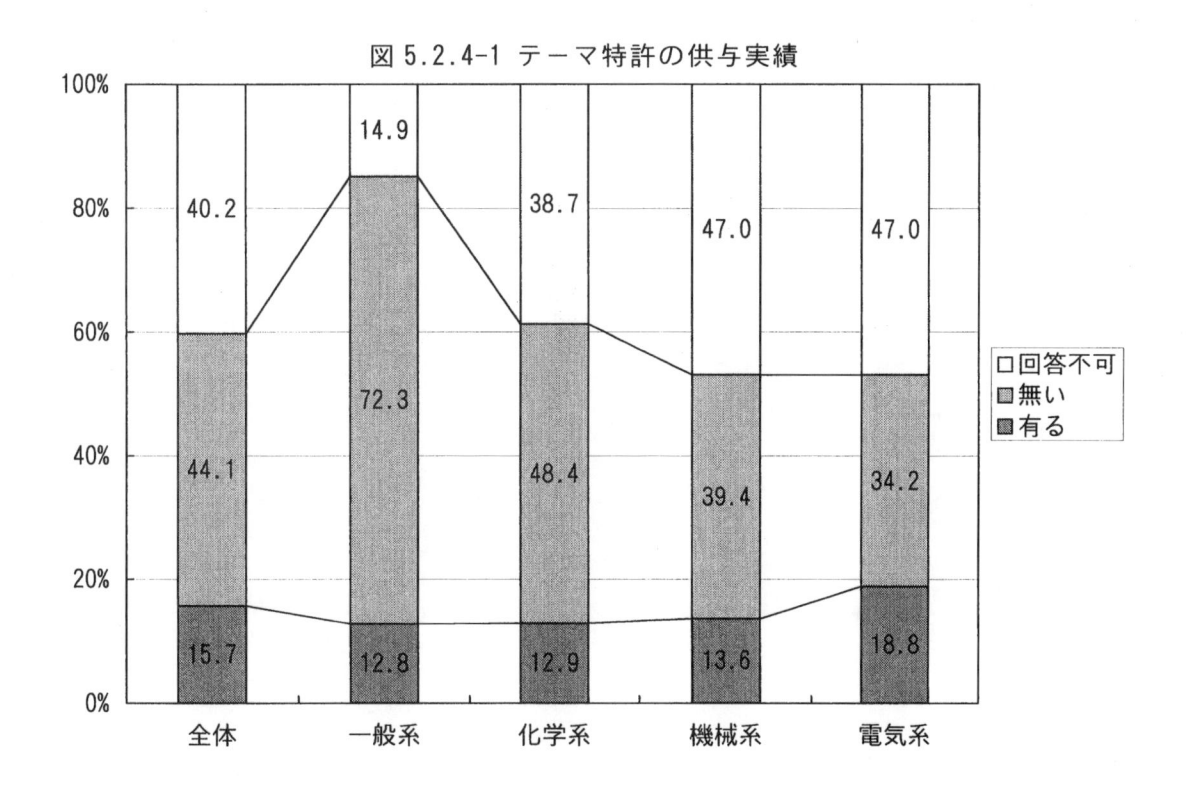

図 5.2.4-1 テーマ特許の供与実績

(2) テーマ特許を適用した製品

「特許流通支援チャート」に収蔵した特許（出願）を適用した製品の有無について質問した。

質問内容	一般系	化学系	機械系	電気系	全体
・回答できない(回答不可)	27.9%	34.4%	44.3%	53.2%	44.6%
・有る。	51.2%	43.8%	39.3%	37.1%	40.8%
・無い。	20.9%	21.8%	16.4%	9.7%	14.6%

図5.2.4-2に、テーマ特許を適用した製品の有無について結果を示す。

「有る」が40.8%、「回答不可」が44.6%、「無い」が14.6%であった。一般系と化学系で「有る」と回答した企業が多かった。

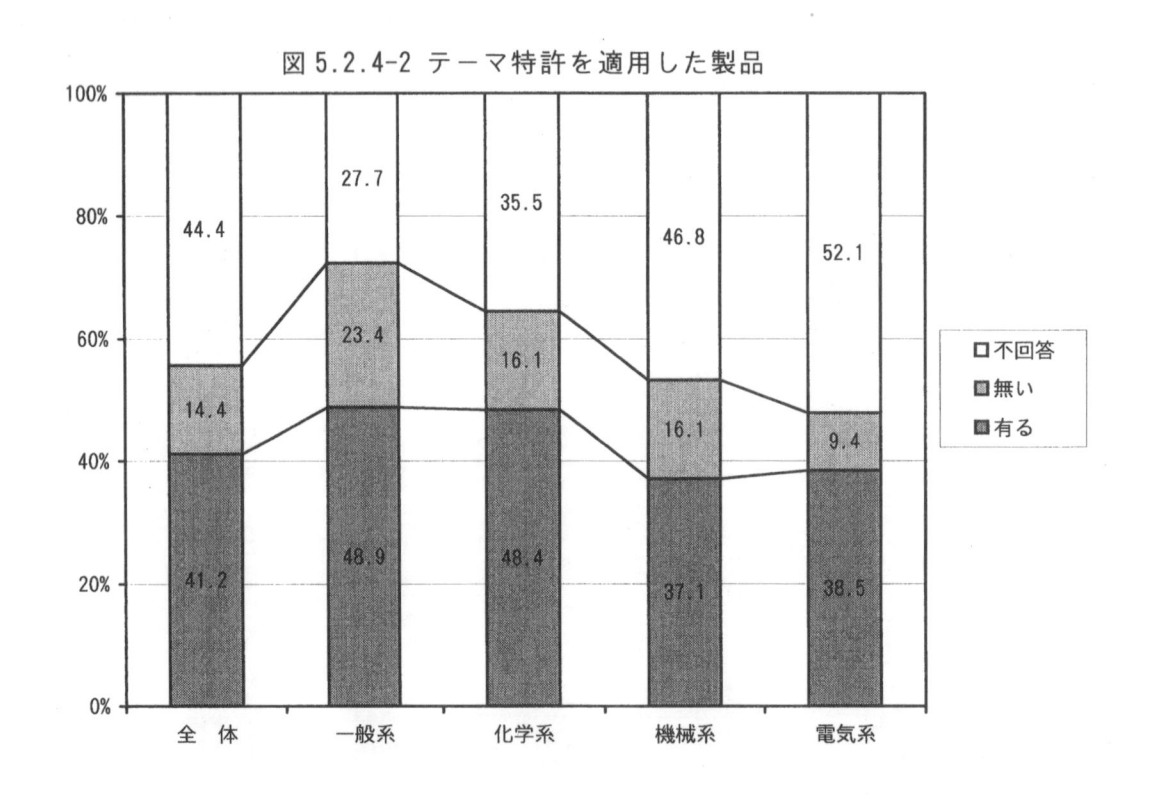

図5.2.4-2 テーマ特許を適用した製品

	全体	一般系	化学系	機械系	電気系
不回答	44.4	27.7	35.5	46.8	52.1
無い	14.4	23.4	16.1	16.1	9.4
有る	41.2	48.9	48.4	37.1	38.5

5.3 ヒアリング調査

アンケートによる調査において、5.2.2の(2)項でライセンス実績に関する質問を行った。その結果306件中295件の回答を得、そのうち「供与実績あり、今後も積極的な供与活動を実施したい」という回答が全テーマ合計で25.4%(延べ75出願人)あった。これから重複を排除すると43出願人となった。

この43出願人を候補として、ライセンスの実態に関するヒアリング調査を行うこととした。ヒアリングの目的は技術移転が成功した理由をできるだけ明らかにすることにある。

表5.3にヒアリング出願人の件数を示す。43出願人のうちヒアリングに応じてくれた出願人は11出願人(26.5%)であった。テーマ別且つ出願人別では延べ15出願人であった。ヒアリングは平成14年2月中旬から下旬にかけて行った。

表5.3 ヒアリング出願人の件数

ヒアリング候補出願人数	ヒアリング出願人数	ヒアリングテーマ出願人数
43	11	15

5.3.1 ヒアリング総括

表5.3に示したようにヒアリングに応じてくれた出願人が43出願人中わずか11出願人(25.6%)と非常に少なかったのは、ライセンス状況およびその経緯に関する情報は企業秘密に属し、通常は外部に公表しないためであろう。さらに、11出願人に対するヒアリング結果も、具体的なライセンス料やロイヤリティーなど核心部分については充分な回答をもらうことができなかった。

このため、今回のヒアリング調査は、対象母数が少なく、その結果も特許流通および技術移転プロセスについて全体の傾向をあらわすまでには至っておらず、いくつかのライセンス実績の事例を紹介するに留まらざるを得なかった。

5.3.2 ヒアリング結果

表5.3.2-1にヒアリング結果を示す。

技術移転のライセンサーはすべて大企業であった。

ライセンシーは、大企業が8件、中小企業が3件、子会社が1件、海外が1件、不明が2件であった。

技術移転の形態は、ライセンサーからの「申し出」によるものと、ライセンシーからの「申し入れ」によるものの2つに大別される。「申し出」が3件、「申し入れ」が7件、「不明」が2件であった。

「申し出」の理由は、3件とも事業移管や事業中止に伴いライセンサーが技術を使わなくなったことによるものであった。このうち1件は、中小企業に対するライセンスであった。この中小企業は保有技術の水準が高かったため、スムーズにライセンスが行われたとのことであった。

「ノウハウを伴わない」技術移転は3件で、「ノウハウを伴う」技術移転は4件であった。

「ノウハウを伴わない」場合のライセンシーは、3件のうち1件は海外の会社、1件が

中小企業、残り1件が同業種の大企業であった。

　大手同士の技術移転だと、技術水準が似通っている場合が多いこと、特許性の評価やノウハウの要・不要、ライセンス料やロイヤリティー額の決定などについて経験に基づき判断できるため、スムーズに話が進むという意見があった。

　中小企業への移転は、ライセンサーもライセンシーも同業種で技術水準も似通っていたため、ノウハウの供与の必要はなかった。中小企業と技術移転を行う場合、ノウハウ供与を伴う必要があることが、交渉の障害となるケースが多いとの意見があった。

　「ノウハウを伴う」場合の4件のライセンサーはすべて大企業であった。ライセンシーは大企業が1件、中小企業が1件、不明が2件であった。

　「ノウハウを伴う」ことについて、ライセンサーは、時間や人員が避けないという理由で難色を示すところが多い。このため、中小企業に技術移転を行う場合は、ライセンシー側の技術水準を重視すると回答したところが多かった。

　ロイヤリティーは、イニシャルとランニングに分かれる。イニシャルだけの場合は4件、ランニングだけの場合は6件、双方とも含んでいる場合は4件であった。ロイヤリティーの形態は、双方の企業の合意に基づき決定されるため、技術移転の内容によりケースバイケースであると回答した企業がほとんどであった。

　中小企業へ技術移転を行う場合には、イニシャルロイヤリティーを低く抑えており、ランニングロイヤリティーとセットしている。

　ランニングロイヤリティーのみと回答した6件の企業であっても、「ノウハウを伴う」技術移転の場合にはイニシャルロイヤリティーを必ず要求するとすべての企業が回答している。中小企業への技術移転を行う際に、このイニシャルロイヤリティーの額をどうするか折り合いがつかず、不成功になった経験を持っていた。

表5.3.2-1 ヒアリング結果

導入企業	移転の申入れ	ノウハウ込み	イニシャル	ランニング
—	ライセンシー	○	普通	—
—	—	○	普通	—
中小	ライセンシー	×	低	普通
海外	ライセンシー	×	普通	—
大手	ライセンシー	—	—	普通
大手	ライセンシー	—	—	普通
大手	ライセンシー	—	—	普通
大手	—	—	—	普通
中小	ライセンサー	—	—	普通
大手	—	—	普通	低
大手	—	○	普通	普通
大手	ライセンサー	—	普通	—
子会社	ライセンサー	—	—	—
中小	—	○	低	高
大手	ライセンシー	×	—	普通

＊特許技術提供企業はすべて大手企業である。

（注）
　ヒアリングの結果に関する個別のお問い合わせについては、回答をいただいた企業とのお約束があるため、応じることはできません。予めご了承ください。

6. 特許番号一覧

　半導体洗浄と環境適応技術に関する出願件数上位55社の出願リストを、技術要素毎に階層化した技術開発課題に対応させて以下に示す。公報番号後の（）内の数字は上位企業55社の企業のno.に対応し、第2章の主要企業21社で取り上げた出願との重複分は除いている。

　なお、特許・実用新案に対しライセンスできるかどうかは各企業の状況により異なる。

半導体洗浄と環境適応技術に関する公報一覧表（1/10）

技術要素		課題	特許番号（出願人）	発明の名称：概要
ウエット洗浄	有機系	洗浄高度化：有機物除去	特開平11-90365(29)	部品の洗浄方法
			特許3011492(29)	エッチング方法
			特許2983356(29)	半導体素子の製造方法
			特開2001-152190(32)	レジスト除去用組成物及びこれを用いたレジスト除去方法
			特開平7-118693(35)	感光剤製造装置の洗浄液及びそれを用いた洗浄方法、並びに、レジスト液調製装置の洗浄液及びそれを用いた洗浄方法
		洗浄高度化：その他	特開平11-102890(40)(43)	シリコン基板の洗浄方法
		環境対応：オゾン層破壊防止	特許2763083(28)	フッ素系洗浄溶剤組成物
			特許2651652(28)	フッ素化アルコール系洗浄剤
			特開平11-16878(40)	残留フラックス洗浄プロセス
		環境対応：安全性向上	特許2769406(25)	半導体基板の洗浄方法
			特開平8-211592(31)	洗浄乾燥方法及び洗浄乾燥装置
			特開平8-211592(31)	洗浄乾燥方法及び洗浄乾燥装置
			特開平7-74136(47)	エレクトロニクス用洗浄液
			特開平8-165495(47)	ポリイミド洗浄用溶剤
	水系	洗浄高度化：パーティクル除去	特許3046208(15)	シリコンウエハおよびシリコン酸化物の洗浄液
			特許2857042(15)	シリコン半導体およびシリコン酸化物の洗浄液
			特開平9-279189(15)	半導体基板用洗浄液
			特開平8-330264(15)	ウェハ洗浄装置
			特開平7-193204(15)	半導体基板の製造方法
			特開平11-97400(15)	半導体ウエハの化学機械研磨後の基板洗浄方法
			特開2000-40684(17)	洗浄装置
			特許2644052(20)	半導体ウエーハの洗浄方法
			特開平10-261607(20)	半導体基板の洗浄液及びその洗浄方法
			特許2893676(25)	シリコンウェーハのHF洗浄方法
			特許3119289(25)	半導体ウェーハの洗浄方法
			特開平10-298589(26)	洗浄液及び洗浄方法
			特許3187405(26)	高温・高圧洗浄方法及び洗浄装置
			特開平5-7705(26)	純水供給システム及び洗浄方法
			特開平11-307497(26)	洗浄方法
			特許3140556(29)	半導体ウエハの洗浄方法
			特許3192610(30)	多孔質表面の洗浄方法、半導体表面の洗浄方法および半導体基体の製造方法
			特開平9-181028(32)	半導体素子の洗浄液
			特開平10-50647(32)	洗浄溶液およびそれを用いた洗浄方法
			特開平10-321576(35)	電子部品用洗浄液
			特開2001-7072(35)	洗浄液
			特開平9-36079(39)	ウエット処理方法及び処理装置
			特開平10-64867(39)	電子部品部材類の洗浄方法及び洗浄装置
			特許2787788(40)	異物粒子の除去方法
			特開平11-283953(45)	半導体ウエハの洗浄液及びその洗浄方法
			特許3190221(53)	精密部品表面の微粒子汚れの洗浄方法
		洗浄高度化：有機物除去	特開平9-246222(18)	半導体装置の洗浄剤および半導体装置の製造方法
			特開平7-324199(22)	洗浄組成物およびそれを用いた半導体基板の洗浄方法

半導体洗浄と環境適応技術に関する公報一覧表 (2/10)

技術要素	課題		特許番号（出願人）	発明の名称：概要
ウェット洗浄	水系	洗浄高度化：有機物除去	特開平8-306651(22)	アルカリ性洗浄組成物及びそれを用いた基板の洗浄方法
			特開平8-181137(26)	酸化膜及びその形成方法、並びに半導体装置
			特開平8-187474(26)	洗浄方法
			特開平10-27771(26)	洗浄方法及び洗浄装置
			特開平11-74249(32)	半導体装置のコンタクトホール洗浄方法
			特開平10-321576(35)	電子部品用洗浄液
			特開平9-36079(39)	ウエット処理方法及び処理装置
			特許3181264(40)(43)	無機ポリマ残留物を除去するためのエッチング水溶液及びエッチング方法
			特開平10-32185(49)	P型シリコンを清浄にする方法
		洗浄高度化：金属除去	特公平8-18920(15)	シリコンウェハの洗浄方法
			特公平6-91061(15)	シリコンウエハの洗浄方法
			特許2893492(20)	シリコンウェーハの洗浄方法
			特開平11-114510(26)(30)	温純水を用いた物品の洗浄方法
			特許2843946(34)	シリコン基板表面の清浄化方法
			特開平10-209106(50)	半導体基板の洗浄方法および洗浄装置
		洗浄高度化：ハロゲン除去	特許2807069(18)	半導体装置の製造方法
		洗浄高度化：その他	特開平11-251280(15)	半導体基板の洗浄方法
			特許2689007(20)	シリコンウエーハおよびその製造方法
			特公平7-38382(25)	シリコンウェハの洗浄装置
			特開平10-128253(39)	電子部品部材類の洗浄方法及び洗浄装置
			特開平9-190994(49)	ケイ酸残留物の生成を防止のためのフッ酸処理後の脱イオン水／オゾン洗浄
		環境対応：オゾン層破壊防止	特開平4-354334(26)	半導体の洗浄方法及び洗浄装置
		環境対応：安全性向上	特公平7-114191(17)(44)	洗浄方法
			特開2000-286221(17)	洗浄方法及び装置
			特開平10-112451(25)	半導体基板洗浄剤
			特開平6-61217(49)	金属汚染物の除去方法
			特開2000-277476(53)	半導体ウェーハ洗浄装置
		コスト低減：ランニングコスト	特開平8-203854(15)	半導体ウェハの洗浄方法
			特開平7-6990(18)	ウエハの洗浄処理方法
			特許2749938(20)	半導体ウエーハの洗浄方法
			特許2893493(20)	シリコンウェーハの洗浄方法
			特許2688293(20)	ウェーハの表面洗浄方法
			特開平6-236867(20)	ウェーハエッチングの前処理方法
			特開平8-17776(20)	シリコンウェーハの洗浄方法
			特開平10-308373(20)	シリコンウエーハおよびその洗浄方法
			特開2000-277473(20)	シリコンウェーハの洗浄方法
			特開2000-138198(20)	半導体基板の洗浄方法
			特開平7-324198(22)	洗浄組成物及びそれを用いた半導体基板の洗浄方法
			特許2832171(25)	半導体基板の洗浄装置および洗浄方法
			特開平8-213354(25)(26)	シリコン単結晶ウエーハの洗浄方法および洗浄装置
			特開平9-260328(25)	シリコンウエーハ表面の処理方法
			特開2000-21842(25)	珪素半導体単結晶基板の処理方法
			特開2000-315668(25)	ウェーハの研磨方法、洗浄方法及び保護膜
			特許2792550(26)	エッチング剤
			特開平7-14817(26)	回転薬液洗浄方法及び洗浄装置
			特開平8-187476(26)	洗浄方法及び装置
			特開平9-24350(26)(39)	ウエット処理方法及び処理装置
			特開平9-194887(26)	洗浄液および洗浄方法
			特開平9-129584(27)	半導体基板の洗浄装置
			特開平11-307496(29)	半導体装置の洗浄方法および半導体装置洗浄用超純水
			特許3187109(30)	半導体部材およびその製造方法
			特開平9-246221(32)	半導体基板の洗浄液及びこれを使用する洗浄方法
			特開2001-144064(32)	半導体基板用洗浄液及び洗浄方法

半導体洗浄と環境適応技術に関する公報一覧表（3/10）

技術要素		課題	特許番号（出願人）	発明の名称：概要
ウェット洗浄	水系	コスト低減：ランニングコスト	特開平9-59685(32)	半導体装置の洗浄に使用される洗浄液及びこれを用いた洗浄方法
			特開平11-54473(32)	半導体装置製造のための洗浄用組成物及びこれを利用した半導体装置の製造方法
			特開2000-150444(32)	洗浄方法及びそれを行うための洗浄装置
			特開平11-74192(32)	半導体装置の製造方法
			特開平5-136112(37)	シリコン基板の洗浄方法
			特開平10-128254(39)	電子部品部材類の洗浄方法及び洗浄装置
			特開平10-261687(39)	半導体等製造装置
			特開2001-53052(43)	半導体ウェーハの化学洗浄方法
			特開平10-276055(45)	薄膜素子の製造方法
			特開平9-148292(47)	アッシング工程洗浄剤
			特開2000-286222(49)	半導体基板の表面における金属汚染を低減する方法及び化学溶液
			特開平8-264499(50)	シリコンウェーハ用洗浄液及び洗浄方法
			特開平8-264498(50)	シリコンウェーハの清浄化方法
			特開平9-251972(50)	電子デバイス用基板の清浄化処理法
			特開2001-203182(50)	物品表面の清浄化方法およびそのための清浄化装置
			特開平6-120189(55)	半導体ウエハ洗浄用薬液の管理方法
		コスト低減：設備コスト	特許2863415(20)	半導体ウェーハのエッチングの後処理方法
			特開平10-209100(20)	半導体基板の洗浄方法
			特許2832173(25)	半導体基板の洗浄装置および洗浄方法
			特開2000-226599(32)	集積回路の基板表面の不純物を除去するための洗浄水溶液及びこれを用いた洗浄方法
	活性剤添加	洗浄高度化：パーティクル除去	特許2914555(25)	半導体シリコンウェーハの洗浄方法
			特開2000-200766(35)	電子部品用洗浄液
			特開2001-214199(35)	電子部品洗浄液
			特開平11-145095(35)	電子部品用洗浄液
			特開2001-26890(35)	金属の腐食防止剤及びこれを含む洗浄液組成物およびこれを用いる洗浄方法
		洗浄高度化：有機物除去	特開2001-107081(35)	半導体装置用洗浄剤および半導体装置の製造方法
		洗浄高度化：金属除去	特許2599021(15)	シリコンウエハのエッチング方法および洗浄方法
			特許3198878(22)	表面処理組成物及びそれを用いた基体の表面処理方法
			特開平10-265798(22)	表面処理組成物及びそれを用いた基体の表面処理方法
			特許3183174(22)	基体の表面処理方法及びそれに用いる有機錯化剤含有アンモニア水溶液
			特開平9-298180(35)	シリコンウエハーの洗浄方法
			特公平7-60929(40)	電子構成部品における腐食抑制方法
			特開平10-275795(43)	シリコーンウェハの表面上での金属汚染を減少させる方法および変性クリーニング溶液
			特開平8-31784(43)	シリコンウェーハの表面上の金属汚染の減少法および変性された洗浄液
			特開平9-7990(45)	半導体ウエハの洗浄方法
			特開平9-275084(49)	半導体基板の洗浄方法
			特許2866161(50)	洗浄液用添加剤
			特開平7-142436(50)	シリコンウェーハ洗浄液及び該洗浄液を用いたシリコンウェーハの洗浄方法
			特許3061470(50)	表面処理方法及び処理剤
			特許3174823(50)	シリコンウェーハの洗浄方法
			特開平10-321590(50)	表面処理方法及び処理剤
		環境対応：安全性向上	特開2000-273663(35)	金属の腐食防止剤及び洗浄液
		コスト低減：ランニングコスト	特開平6-199504(22)	低表面張力硫酸組成物
			特開平7-62386(22)	低表面張力硫酸組成物
			特開平8-306650(22)	基板の洗浄方法及びそれに用いるアルカリ性洗浄組成物
			特開平9-82676(22)	表面処理組成物及びそれを用いた基体の表面処理方法

半導体洗浄と環境適応技術に関する公報一覧表（4/10）

技術要素	課題		特許番号（出願人）	発明の名称：概要
ウェット洗浄	活性剤添加	コスト低減：ランニングコスト	特開平9-82677(22)	表面処理組成物及びそれを使用する表面処理方法
			特開平9-100494(22)	表面処理組成物及び基体の表面処理方法
			特開平9-241612(22)	表面処理組成物及び表面処理方法
			特開平10-17533(22)	高純度エチレンジアミンジオルトヒドロキシフェニル酢酸及びそれを用いた表面処理組成物
			特開平9-111224(22)	表面処理組成物及びそれを用いた基体表面処理方法
			特開平9-157692(22)	表面処理組成物及び基体表面処理方法
			特開平9-67688(22)	基体の表面処理組成物及び表面処理方法
			特開平8-306655(26)	洗浄装置及び洗浄方法
			特許3198899(26)(39)	ウエット処理方法
			特許3056431(32)	研磨工程後処理用の洗浄溶液及びこれを用いた半導体素子の洗浄方法
			特開平10-125642(32)	洗浄溶液及びこれを用いた洗浄方法
			特開平8-111407(43)	半導体結晶表面汚染の湿式化学的除去方法
			特開平11-74246(43)	半導体ウエハ上のウオータマーク形成を減らす方法
			特開平7-115078(53)	基板の処理方法およびその装置
		コスト低減：設備コスト	特開平10-209099(20)	半導体基板の洗浄方法
	その他	洗浄高度化：パーティクル除去	特開平5-13393(29)	洗浄方法
			特開平10-125644(40)	クリーンプレシジョン面形成方法
			特開平10-135170(49)	無機汚染除去方法
			特開平8-57437(49)	音波による超臨界流体中での粒子除去法
		洗浄高度化：金属除去	特開平10-135170(49)	無機汚染除去方法
		洗浄高度化：ハロゲン除去	特開平10-135170(49)	無機汚染除去方法
		洗浄高度化：その他	特開平10-135170(49)	無機汚染除去方法
ドライ洗浄	不活性ガス	洗浄高度化：パーティクル除去	特許3036366(20)	半導体シリコンウェハの処理方法
			特開平7-96259(26)	基体表面からの気相ゴミ除去装置及び除去方法並びにプロセス装置及びプロセスライン
			特開平8-222538(29)	半導体ウエハ面のパーティクルの除去装置及びそれを用いた半導体ウエハ面のパーティクルの除去方法
			特開平9-306883(29)	半導体製造装置
			特開平8-111358(37)	半導体装置の製造装置と製造方法
			特開平11-253897(39)	除塵装置
			特開平8-335563(40)	皮膜除去方法および装置
			特公平7-60813(40)	汚染除去装置及び方法
			特開平11-288913(43)	基板清浄アセンブリー及び基板清浄方法
		洗浄高度化：有機物除去	特開平7-96259(26)	基体表面からの気相ゴミ除去装置及び除去方法並びにプロセス装置及びプロセスライン
			特開平10-308372(29)	ゲート酸化膜表面の有機物汚染清浄化方法
			特開平8-335563(40)	皮膜除去方法および装置
		洗浄高度化：金属除去	特開平7-96259(26)	基体表面からの気相ゴミ除去装置及び除去方法並びにプロセス装置及びプロセスライン
			特開平8-335563(40)	皮膜除去方法および装置
			特許2533834(41)	基板表面から金属含有汚染物質を除去する方法及びこれに用いるガス状清浄剤
		洗浄高度化：その他	特開平10-233380(25)	シリコン単結晶の表面処理方法及びシリコン単結晶薄膜の製造方法
			特許2634693(26)	ウエハのクリーニングシステム
			特開2000-188275(43)	ウェハー洗浄装置
			特許3040788(53)	洗浄乾燥装置
		コスト低減：ランニングコスト	特開2001-226774(17)	反応副生成物の配管内付着防止装置及び付着防止方法
			特開2000-150439(17)	洗浄装置
			特許3117059(28)	酸化シリコンのクリーニング方法
			特開平9-260324(32)	ウェーハキャリヤの乾式洗浄装置

250

半導体洗浄と環境適応技術に関する公報一覧表 (5/10)

技術要素		課題	特許番号（出願人）	発明の名称：概要
ドライ洗浄	不活性ガス	コスト低減：ランニングコスト	特許2989565(43)	半導体基板周縁部の破損区域のエッチング方法及び装置
			特許2702697(54)	処理装置および処理方法
			特開平8-274052(54)	板状物の洗浄方法および装置
		コスト低減：設備コスト	特許2783485(28)	三フッ化塩素ガスの除去方法
	蒸気	洗浄高度化：パーティクル除去	特許3040307(15)	蒸気洗浄方法
			特許2567341(40)(41)	窒素エーロゾルを用いる表面清浄方法
		洗浄高度化：有機物除去	特開2000-91288(50)	高温霧状硫酸による半導体基板の洗浄方法及び洗浄装置
		洗浄高度化：金属除去	特許3040307(15)	蒸気洗浄方法
			特開平11-251275(30)	研磨装置、研磨装置用の洗浄装置、研磨・洗浄方法並びに配線部の作製方法
			特許2519625(41)	基板表面からの金属含有汚染物の除去剤と洗浄法
			特許2804870(41)	金属含有汚染物除去用洗浄剤と汚染物洗浄法
			特許3101975(41)	シリコンからのSiO_2／金属の気相除去
			特開平10-99806(49)	化学的誘導及び抽出による無機汚染物質の除去方法
			特開2000-91288(50)	高温霧状硫酸による半導体基板の洗浄方法及び洗浄装置
		洗浄高度化：その他	特許3040306(15)	蒸気洗浄装置
			特開平8-31795(15)	半導体ウェハの処理装置
			特公平7-38382(25)	シリコンウェハの洗浄装置
			特開平9-17766(27)	基板の洗浄方法
			特開平7-263402(29)	半導体ウェハの洗浄方法
			特開2000-277475(30)	貼り合わせ基板の作製方法
			特開2000-277479(30)	多孔質体の洗浄方法
			特開平6-260470(49)	パターンに作成された金属層の清浄化法
		コスト低減：ランニングコスト	特開平8-115895(27)	基板の洗浄方法
			特開平8-64666(37)	基板収納容器及び基板処理方法
	プラズマ	洗浄高度化：パーティクル除去	特許3025156(28)	成膜装置のクリーニング方法
		洗浄高度化：有機物除去	特開平10-106924(34)	X線リソグラフィ用マスクの清浄化法及びそれに用い得るX線リソグラフィ用マスク清浄化装置
			特開2001-110786(43)	ビアエッチングによるレジデューの除去方法
			特開平6-112188(53)	プラズマスピンドライ装置
		洗浄高度化：金属除去	特開平8-139070(54)	半導体製造装置
		洗浄高度化：ハロゲン除去	特開平10-189554(49)	脱弗素処理
		洗浄高度化：その他	特開平10-106798(17)	高速原子線源
			特開平7-66179(18)	半導体装置の製造方法
			特開平10-98019(18)	表面清浄化方法
			特開平11-199217(18)	金属シリコンからのボロン除去方法
			特許2950785(28)	酸化膜のドライエッチング方法
			特開平8-17773(30)	酸素除去方法、及び汚染物除去方法、及びそれらを用いた化合物半導体デバイスの成長方法、及びそれに用いる成長装置
			特開2000-150479(30)	プラズマ処理装置及び処理方法
			特開平7-254602(32)	半導体装置の製造方法
			特開2000-236021(32)	半導体装置のコンタクトホール埋め込み方法
			特開平8-172067(34)	半導体基板の処理方法
			特開平8-107144(37)	半導体装置の製造方法
			特開平8-78187(37)	プラズマ処理装置
			特開平7-147221(45)	半導体装置の製造方法
			特開平11-111988(45)	薄膜半導体装置の製造方法
			特許3211227(46)	GaAs層の表面安定化方法、GaAs半導体装置の製造方法および半導体層の形成方法
		環境対応：処理容易化	特許3014368(28)	クリーニングガス

半導体洗浄と環境適応技術に関する公報一覧表（6/10）

技術要素	課題	特許番号（出願人）	発明の名称：概要
ドライ洗浄	プラズマ	コスト低減：ランニングコスト	特開平9-55372(15)	プラズマ処理装置
			特開2001-93871(26)	プラズマ加工装置、製造工程およびそのデバイス
			特許2669249(27)	プラズマ処理装置及び該装置のクリーニング方法
			特許2618817(28)(51)	半導体製造装置でのノンプラズマクリーニング方法
			特開平11-181421(28)	フッ化アンモニウムの付着した基体のクリーニング方法
			特開2000-265275(28)	クリーニング方法
			特許3007032(28)	タングステン及びタングステン化合物成膜装置のガスクリーニング方法
			特開平9-222744(30)	電子写真感光体製造方法および装置
			特開平8-288247(31)	プラズマクリーニング機構を備えた電子線装置
			特許2692707(41)	トリフルオロ酢酸及びその誘導体を使用するプラズマエッチング法
			特開平5-267256(43)	反応室の洗浄方法
			特開平8-203863(45)	半導体装置の製造方法
			特開2000-174057(45)	プラズマ洗浄装置およびその運転方法
			特開2000-173967(45)	プラズマ洗浄装置の基板搬送機構
			特開平8-49080(52)	プラズマCVD装置に於けるガスクリーニング方法
			特開平10-178003(52)	プラズマ処理装置
			特開平10-251859(52)	プラズマCVD装置に於けるガスクリーニング方法
			特開平9-148310(54)	半導体製造装置およびそのクリーニング方法ならびに半導体ウエハの取り扱い方法
			特開平8-31595(54)	半導体装置の製造方法
			特許2658563(55)	マイクロ波プラズマドライクリーニングの方法
			特開平4-253330(55)	ウエーハ処理装置のドライクリーニング方法
			特開平5-90180(55)	プラズマCVD処理装置のドライクリーニング方法
			特開平6-310588(55)	プラズマ処理装置および該装置におけるドライクリーニング方法
	紫外線等	洗浄高度化：パーティクル除去	特許3062337(29)	異物の除去方法
			特開平9-186122(30)	光電変換素子の製造方法
			特許2727481(30)	液晶素子用ガラス基板の洗浄方法
			特開2000-176671(31)	異物除去方法及び異物除去装置
			特開2000-208463(31)	異物除去方法及び異物除去装置
			特開平11-26409(31)	洗浄装置
			特開平11-26410(31)	洗浄装置
			特開平11-26411(31)	洗浄装置
			特開平6-296944(44)	固体表面の清浄化方法及び装置
			特開平11-295500(48)	紫外線照射装置
			特開2001-179198(48)	乾式洗浄装置
		洗浄高度化：有機物除去	特開平11-40525(25)	珪素系半導体基板の清浄化方法
			特開平10-242098(29)	ウエハ清浄化装置及びウエハ清浄化方法
			特開2001-217222(29)	半導体装置の製造方法および半導体製造装置
			特開平8-64509(30)	レジスト分解方法及び分解装置
			特開2000-202383(30)	基板の洗浄方法
			特開平11-10101(31)	光洗浄装置
			特開平7-335683(37)	ワイヤボンディング方法及び装置
			特開平9-270403(39)	基体の処理方法
			特開平9-270404(39)	基体の処理方法
			特開平11-337714(40)	カラー・フィルター用ガラス基板のための洗浄方法
			特開平6-296944(44)	固体表面の清浄化方法及び装置
			特許3059647(48)	半導体の処理方法
			特開2000-294530(48)	半導体基板の洗浄方法及びその洗浄装置
			特開2001-179198(48)	乾式洗浄装置
			特開平9-120950(53)	紫外線洗浄装置
		洗浄高度化：金属除去	特開平11-40525(25)	珪素系半導体基板の清浄化方法
			特許3059647(48)	半導体の処理方法
		洗浄高度化：その他	特許2887618(25)	半導体ウェーハ表面の分析方法
			特開平6-312130(48)	誘電体バリヤ放電ランプを使用した洗浄方法
			特開平6-312131(48)	誘電体バリヤ放電ランプを使用した洗浄方法

半導体洗浄と環境適応技術に関する公報一覧表 (7/10)

技術要素	課題	特許番号（出願人）	発明の名称：概要
ドライ洗浄	紫外線等	コスト低減：ランニングコスト	特開平6-29269(18)	半導体基板の洗浄方法
			特開平11-288870(31)	露光装置
			特開2001-191044(39)	UV処理方法ならびに洗浄方法、および洗浄装置
			特許3085128(48)	光洗浄方法
			特許2978620(48)	レジスト膜のアッシング装置
			特許3178144(48)	誘電体バリヤ放電ランプを使用した灰化装置
			特開2000-107716(53)	紫外線洗浄装置
			特許3167625(53)	基板のウェット洗浄方法
			特許2702699(54)	処理装置
			特許2656232(54)	処理装置
		コスト低減：設備コスト	特開2000-279904(17)	基板表面の洗浄方法
			特開2000-107706(26)(39)	洗浄装置
			特開平10-275788(35)	半導体装置の製造方法及び半導体装置の製造装置
			特開2001-129391(48)	誘電体バリア放電ランプを使った処理装置
	その他	洗浄高度化：パーティクル除去	特開2000-114139(31)	微粒子除去装置
			特開平10-64862(31)	洗浄装置
			特開平10-64863(31)	基板洗浄装置
			特開平10-64864(31)	洗浄装置
			特開2000-156354(32)	タングステンシリサイド蒸着工程における微粒子汚染物を除去するための方法及び装置
			特開平10-270405(32)	半導体素子用インサイチュ洗浄装置及びこれを利用した半導体素子の洗浄方法
			特開平8-252549(49)	基板から汚染物を取り除く方法
		洗浄高度化：有機物除去	特開平9-213664(26)(39)	基体の処理方法及び処理装置
			特開平9-270405(26)(39)	基体の処理方法
			特開平11-44443(29)	クリーンルーム、半導体素子製造方法、半導体素子製造用処理室、半導体素子製造装置および半導体素子用部材の洗浄方法
			特開2000-311940(30)	処理装置及び半導体装置の製造方法
			特開2000-114208(30)	透明絶縁物の洗浄装置
			特開平11-214345(31)	光洗浄装置とその装置を用いた仮保護膜形成方法
			特開平10-270405(32)	半導体素子用インサイチュ洗浄装置及びこれを利用した半導体素子の洗浄方法
			特開2000-244016(46)	発光素子用基板の清浄方法、発光素子の製造方法、発光素子用基板の清浄装置および発光素子用基板の表面平滑度向上方法
			特開2001-118819(46)	化合物半導体基板の表面清浄化方法、表面平滑度向上方法および清浄化装置
		洗浄高度化：金属除去	特開平10-270405(32)	半導体素子用インサイチュ洗浄装置及びこれを利用した半導体素子の洗浄方法
		洗浄高度化：その他	特許2807069(18)	半導体装置の製造方法
			特許3048089(25)	シリコン単結晶ウェーハの処理方法
			特開平11-40540(25)	珪素単結晶基板表面の平滑化方法
			特開平8-250459(34)	半導体のエッチング方法およびそれを用いた薄膜形成方法
			特許2939495(34)	半導体表面処理方法
			特許3092821(34)	化合物半導体表面構造およびその製造方法
			特開平8-255777(46)	半導体基板の清浄化方法
			特開平9-293701(49)	半導体を製造する方法
			特許2536796(53)	洗浄装置
		環境対応：無害化	特許2904723(28)	クリーニングガス
			特開平10-303181(36)	乾式プロセスガス
		コスト低減：ランニングコスト	特許3056675(17)	薄膜形成装置のClF$_3$によるクリーニングの終点検知法
			特開平9-186107(18)	処理ガス供給装置のクリーニング方法
			特開平7-14817(26)	回転薬液洗浄方法及び洗浄装置
			特開平9-148255(27)	反応容器内のクリーニング方法
			特許2746448(28)	混合ガス組成物
			特許2833684(28)	薄膜形成装置のクリーニング方法
			特許2836891(28)	フッ化塩素ガスによるSiO$_2$のクリーニング方法
			特許2776696(28)	窒化珪素のクリーニング方法

253

半導体洗浄と環境適応技術に関する公報一覧表（8/10）

技術要素		課題	特許番号（出願人）	発明の名称：概要
ドライ洗浄	その他	コスト低減：ランニングコスト	特開平11-224839(30)	露光装置とデバイス製造方法、ならびに該露光装置の光学素子クリーニング方法
			特開平10-64789(31)	荷電粒子線照射装置
			特開平8-124870(52)	半導体製造装置のドライクリーニング方法
			特開平8-31756(52)	半導体製造装置
			特開平8-97207(52)	酸化装置の排気装置
			特開平9-97767(52)	半導体製造装置の縦型炉
		コスト低減：設備コスト	特開平10-83899(17)	中性粒子線源
			特開平10-18063(36)	エッチング及びクリーニング装置
廃水処理		低・無害化：フッ素、有機化合物（その他）	特開平11-300110(25)	半導体製造用排水の汚泥処理装置
		低・無害化：フッ素、（その他）	特開2001-121152(17)	電気式脱塩装置
		低・無害化：過酸化水素、（その他）	特許3047622(25)	過酸化水素含有排水の処理方法及びその装置
		低・無害化：過酸化水素	特許2798134(32)	半導体製造工程における過酸化水素水のオンライン分解装置及び分解方法
		低・無害化：（シリコン屑）	特開2001-38351(45)	流体の被除去物除去装置
		低・無害化：（シリコン屑）（その他）	特開2001-38153(45)	排水の再生システム
		低・無害化：（その他）	特開2000-102800(15)	硝酸排水の生物学的脱窒方法
			特許2546750(17)	活性炭の殺菌方法
			特開平9-66231(22)	活性炭
			特開平7-39874(35)	フォトレジスト含有廃液の濃縮方法
		回収・再利用：硫酸	特開平10-231107(37)	蒸留装置及び蒸留方法
		回収・再利用：純水	特開平8-281256(15)	半導体洗浄排水の回収方法
			特開平7-230978(37)	洗浄装置
		回収・再利用：（シリコン屑）	特許3102309(25)	シリコン加工廃水の処理方法
		回収・再利用：（その他）	特開2000-577(22)	セリウムの回収方法：硝酸アンモニウムセリウムを使用するクロムエッチング廃液中の4価セリウムを3価に還元しpHを2以上に上げ4価セリウムとクロムを共沈除去した後、pH10以上で酸化剤を混合し3価セリウムを4価セリウムとして水酸化セリウムを析出させる。
		回収・再利用：（その他）	特開2000-578(22)	セリウムの回収方法
			特開平9-267087(39)	オゾン水排水の処理方法及び処理システム
排ガス処理		低・無害化	特公平6-177(17)(44)	ClF_3を含有する排ガスの処理方法
			特公平6-28690(51)	水素化物系廃ガスの乾式処理装置
			特公平7-16583(28)	フッ化塩素を含む排ガスの乾式処理方法
			特許2525957(47)	ドライエッチング排ガスの処理剤
			特許2526178(17)(44)	排ガス用気体吸着装置
			特許3008518(37)	排気除害システム
			特公平7-10334(17)(44)	NF_3排ガス処理方法および装置
			特公平7-10335(17)(44)	NF_3排ガス処理方法および装置
			特公平6-71529(17)(44)	CVD排ガス処理方法および装置
			特公平7-79949(17)	排ガス処理装置
			特公平7-67524(17)(44)	排ガス処理方法および装置
			特許3156264(37)	排気ガス処理装置
			特許2812830(28)	NF_3の除害方法
			特公平7-63583(42)	半導体排ガス除害方法とその装置
			特許2812833(28)	シランの除去方法
			特開平6-134248(17)	ガス浄化処理方法
			特許2663326(47)	ドライエッチング排ガスの処理方法
			特開平7-155541(36)	三弗化窒素ガスの除害方法
			特開平7-155542(36)	三弗化窒素ガスの除害方法
			特開平7-227519(37)	排ガス浄化方法
			特許3016690(42)	半導体製造排ガス除害方法とその装置
			特開平8-962(36)	排ガスの処理方法
			特開平8-19727(28)	排ガス処理方法

半導体洗浄と環境適応技術に関する公報一覧表（9/10）

技術要素	課題	特許番号（出願人）	発明の名称：概要
排ガス処理	低・無害化	特開平7-108458(17)	ポリッシング装置における排気及び排液処理装置
		特開平7-265663(36)	排ガス処理剤およびそれを用いる排ガス処理方法
		特開平8-318131(36)	排ガスの処理剤及び処理方法
		特許3030493(51)	半導体製造工程からの排ガスの除害装置
		特許3129945(17)	半導体製造排ガスの処理方法
		特許3188830(42)	NF_3排ガスの除害方法及び除害装置
		特開平9-213596(52)(54)	半導体製造方法ならびにこれに用いる排ガス処理方法および装置
		特開平10-15349(47)	弗化炭素類の分解法および装置
		特開平10-76138(26)	ハロゲン系化合物を含有する排ガスの処理方法
		特開平10-85555(42)	半導体排ガスの除害方法及び除害装置
		特開平10-76135(32)	廃ガスの有害成分処理装置
		特開平10-249164(36)	NF_3の除害装置
		特開平10-286433(51)	オゾンガスの除害方法
		特開平11-8200(42)	半導体製造排ガスの除害方法と除害装置
		特開平11-19471(36)	三弗化窒素の除害方法および装置
		特開平11-19472(36)	三弗化窒素の除害方法および除害装置
		特開平11-33345(42)	半導体製造排ガスの除害装置
		特開平11-47550(17)	排ガス処理方法
		特開平11-47552(47)	弗化硫黄の分解法および分解用反応剤
		特開平11-76740(36)	有機フッ素系排ガスの分解処理方法及び分解処理装置
		特開平11-128675(36)	塩素または塩素化合物の除害方法および装置
		特開平11-168067(42)	半導体製造排ガスの除害装置及び除害方法
		特開平11-169663(42)	高温腐食性ガス体の除害装置及び除害方法
		特開平11-188231(42)	排ガス除害装置及び排ガスの除害方法
		特開平11-197440(52)	ガス除害装置
		特開平11-221437(42)	半導体排ガスの除害装置
		特開平11-257640(51)	排ガスの除害装置
		特開平11-211036(42)	半導体製造排ガスの除害装置及び除害方法
		特開平11-309337(51)	排ガス処理装置
		特開平11-333247(42)	半導体製造排ガスの除害方法及び除害装置
		特開平11-70319(17)	無機ハロゲン化ガスを含有する排ガスの処理方法及び処理装置
		特開平11-151418(42)	半導体製造排ガス除害機の火炎防止装置
		特開平11-197444(32)	半導体素子製造用の廃ガス浄化システム
		特許3047371(41)	小さい粒子の流動層を使用するNF_3の除去方法
		特開2000-140575(25)	湿式脱硝方法
		特開2000-202244(17)	一酸化窒素含有排ガスの処理方法及びその処理装置
		特開2000-254438(47)	フッ化ハロゲンを含む排ガスの処理方法、処理剤及び処理装置
		特開2000-271437(17)	排ガスの処理方法および装置
		特開2000-288342(46)	排ガスの浄化方法及び浄化装置
		特開2000-342931(42)	パーフルオロカーボンガスの除去方法及び除去装置
		特開2000-296324(47)	フッ化窒素の分解用反応剤及び分解法
		特開2001-17834(28)	ハイポフルオライトの除害方法
		特開2001-59613(51)	半導体製造工程からの排ガスの除害装置
		特開2001-137659(17)	フッ素含有化合物を含む排ガスの処理方法及び装置
		特開2001-165422(51)	半導体製造工程からの排ガスの除害装置
		特開2000-237579(41)	小粒子流動床を用いるフッ素種の破壊方法
		実登3023138(51)	半導体製造装置からの排ガスの除害装置
		実登3025721(51)	半導体製造装置からの排ガスの除害装置
	回収・再利用	特開平7-289850(28)	排ガス精製法
		特開平8-119608(37)	硫酸蒸留装置と硫酸蒸留方法
		特開平10-263376(47)	フッ素化合物の分離濃縮方法
		特開平11-43451(47)	共沸混合物と分離方法
		特許3152389(41)	膜によるフルオロケミカルの分離回収方法
		特開平10-330104(37)	廃硫酸連続精製装置及び精製方法並びにガラス製加熱装置におけるヒーター支持構造
		特開平11-57390(26)	ガス回収装置、真空排気方法及び真空排気装置

半導体洗浄と環境適応技術に関する公報一覧表（10/10）

技術要素	課題	特許番号（出願人）	発明の名称：概要
排ガス処理	回収・再利用	特開2000-68212(17)	ガス循環機構を有する半導体製造方法及び装置
		特開2000-325732(41)	真空ポンプ希釈剤をリサイクルしつつ半導体製造工程から出る排ガスからフッ素化化学薬品を分離回収する方法
		特開2000-334249(41)	膜と吸着を連続して用いる半導体製造における排ガスからのフッ素化合物の分離方法
固形廃棄物処理	重金属 低・無害化	特開平7-60221（エンテック研究所、鐘淵化学）	廃棄物処理材
		特開平8-10739（不二サッシ）	廃棄物処理材および廃棄物処理方法
		特開平9-19673（不二サッシ）	廃棄物処理方法
		特開平9-248450（不二サッシ）	廃棄物処理材
		特許3118603（大阪市）	セレン含有産業廃棄物の固化処理方法
	汚染土壌 低・無害化	特許3192078（ケミカルグラウト、鹿島建設、日本パーオキサイド）	土壌浄化方法及び装置
	スラッジ 再資源化	特開平9-17851（高松邦明、大原豊子、菊池英明）	食器の製造方法
	シリコン屑 再資源化	特開平12-153250（古河機械金属）	半導体スクラップの分解方法
	再資源化	特開平13-115289（古河機械金属）	半導体スクラップの分解方法
	研磨固形物 再資源化	特開平12-210648（三倉物産）	研磨廃液からAl_2O_3成分と$ZrSiO_4$成分の混合無機粉末の作成方法および混合無機粉末

出願件数上位55社の連絡先

半導体洗浄と環境適応技術の出願上位55社の連絡先（1/2）

no.	企業名	出願件数	住所（本社等の代表的住所）	TEL
*1	日立製作所	189	東京都千代田区丸の内1-5-1	03-3258-1111
2	富士通	160	東京都千代田区丸の内1-6-1	03-3216-3211
*3	栗田工業	143	東京都新宿区西新宿3-4-7	03-3347-3111
4	日本電気	141	東京都港区芝5-7-1	03-3454-1111
*5	東芝	124	東京都港区芝浦1-1-1	03-3457-3376
6	ソニー	94	東京都品川区北品川6-7-35	03-5448-2111
*7	松下電器産業	84	大阪府大阪市中央区城見1-3-7松下IMPビル19F	06-6908-1121
8	大日本スクリーン製造	84	京都府京都市上京区堀川通寺之内上る4丁目天神北町1-1	075-414-7161
9	三菱電機	67	東京都千代田区丸の内2-2-3	03-3218-2111
*10	オルガノ	59	東京都江東区新砂1-2-8	03-5635-5160
*11	東京エレクトロン	59	東京都港区赤坂5-3-6TBS放送センター	03-5561-7000
*12	セイコーエプソン	51	長野県諏訪郡富士見町富士見281	0266-61-1211
*13	シャープ	45	大阪府大阪市阿倍野区長池町22-22	06-6621-1221
14	三菱マテリアルシリコン（三菱住友シリコン）	43	千葉県野田市西三ケ尾314（東京都港区芝浦1-2-1 シーバンスN館）	0471-24-1512（03-5444-0808）
15	新日本製鉄	41	東京都千代田区大手町2-6-3	03-3242-4111
*16	三菱瓦斯化学	40	東京都千代田区丸の内2-5-2三菱ビル	03-3283-5000
17	荏原製作所	37	東京都大田区羽田旭町11-1	03-3743-6111
18	川崎製鉄	37	東京都千代田区内幸町2-2-3日比谷国際ビル	03-3597-3111
19	旭硝子	35	東京都千代田区有楽町1-12-1新有楽町ビル	03-3218-5555
20	三菱マテリアル	34	東京都千代田区大手町1-5-1	03-5252-5201
*21	日本酸素	33	神奈川県川崎市幸区塚越4-320-1	03-3581-8201
22	三菱化学	32	東京都千代田区丸の内2-5-2三菱ビル	03-3283-6274
*23	日本パイオニクス	31	神奈川県平塚市田村5181	03-3506-8801
24	アプライドマテリアルズ(米国)	30	3050Bowers Ave.SantaClara,CA 95054-3299,U.S.A.	800-882-0373
25	信越半導体	28	東京都千代田区丸の内1-4-2東銀ビル	03-3214-1831
26	大見忠弘	28	宮城県仙台市青葉区米ケ袋2-1-17-301	
27	住友金属工業	27	大阪府大阪市中央区北浜4-5-33住友ビル	06-6220-5111
28	セントラル硝子	25	東京都千代田区神田錦町3-7-1興和一橋ビル	03-3259-7111
29	沖電気工業	25	東京都港区虎ノ門1-7-12	03-3501-3111
30	キヤノン	24	東京都大田区下丸子3-30-2	03-3758-2111
31	ニコン	23	東京都千代田区丸の内3-2-3富士ビル	03-3214-5311
32	三星電子（韓国）	23	250,2-ga,taepyongro,Chung-gu,Seoul,Korea	02-751-3355
*33	住友重機械工業	23	東京都西東京市谷戸町2-1-1住重田無製造所	03-5488-8001
34	日本電信電話	23	東京都千代田区大手町2-3-1	03-5205-5111
35	住友化学工業	19	東京都中央区新川2-27-1東京住友ツインビル東館	03-5543-5500
36	三井化学	18	東京都千代田区霞が関3-2-5霞が関ビル	03-3592-4105
37	富士通ヴィエルエスアイ	18	愛知県春日井市高蔵寺町2-1844-2	0568-51-7711
38	野村マイクロサイエンス	18	神奈川県厚木市岡田2-9-8	046-228-3946
39	アルプス電気	17	東京都大田区雪谷大塚町1-7	03-3726-1221
40	IBM（米国）	14	One New Orchard Road Armonk,NY10504	914499-1900
41	エアプロダクツアンドCHEM（米国）	14	7201 Hamilton Boulevard Allentown,PA18195-1501	610-481-4911
42	カンケンテクノ	14	大阪府吹田市垂水町3-18-9	06-6380-1318
43	ジーメンス（ドイツ）	14	Wittelsbacherplatz 2D-80333 Munich Federal Republic of Germany	+49-89-636-0
44	荏原総合研究所	13	神奈川県藤沢市本藤沢4-2-1	0466-83-7698
45	三洋電機	13	大阪府守口市京阪本通2-5-5	06-6991-1181
46	住友電気工業	13	大阪府大阪市中央区北浜4-5-33住友ビル	06-6220-4119
47	昭和電工	13	東京都港区芝大門1-13-9	03-5470-5111
48	ウシオ電機	12	東京都千代田区大手町2-6-1 朝日東海ビル20階	03-3242-1811
49	テキサスインスツルメンツ（米国）	12	12500 TI boulevard Dallas, TX 75243-4136	800-336-5236
50	ピュアレックス	12	神奈川県横浜市港北区新羽町735	045-541-9493
51	岩谷産業	12	大阪市中央区本町3-4-8	06-6267-3131
52	国際電気	12	東京都中野区東中野3-14-20	03-3368-6111
53	島田理化工業	12	東京都調布市柴崎2-1-3	0424-81-8510

半導体洗浄と環境適応技術の出願上位55社の連絡先 (2/2)

no.	企業名	出願件数	住所（本社等の代表的住所）	TEL
54	日立東京エレクトロニクス	12	東京都青梅市藤崎3-3-2	0428-31-6261
55	富士電機	12	東京都品川区大崎1-11-2ゲートシティ大崎	03-5435-7111

*注）以下に、主な企業の技術移転窓口の担当部署、所在地、連絡先を示す。

- ・日立製作所　　　　知的財産権本部 ライセンス第一部　　東京都千代田区丸の内 1-5-1　　（03）3212-1111
- ・栗田工業　　　　　研究開発本部 知的財産部　　　　　　東京都西新宿 3-4-7　　　　　　（03）3347-3276
- ・東芝　　　　　　　知的財産部 企画担当　　　　　　　　東京都港区芝浦 1-1-1　　　　　（03）3457-2501
- ・松下電器産業　　　IPRオペレーションカンパニー ライセンスセンター　大阪府大阪市中央区城見 1-3-7　（06）6949-4525
- ・オルガノ　　　　　法務特許部　　　　　　　　　　　　東京都江東区新砂 1-2-8　　　　（03）6535-5122
- ・東京エレクトロン　知的財産部　　　　　　　　　　　　東京都港区赤坂 5-3-6　　　　　（03）5561-7145
- ・セイコーエプソン　知的財産室　　　　　　　　　　　　長野県諏訪市大和 3-3-5　　　　（0266）53-9402
- ・シャープ　　　　　知的財産権本部 第二ライセンス部　　大阪府大阪市阿倍野区長池町 22-22
  　　　（06）6606-5495
- ・三菱瓦斯化学　　　知的財産グループ　　　　　　　　　東京都千代田区丸の内 2-5-2　　（03）3283-5124
- ・日本酸素　　　　　知的財産部　　　　　　　　　　　　神奈川県川崎市幸区塚越 4-320-1　（044）549-9241
- ・日本パイオニクス　特許部　　　　　　　　　　　　　　神奈川県平塚市田村 5181　　　（0463）53-8321
- ・住友重機械工業　　知的財産部　　　　　　　　　　　　東京都西東京市谷戸町 2-1-1 住重田無製作所
  　　　（0424）68-4426

半導体洗浄と環境適応技術に関するライセンス提供の用意のある特許

譲渡、実施許諾の用意があるとして、データベースに登録されているものを紹介する。

(1) 特許流通データベースによる検索（2001年11月7日現在）
　ライセンス提供の用意のある権利化された特許7件を表に示す。

表1 半導体洗浄でライセンス提供の用意のある特許（特許流通DB）

No	公報番号	出願人	発明の名称	備考
1	特許2839615	東芝	半導体基板の洗浄液及び半導体装置の製造方法	―
2	特公平6-103682	富士通	光励起ドライクリーニング方法および装置	特許1972640
3	特許2603020	東芝	半導体ウエハの洗浄方法及び洗浄装置	―
4	特公平7-57301	日立製作所	半導体集積回路の洗浄方法及びその洗浄装置	特許2040518
5	特許2651652	工業技術院長、地球環境産業技術研究機構、東ソー、セントラル硝子、旭硝子	フッ素化アルコール系洗浄剤	―
6	特許2763083	工業技術院長、地球環境産業技術研究機構、旭硝子、東ソー、セントラル硝子	フッ素系洗浄溶剤組成物	―
7	特許3106040	理化学研究所	基板表面のドライ・クリーニング・システム	―

公開日が1991～2001年10月までの特許（出願）

(2) PATOLISによる検索（2001年11月13日現在）
　ライセンス提供の用意のある特許は、PATOLIS検索では特許2件、実用新案は0件であった。公報番号、出願人、発明の名称を表に示す。

表2 半導体洗浄でライセンス提供の用意のある特許（PATOLIS）

No	公報番号	出願人	発明の名称	備考
1	特許2659088	工業技術院長	シリコン表面の処理方法	―
2	特許2794090	工業技術院長	排水中からのセレン酸イオンの除去方法	―

公開日が1991～2001年10月までの特許（出願）

特許流通支援チャート　一 般 3

半導体洗浄と環境適応技術

2002年（平成14年）6月29日　初 版 発 行

編　集　　独立行政法人
©2002　　工 業 所 有 権 総 合 情 報 館
発　行　　社 団 法 人　発 明 協 会
発行所　　社 団 法 人　発 明 協 会

〒105-0001　東京都港区虎ノ門2－9－14
電　話　　03（3502）5433（編集）
電　話　　03（3502）5491（販売）
Ｆａｘ　　03（5512）7567（販売）

ISBN4-8271-0681-9 C3033　印刷：株式会社　丸井工文社
Printed in Japan

乱丁・落丁本はお取替えいたします。

本書の全部または一部の無断複写複製
を禁じます（著作権法上の例外を除く）。

発明協会HP：http：//www.jiii.or.jp/

平成13年度「特許流通支援チャート」作成一覧

電気	技術テーマ名
1	非接触型ICカード
2	圧力センサ
3	個人照合
4	ビルドアップ多層プリント配線板
5	携帯電話表示技術
6	アクティブマトリクス液晶駆動技術
7	プログラム制御技術
8	半導体レーザの活性層
9	無線LAN

機械	技術テーマ名
1	車いす
2	金属射出成形技術
3	微細レーザ加工
4	ヒートパイプ

化学	技術テーマ名
1	プラスチックリサイクル
2	バイオセンサ
3	セラミックスの接合
4	有機EL素子
5	生分解性ポリエステル
6	有機導電性ポリマー
7	リチウムポリマー電池

一般	技術テーマ名
1	カーテンウォール
2	気体膜分離装置
3	半導体洗浄と環境適応技術
4	焼却炉排ガス処理技術
5	はんだ付け鉛フリー技術